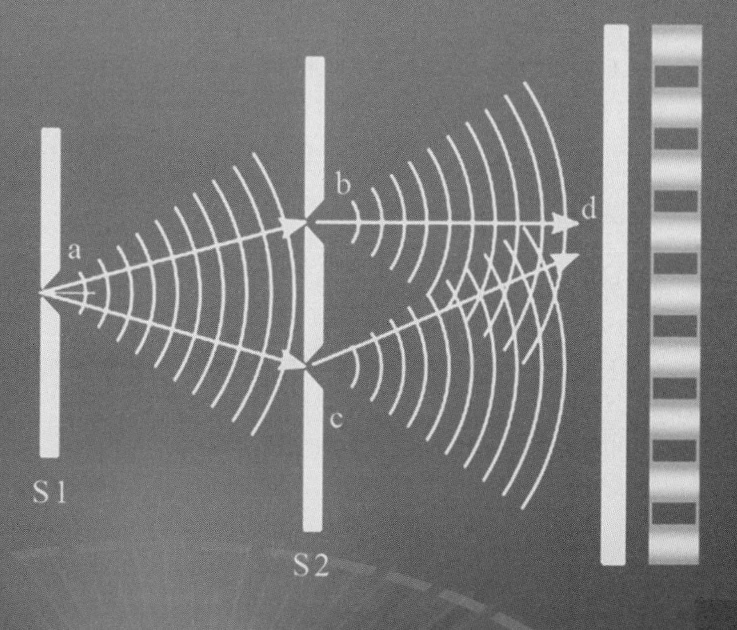

DAXUE WULIXUE

大学物理学

（上册）

主 编 徐 晋 廖振兴

重庆大学出版社

内容提要

本书在满足教育部高等学校非物理类专业物理基础课程教学指导分委员会颁布的《理工科非物理类专业大学物理课程教学基本要求》的前提下，从现代科学技术的发展及对工程技术人才培养的总体要求出发，精选了大学物理课程的教学内容。针对一般院校大学物理教学的要求和方便课堂教学，本书在课程内容现代化、突出工程意识、突出能力和素质的培养等方面作了较大幅度的改革。全书分为上、下册，主要内容包括力学、振动和波、气体动理论及热力学、电磁学、光学、相对论和量子物理等部分。

本书既可作为一般院校理工科非物理类专业大学物理课程的教学用书，又可作为工程技术人员的参考书。

图书在版编目(CIP)数据

大学物理学.上册/徐晋，廖振兴主编. --重庆：重庆大学出版社，2020.3(2025.1 重印)

ISBN 978-7-5689-0654-8

Ⅰ.①大… Ⅱ.①徐…②廖… Ⅲ.①物理学—高等学校—教材 Ⅳ.①O4

中国版本图书馆 CIP 数据核字(2019)第 274009 号

大学物理学

(上册)

徐　晋　廖振兴　主　编

陈莹莹　徐　攀　副主编

责任编辑：文　鹏　　版式设计：文　鹏

责任校对：刘志刚　　责任印制：邱　瑶

*

重庆大学出版社出版发行

出版人：陈晓阳

社址：重庆市沙坪坝区大学城西路 21 号

邮编：401331

电话：(023) 88617190　88617185(中小学)

传真：(023) 88617186　88617166

网址：http://www.cqup.com.cn

邮箱：fxk@cqup.com.cn (营销中心)

全国新华书店经销

重庆市正前方彩色印刷有限公司印刷

*

开本：787mm×1092mm　1/16　印张：13.5　字数：322 千

2020 年 3 月第 1 版　2025 年 1 月第 5 次印刷

印数：9 401—10 850

ISBN 978-7-5689-0654-8　定价：41.00 元

前　言

物理学是一门古老的基础性学科，是自然科学的基础，它是研究物质的基本结构、基本运动形式以及相互作用规律的学科，是在人类探索自然奥秘的过程中形成的学科。

大学物理是高等院校的一门重要基础课，在为国家培养高级人才的重任中，具有特殊的地位和作用。随着科学技术发展方向的日趋综合、相互渗透、日益加强，综合倾向将成为新时期学科发展的趋势。加强基础无疑是与这一发展趋势相一致的，由此也对大学物理这门基础课的教学提出了更高的要求。

在大众化教育的背景下，适应新时期大学物理教学的需要是教材编写中应重点考虑的问题，这对于应用型本科院校尤其重要，因此我们在教材编写中力图解决课程内容和学时数之间的矛盾，既要确保必要的基本内容，又要突出对学生物理思维能力的培养。

本书是为了满足培养应用型人才的高等院校对大学物理课程改革发展和实际教学的要求而编写的，以“非物理类理工学科大学物理课程教学基本要求”中的核心内容构成本书的基本框架，同时选取少量的拓展内容作为知识的扩展与延伸。本书在注重物理概念准确性的基础上，以相对简约的方式陈述物理定律的含义，着重使读者明了物理内容和基本概念、基本思想、基本方法和思路，而不刻意追求整个推导过程的严密性。

全书分为上、下两册，总共 15 章，上册由徐晋、廖振兴担任主编，陈莹莹、徐攀担任副主编，下册由张鲁、廖振兴担任主编，程若峰、何益担任副主编，在此对所有参编人员的辛勤付出表示感谢；在编写过程中，曾令一、钟光祖两位教授还给予了我们大量帮助，在此向两位教授表示衷心的谢意。

由于时间仓促加之水平所限，难免不足之处，殷切盼望广大读者和同行给我们提出宝贵的意见和建议，以便再版时有所提高。

编者

前言

目　录

第1章　质点运动学

一个物体相对于另一个物体的位置,或者一个物体的某些部分相对于其他部分的位置,随着时间而变化的过程,称为**机械运动**.机械运动是人们最熟悉的一种运动,本章讨论的运动就是指宏观物体**机械运动**.描述物体运动的基本物理量包括位置矢量、位移、速度和加速度等,这些物理量表征的就是物体的运动状态.运动学是描述物体位置及其变化规律的学科,即讨论上述物理量之间的关系,但不涉及物体间的相互作用,即不讨论物体为什么运动,以及运动状态因何而改变.物体运动状态因何改变及如何改变等问题将在质点动力学部分讨论.

1.1　质点运动的描述

1.1.1　物体的平动和转动　质点

物体的运动有平动和转动两种基本形式,实际物体的运动都可看作这两种运动的一种或它们的组合.

当一个物体位置变化时,如果物体上任意两点连线的空间方位始终保持不变,则称之为**平动**.物体平动时,其中每一点的运动状态,包括速度、加速度及运动轨道的形状等完全相同,因此可以用物体上任何一个点的运动代表整个物体的运动.平动物体的运动轨迹可以是直线,也可以是曲线.

如果运动的物体上任意两点连线的空间方位改变了,则说明物体发生了**转动**.进一步,如果物体上的各个点都绕同一条直线做圆周运动,这条直线称为转轴,转轴固定的转动称为**定轴转动**或纯转动.

如果在所研究的问题中,物体的大小和形状对讨论物体的运动没有影响,或者影响可以忽略不计时,就可以把该物体看作一个具有质量但没有大小和形状的点,称为**质点**.质点是一种理想的物理模型.

显然,做平动的物体通常是可以看作质点的.将物体看作质点的前提,并不在于物体做平动还是转动,也不在于物体的大小和形状,仅仅取决于物体的转动、形状和大小对研究物体的运动没有影响或影响很小.即,如果研究的问题不关注物体的转动、形状和大小,那么物体就可以看作质点.

例如,地球相对于太阳既公转又自转,地球上各点相对于太阳的运动是各不相同.但是考虑到地球的平均半径(约为 6.4×10^3 km)比地球与太阳间的距离(约为 1.50×10^8 km)小得多,以致在研究地球公转时可以忽略地球的大小和形状对这种运动的影响,认为地球上各点的运动情形基本相同,这时可以把地球看成一个质点.又如,在研究乒乓球的运动轨迹时,乒乓球可以看作质点,但在研究乒乓球的上旋和下旋时就不能看作质点,因为它的旋转是其运动的重要因素.

对不同物体,乃至对同一个物体,因为研究的问题不同,有时可以把它看作质点,有时则不能.不过,即便物体不能看作为质点的时候,却总可以把这个物体看作是由许多质点组成的,对其中的每一个质点都可以运用质点运动的结论,叠加起来就可以得到整个物体的运动规律.

1.1.2 参考系与坐标系 空间和时间

宇宙中的一切物体,大到星系,小到原子、电子,都处于永恒的运动之中,绝对静止的物体是不存在的.运动和物质是不可分割的,运动是物质存在的形式,是物质的固有属性.物质的运动客观存在,存在于人们意识之外,这便是**运动的绝对性**.

物体的机械运动是指物体位置的变化,而为了指明这种变化必须选择另一个物体并假定其不动,作为参考物.研究物体运动时被假定为不动的物体,称为**参考系**.例如,研究地球相对于太阳的运动,常选择太阳作参考系;研究人造地球卫星的运动,常选择地球作参考系;研究地球表面物体的运动,常选择地面作参考系等.

从运动的描述来说,参考系的选择可以是任意的,主要看问题的性质和研究的方便而定.同一物体的运动,由于所选取的参考系不同,因此对它的运动的描述就会不同.例如,在做匀速直线运动的飞机上,有一个自由下落的物体,以飞机为参考系,物体做直线运动;以地面为参考系,物体作抛物线运动;如以太阳或其他天体为参考系,运动的描述将更为复杂.在不同参考系中,对同一物体运动的描述可能不相同,说明运动的描述具有**相对性**.

为了把运动物体在每一时刻相对参考系的位置定量地表示

出来,在参考系上可建立适当的**坐标系**.常用的坐标系是直角坐标系,它的三条坐标轴(x 轴、y 轴和 z 轴)互相垂直.根据需要,也可以选用其他的坐标系,例如极坐标系、球坐标系或柱坐标系等.

物体的运动和空间及时间有着密切的联系.**空间**反映了物质的广延性.它的概念是与物体的体积和物体位置的变化联系在一起的.**时间**表示一个过程对应的时间间隔,反映的是物理事件的顺序性和持续性,它是国际单位制(SI)七个基本物理量之一,单位是 s(秒).时间具有单方向性.在一定坐标系中考察质点运动时,质点的位置是与时刻相对应的,质点运动所经过的路程是与时间相对应的.

随着科学的进步,人们经历了从牛顿的绝对时空观到爱因斯坦的相对论时空观的转变,从时空的有限与无限的哲学思辨到可以用科学手段来探索的阶段.目前量度的时空范围,从宇宙范围的尺度 10^{26} m 到微观粒子尺度 10^{-15} m,从宇宙的年龄(根据大爆炸宇宙模型推算,宇宙年龄大约 138.2 亿年)到微观粒子的最短寿命 10^{-24} s.物理理论指出,空间长度和时间间隔都有下限,它们分别是普朗克长度 10^{-35} m 和普朗克时间 10^{-43} s.当小于普朗克时空间隔时,现有的时空概念就可能不再适用了.

1.1.3 位置矢量 位移

为了描述质点 P 在任意时刻的位置,可用从坐标原点 O 到点 P 所引的有向线段来表示,该有向线段可用矢量 $\boldsymbol{r}$ 代表,称为质点 P 的**位置矢量**,简称**位矢**.如图 1.1 所示,位置矢量 $\boldsymbol{r}$ 既给出质点 P 相对参考系固定点 O 的方位,又给出质点 P 相对 O 点的距离大小.在直角坐标系中,位矢可以写成

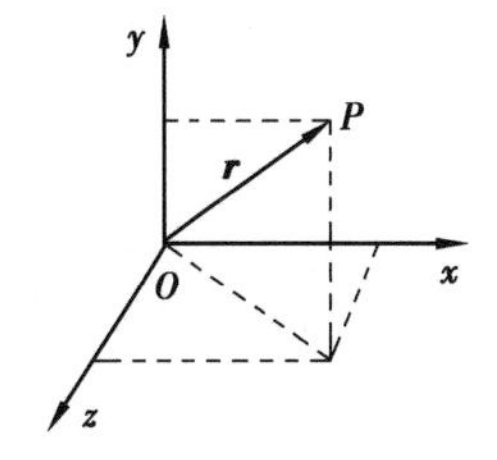

图 1.1 位置矢量

$$\boldsymbol{r} = x\boldsymbol{i} + y\boldsymbol{j} + z\boldsymbol{k} \tag{1.1}$$

位矢的大小为:

$$|\boldsymbol{r}| = \sqrt{x^2 + y^2 + z^2}$$

位矢的方向可用方向余弦确定:

$$\cos\alpha = \frac{x}{|\boldsymbol{r}|}, \cos\beta = \frac{y}{|\boldsymbol{r}|}, \cos\gamma = \frac{z}{|\boldsymbol{r}|}$$

式中,α、β、γ 分别为 $\boldsymbol{r}$ 与 Ox 轴、Oy 轴和 Oz 轴之间的夹角.

一般情况下,质点位置随时间在改变,即位矢是时间的函数:

$$\boldsymbol{r} = \boldsymbol{r}(t) = x(t)\boldsymbol{i} + y(t)\boldsymbol{j} + z(t)\boldsymbol{k} \tag{1.2}$$

上式称为质点的**运动学方程**.知道了运动方程,就能确定任一时刻质点的位置,从而确定质点的运动.从质点的运动方程中消去时间

t,即可求得质点的轨迹方程.如果轨迹是直线,就叫做直线运动;如果轨迹为曲线,就叫做曲线运动.

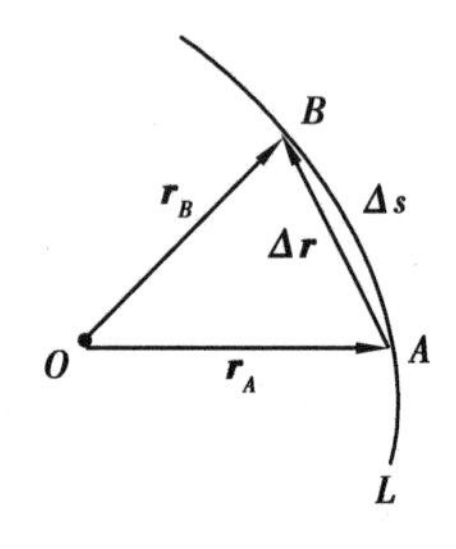

图 1.2 位移矢量

设质点沿图 1.2 所示的任意曲线 L 运动.质点在 t 时刻处于点 A,其位置矢量为 $\boldsymbol{r}_A$,经过 Δt 时间,质点到达点 B,位置矢量为 $\boldsymbol{r}_B$.在此过程中,质点位置的变化可以用从点 A 到点 B 的有向线段 $\boldsymbol{AB}$ 来表示,写作 $\Delta\boldsymbol{r}$,这称为质点由 A 到 B 的位移.位移 $\Delta\boldsymbol{r}$ 是矢量,质点位置变化的大小为点 A 与点 B 之间的距离,位置变化的方向为点 B 相对于点 A 的方位.参照图 1.2,根据矢量运算法则可以得出

$$\Delta\boldsymbol{r} = \boldsymbol{r}_A - \boldsymbol{r}_B \tag{1.3}$$

质点从点 A 到点 B 的位移 $\Delta\boldsymbol{r}$,等于点 B 的位矢与点 A 的位矢之差.

质点在 Δt 时间内所经过的曲线 AB 的长度称为路程,写作 Δs,它是标量.显然,路程与位移是不同的.在一般情况下,位移矢量的模 $|\Delta\boldsymbol{r}|$ 是不等于路程 Δs 的,只有在质点作单向直线运动时,它们才相等.如果运动的时间无限地缩短,$|\Delta\boldsymbol{r}|$ 和 Δs 将趋近相等,即:

$$\lim_{\Delta t\to 0}|\Delta\boldsymbol{r}| = \lim_{\Delta t\to 0}\Delta s$$

位移与路程的单位相同,在国际单位制中均为 m(米).长度单位 m(米)是国际单位制(SI)七个基本物理量之一.

1.1.4 速度和速率

在一般情况下,质点的位置是随时间发生变化的.为了描述质点运动的方向和运动的快慢,引入速度的概念.

1)平均速度

如果质点在 Δt 时间内的位移为 $\Delta\boldsymbol{r}$,则定义

$$\overline{\boldsymbol{v}} = \frac{\Delta\boldsymbol{r}}{\Delta t} \tag{1.4}$$

为质点的平均速度.平均速度是矢量,这个矢量的大小等于位移的模 $|\Delta\boldsymbol{r}|$ 与所取时间间隔 Δt 的比值;平均速度的方向与位移矢量的方向相同.平均速度的大小和方向与所取时间及时间间隔的大小有关,即 $\overline{\boldsymbol{v}}=\overline{\boldsymbol{v}}(t,\Delta t)$.所以,当使用平均速度来表征质点运动时,总要指明相应的时间与时间间隔.

2)瞬时速度

用平均速度来描述质点的运动是粗略的,因为它只反映在某

段时间内或某段路程中质点位置的平均变化.只有当质点以恒定速度运动时,平均速度才是质点在任一时刻的真正速度.

平均速度与所取的时间间隔有关,时间间隔越小,对物体速度的描述越细致.如果所取时间间隔趋近零,平均速度的极限就等于质点在某一时刻的速度,这个极限就是质点运动的瞬时速度,简称速度.速度表示为

$$\boldsymbol{v} = \lim_{\Delta t \to 0} \frac{\Delta \boldsymbol{r}}{\Delta t} = \frac{\mathrm{d}\boldsymbol{r}}{\mathrm{d}t} \tag{1.5}$$

上式表明,质点运动的速度等于质点的位矢对时间的一阶导数.速度是矢量.它的方向是当 Δt 趋于零时,平均速度或位移的极限方向.如质点沿曲线运动,质点在曲线某点的速度方向,就是曲线在该点沿前进方向的切线方向.

在直角坐标系中,位矢 $\boldsymbol{r}$ 在直角坐标轴上的分量为 x、y、z,所以速度的三个分量分别为

$$v_x = \frac{\mathrm{d}x}{\mathrm{d}t}, v_y = \frac{\mathrm{d}y}{\mathrm{d}t}, v_z = \frac{\mathrm{d}z}{\mathrm{d}t}$$

速度用分量表示为

$$\boldsymbol{v} = v_x \boldsymbol{i} + v_y \boldsymbol{j} + v_z \boldsymbol{k} \tag{1.6}$$

速度的大小为

$$v = |\boldsymbol{v}| = \sqrt{v_x^2 + v_y^2 + v_z^2}$$

3) 平均速率和瞬时速率

将质点所经过的路程与所需时间的比值

$$\bar{v} = \frac{\Delta s}{\Delta t} \tag{1.7}$$

称为质点在 Δt 时间内的平均速率.平均速率是标量,它等于质点在单位时间内所通过的路程,而不考虑运动方向.平均速率和平均速度是两个不同的概念.前者是标量,后者是矢量.另外,它们在数值上也不一定相等.

Δt 趋于零时平均速率的极限,定义为质点运动的瞬时速率,简称速率.即

$$v = \lim_{\Delta t \to 0} \frac{\Delta s}{\Delta t} = \frac{\mathrm{d}s}{\mathrm{d}t} \tag{1.8}$$

因为当 Δt 趋于零时,路程的极限等于质点位移矢量的模的极限,所以

$$v = \frac{\mathrm{d}s}{\mathrm{d}t} = \left| \frac{\mathrm{d}\boldsymbol{r}}{\mathrm{d}t} \right| = |\boldsymbol{v}|$$

既然速率等于速度的模,即等于速度的大小,所以速率总是正值.速度和速率具有相同的单位,在国际单位制中为 m/s(米/秒).

根据速度的定义,可得

$$\mathrm{d}\boldsymbol{r}=\boldsymbol{v}(t)\,\mathrm{d}t$$

若求质点在从 t_0 到 t 时间内完成的位移,可对上式在此时间内积分就可以了,即

$$\Delta\boldsymbol{r}=\boldsymbol{r}-\boldsymbol{r}_0=\int_{r_0}^{r}\mathrm{d}\boldsymbol{r}=\int_{t_0}^{t}\boldsymbol{v}(t)\,\mathrm{d}t \tag{1.9}$$

如果已知质点运动速度与时间的函数关系,代入上式积分即可算得位移.

1.1.5 加速度

一般情况,物体的速度是变化的①.为描述速度的变化,引入加速度的概念.

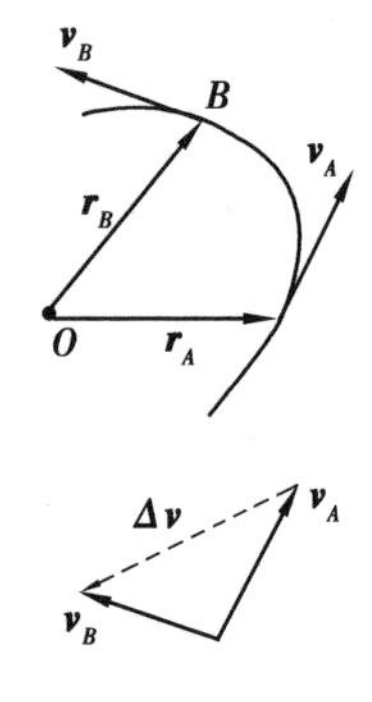

图 1.3 平均速度

如图 1.3 所示,在时刻 t,质点位于点 A,其速度为 $\boldsymbol{v}_A$,在时刻 $t+\Delta t$,质点位于点 B,其速度为 $\boldsymbol{v}_B$,则在时间间隔 Δt 内,质点的速度增量为 $\Delta\boldsymbol{v}=\boldsymbol{v}_B-\boldsymbol{v}_A$.定义

$$\bar{\boldsymbol{a}}=\frac{\Delta\boldsymbol{v}}{\Delta t} \tag{1.10}$$

为质点的**平均加速度**.它表示在单位时间内的速度的增量.一般情况下,平均加速度的大小和方向与所取时间及时间间隔的大小有关,即 $\bar{\boldsymbol{a}}=\bar{\boldsymbol{a}}(t,\Delta t)$.

用平均加速度来描述质点的运动变化快慢是粗略的.当 $\Delta t\to 0$ 时,平均加速度的极限值称为**瞬时加速度**,简称**加速度**,用 $\boldsymbol{a}$ 表示,即

$$\boldsymbol{a}=\lim_{\Delta t\to 0}\frac{\Delta\boldsymbol{v}}{\Delta t}=\frac{\mathrm{d}\boldsymbol{v}}{\mathrm{d}t}=\frac{\mathrm{d}^2\boldsymbol{r}}{\mathrm{d}t^2} \tag{1.11}$$

$\boldsymbol{a}$ 的方向是 $\Delta t\to 0$ 时 $\Delta\boldsymbol{v}$ 的极限方向,而 $\boldsymbol{a}$ 的大小是 $|\Delta\boldsymbol{v}/\Delta t|$ 的极限值,即

$$|\boldsymbol{a}|=\lim_{\Delta t\to 0}\left|\frac{\Delta\boldsymbol{v}}{\Delta t}\right|$$

在直角坐标系中,式 $\boldsymbol{v}=v_x\boldsymbol{i}+v_y\boldsymbol{j}+v_z\boldsymbol{k}$,加速度可以写为

$$\boldsymbol{a}=\frac{\mathrm{d}}{\mathrm{d}t}(v_x\boldsymbol{i}+v_y\boldsymbol{j}+v_z\boldsymbol{k})$$

---

① 因为速度是一个矢量,无论是速度的大小发生变化,还是其方向发生变化,都表示速度发生了变化.

或

$$\boldsymbol{a} = a_x\boldsymbol{i} + a_y\boldsymbol{j} + a_z\boldsymbol{k} \tag{1.12}$$

则加速度的大小可以写成

$$a = |\boldsymbol{a}| = \sqrt{a_x^2 + a_y^2 + a_z^2}$$

在图 1.4 中,设质点在任意两个非常靠近的位置 A 和 B 的速度分别为 $\boldsymbol{v}_A$ 和 $\boldsymbol{v}_B$,将矢量 $\boldsymbol{v}_B$ 平移到点 A,根据平行四边形定则可得到 $\Delta\boldsymbol{v}$.可以看出,$\Delta\boldsymbol{v}$ 的极限方向大致指向曲线的凹侧.所以,加速度 $\boldsymbol{a}$ 的方向是大致指向曲线的凹侧的.质点在任一位置上的加速度与速度之间的夹角 θ 存在下面的规律:当 $|\boldsymbol{v}_A| > |\boldsymbol{v}_B|$ 时,$\theta > \pi/2$;当 $|\boldsymbol{v}_A| < |\boldsymbol{v}_B|$ 时,$\theta < \pi/2$.这表明,当质点作减速运动时,加速度方向与速度方向成钝角;质点作加速运动时,加速度方向与速度方向成锐角.由此可以推断,当 $\boldsymbol{v}_A = \boldsymbol{v}_B$ 时,必定有 $\theta = \pi/2$,即当质点作**匀速率曲线运动**(速度大小不变,方向改变)时,加速度的方向与速度的方向相垂直.

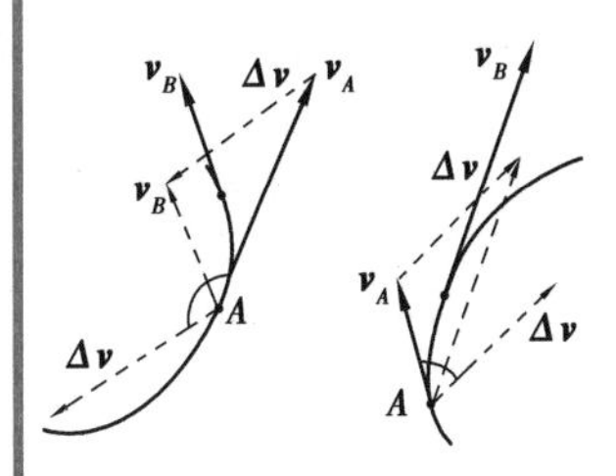

图 1.4　速度与加速度

在国际单位制中,加速度的单位是 $\mathrm{m \cdot s^{-2}}$(米/秒^2).

根据加速度的定义式(1.11),可得

$$\mathrm{d}\boldsymbol{v} = \boldsymbol{a}(t)\,\mathrm{d}t$$

若求质点从 t_0 到 t 时间内速度的变化,可对上式积分,即

$$\boldsymbol{v} - \boldsymbol{v}_0 = \int_{t_0}^{t} \boldsymbol{a}(t)\,\mathrm{d}t$$

或写成

$$\boldsymbol{v} = \boldsymbol{v}_0 + \int_{t_0}^{t} \boldsymbol{a}(t)\,\mathrm{d}t \tag{1.13}$$

该式称为**速度公式**.进而可得位矢的一般表达式为

$$\boldsymbol{r} = \boldsymbol{r}_0 + \int_{t}^{t_0} \left[\boldsymbol{v}_0 + \int_{t_0}^{t} \boldsymbol{a}(t)\,\mathrm{d}t\right]\mathrm{d}t \tag{1.14}$$

如果知道质点运动加速度与时间的函数关系,代入上式积分就可以求得位矢.

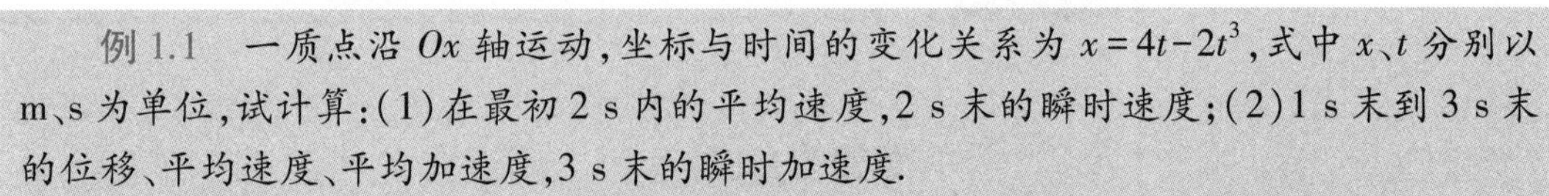

例 1.1　一质点沿 Ox 轴运动,坐标与时间的变化关系为 $x = 4t - 2t^3$,式中 x、t 分别以 m、s 为单位,试计算:(1)在最初 2 s 内的平均速度,2 s 末的瞬时速度;(2)1 s 末到 3 s 末的位移、平均速度、平均加速度,3 s 末的瞬时加速度.

解　质点沿 Ox 轴做直线运动时,其位移、速度、加速度等矢量的方向都沿 x 轴方向.

(1)在最初 2 s 内的平均速度为 $\bar{v} = \dfrac{x_2 - x_0}{\Delta t} = \dfrac{(4\times2 - 2\times2^3) - 0}{2-0}\ \mathrm{m/s} = -4\ \mathrm{m/s}$

2 s 末的瞬时速度为 $v_2=\left.\dfrac{dx}{dt}\right|_{t=2}=(4-6t^2)\big|_{t=2}=-20\ m/s$

“-”号表示质点向 Ox 轴负方向运动.

(2)1 s 末到 3 s 末的位移为 $\Delta x=x_3-x_1=-44\ m$

1 s 末到 3 s 末的平均速度为 $\bar{v}=\dfrac{x_3-x_1}{\Delta t}=\dfrac{-44}{2}\ m/s=-22\ m/s$

“-”号表示质点向 Ox 轴负方向运动.

1 s 末到 3 s 末的平均加速度为 $\bar{a}=\dfrac{v_3-v_1}{\Delta t}=\dfrac{(4-6\times3^2)-(4-6\times1^2)}{2}\ m/s^2=-24\ m/s^2$

3 s 末的瞬时加速度为 $a_3=\left.\dfrac{d^2x}{dt^2}\right|_{t=3}=-12t\big|_{t=3}\ m/s^2=-36\ m/s^2$

“-”号表示质点的加速度指向 Ox 轴负方向.

例 1.2　如图 1.5 所示,A、B 两物体由一长为 l 的刚性细杆相连,A、B 两物体可在光滑轨道上滑行.如物体 A 以恒定的速率向左滑行,当 $\alpha=60°$时,物体 B 的速度为多少?

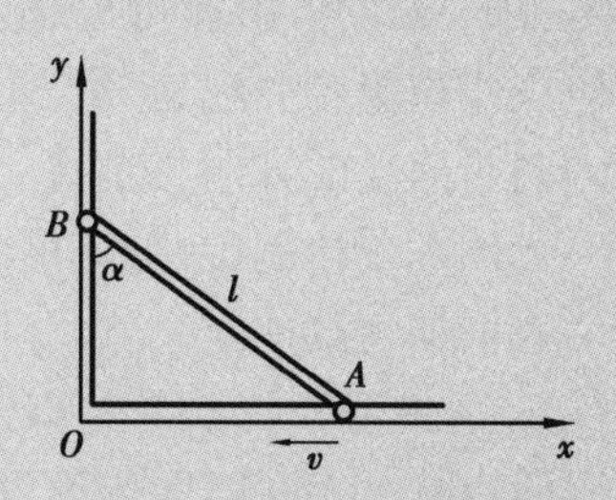

图 1.5　例 1.2 用图

解　按图所选的坐标轴,物体 A 的速度为 $v_A=\dfrac{dx}{dt}=-v$,式中“-”号表示物体 A 沿 Ox 轴负方向运动.物体 B 的速度为 $v_B=\dfrac{dy}{dt}$.

由于△OAB 为一直角三角形,故有 $x^2+y^2=l^2$.考虑到细杆是刚性的,其长度 l 为一常量,但 x、y 都是时间的函数,故有

$$2x\frac{dx}{dt}+2y\frac{dy}{dt}=0$$

可得$\dfrac{dy}{dt}=-\dfrac{x}{y}\dfrac{dx}{dt}$,于是物体 B 的速度为 $v_B=\dfrac{dy}{dt}=-\dfrac{x}{y}\dfrac{dx}{dt}$,因为$\dfrac{dx}{dt}=-v$, $\tan\alpha=\dfrac{x}{y}$,所以有 $v_B=v\tan\alpha$,方向沿 y 轴正向.当 $\alpha=60°$时,$v_B=1.73v$.

1.2　一般曲线运动和圆周运动

1.2.1　平面极坐标系

虽然直角坐标系是最广泛采用的坐标系,但在处理平面曲线运动时,采用平面极坐标系更为简便.取参考系上一固定点 O 作极点,过极点所作的一条固定射线 OA 称为极轴.过极轴作平面,并假定质点就在该平面内运动.在某时刻质点处于点 P,连线 OP

称为点 P 的极径,用 ρ 表示;自 OA 到 OP 所转过的角 θ 称为点 P 的极角.于是点 P 的位置可用两个量(ρ,θ)来表示,这两个量就称为点 P 的极坐标,如图 1.6 所示.质点 P 的位置矢量 $\boldsymbol{r}(t)$ 可以表示为

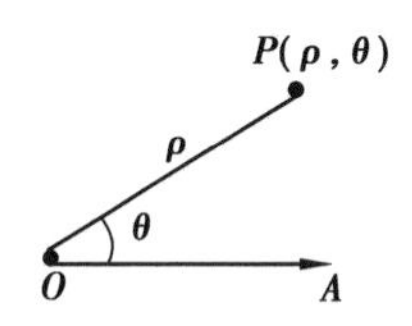

图 1.6　极坐标

$$\boldsymbol{r}(t)=\rho(r)\boldsymbol{e}_\rho(t) \tag{1.15}$$

式中 $\boldsymbol{e}_\rho(t)$ 是极径方向的单位矢量,长度为 l, 沿 ρ 增大的方向.单位矢量 $\boldsymbol{e}_\rho$ 的方向并不是固定不变的,因为随着质点的运动,点 P 的极角在改变,$\boldsymbol{e}_\rho$ 的方向也相应改变,所以 $\boldsymbol{e}_\rho$ 的方向是时间的函数,故写为 $\boldsymbol{e}_\rho(t)$.

根据定义,质点的速度应表示为

$$\boldsymbol{v}(t)=\frac{\mathrm{d}}{\mathrm{d}t}(\rho\boldsymbol{e}_\rho)=\frac{\mathrm{d}\rho}{\mathrm{d}t}\boldsymbol{e}_\rho+\rho\frac{\mathrm{d}\boldsymbol{e}_\rho}{\mathrm{d}t} \tag{1.16}$$

式中$\frac{\mathrm{d}\boldsymbol{e}_\rho}{\mathrm{d}t}$是 $\boldsymbol{e}_\rho$ 的方向随时间的变化率.由图 1.7 可见,在 Δt 时间内,质点沿任意平面曲线 L 由点 A 到达点 B,极角的增量为 $\Delta\theta$.当 $\Delta t\to 0$ 时,$\Delta\boldsymbol{e}_\rho$ 的方向趋于极角增大的方向,即 $\boldsymbol{e}_\theta$ 方向.于是下面的关系成立:

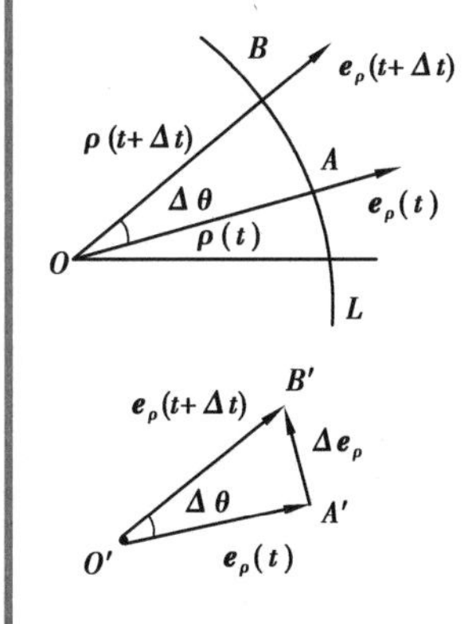

图 1.7　极坐标下的运动描述

$$\frac{\mathrm{d}\boldsymbol{e}_\rho}{\mathrm{d}t}=\lim_{\Delta t\to 0}\frac{\Delta\boldsymbol{e}_\rho}{\Delta t}=\lim_{\Delta t\to 0}\frac{|\boldsymbol{e}_\rho|\Delta\theta}{\Delta t}\boldsymbol{e}_\theta=\frac{\mathrm{d}\theta}{\mathrm{d}t}\boldsymbol{e}_\theta$$

进而得

$$\boldsymbol{v}=\frac{\mathrm{d}\rho}{\mathrm{d}t}\boldsymbol{e}_\rho+\rho\frac{\mathrm{d}\theta}{\mathrm{d}t}\boldsymbol{e}_\theta \tag{1.17}$$

上式的第一项是速度的径向分量,称为径向速度,第二项则是速度的横向分量,称为横向速度.这样上式也可以表示为

$$\boldsymbol{v}=v_\rho\boldsymbol{e}_\rho+v_\theta\boldsymbol{e}_\theta$$

其中,$v_\rho=\frac{\mathrm{d}\rho}{\mathrm{d}t}$,$v_\theta=\rho\frac{\mathrm{d}\theta}{\mathrm{d}t}$.

所以,在一般情况下速度的大小应由下式算出:

$$v=\sqrt{v_\rho^2+v_\theta^2}=\sqrt{\left(\frac{\mathrm{d}\rho}{\mathrm{d}\theta}\right)^2+\rho\left(\frac{\mathrm{d}\theta}{\mathrm{d}t}\right)^2}$$

1.2.2　自然坐标系

沿着质点的运动轨道所建立的坐标系称为自然坐标系.取轨道上一固定点为坐标原点,同时规定两个随质点位置变化而改变方向的单位矢量,一个是指向质点运动方向的切向单位矢量,用 $\boldsymbol{e}_t$ 表示,另一个是垂直于切向并指向轨道凹侧的法向单位矢量,

用 $\boldsymbol{e}_n$ 表示.因为质点运动的速度总是沿着轨道切向的,所以在自然坐标系中,速度矢量可以表示为

$$\boldsymbol{v}(t)=v(t)\boldsymbol{e}_t(t) \tag{1.18}$$

而加速度矢量应由下式表示

$$\boldsymbol{a}=\frac{\mathrm{d}\boldsymbol{v}}{\mathrm{d}t}=\frac{\mathrm{d}}{\mathrm{d}t}(v\boldsymbol{e}_t)=\frac{\mathrm{d}v}{\mathrm{d}t}\boldsymbol{e}_t+v\frac{\mathrm{d}\boldsymbol{e}_t}{\mathrm{d}t}$$

上式中的第一项$\frac{\mathrm{d}v}{\mathrm{d}t}\boldsymbol{e}_t$ 显然是表示由于速度大小变化所引起的加速度分量,大小等于速率的变化率,方向沿轨道的切向,故称**切向加速度**,用 $\boldsymbol{a}_t$ 表示,可表示为

$$\boldsymbol{a}_t=\frac{\mathrm{d}v}{\mathrm{d}t}\boldsymbol{e}_t$$

第二项 $v\frac{\mathrm{d}\boldsymbol{e}_t}{\mathrm{d}t}$是由速度方向变化所引起的加速度分量,其大小和方向的分析方法参照横向速度,这里不再赘述.经分析可以发现该加速分量指向质点运动轨迹的凹侧,即与法向单位矢量 $\boldsymbol{e}_n$ 一致,故称**法向加速度**,用 $\boldsymbol{a}_n$ 表示,可表示为

$$\boldsymbol{a}_n=v\frac{\mathrm{d}\theta}{\mathrm{d}t}\boldsymbol{e}_n$$

如果轨道在点 A 的内切圆的曲率半径为 ρ,那么

$$\boldsymbol{a}_n=v\frac{\mathrm{d}\theta}{\mathrm{d}t}\boldsymbol{e}_n=\frac{v}{\rho}\frac{\rho\mathrm{d}\theta}{\mathrm{d}t}\boldsymbol{e}_n=\frac{v^2}{\rho}\boldsymbol{e}_n$$

所以,在一般曲线运动中,质点的加速度矢量应表示为

$$\boldsymbol{a}=a_t\boldsymbol{e}_t+a_n\boldsymbol{e}_n=\frac{\mathrm{d}v}{\mathrm{d}t}\boldsymbol{e}_t+\frac{v^2}{\rho}\boldsymbol{e}_n \tag{1.19}$$

1.2.3 圆周运动

圆周运动是曲线运动的一个重要特例,又是研究物体转动的基础.在一般圆周运动中,质点速度的大小和方向都在改变着,亦即存在着加速度.为了使加速度的物理意义更为清晰,通常在圆周运动的研究中,采用自然坐标更为方便.根据上述介绍,可以知道,做圆周运动质点的加速度可以表示为

$$\boldsymbol{a}=a_t\boldsymbol{e}_t+a_n\boldsymbol{e}_n=\frac{\mathrm{d}v}{\mathrm{d}t}\boldsymbol{e}_t+\frac{v^2}{R}\boldsymbol{e}_n$$

式中,R 为圆周运动的半径.

质点做圆周运动时,也常用角位移、角速度和角加速度等角量来描述. 设一质点在平面 Oxy 内,绕原点 O 做圆周运动

(图 1.8). 如果在时刻 t, 质点在 A 点, 半径 OA 与 Ox 轴成 θ 角, θ 角叫做角位置. 在时刻 $t+\Delta t$, 质点到达 B 点. 半径 OB 与 Ox 轴成 $\theta+\Delta\theta$ 角. 就是说, 在 Δt 时间内, 质点转过角度 $\Delta\theta$, 此 $\Delta\theta$ 角叫做质点对 O 点的角位移. 角位移不但有大小而且有转向. 一般规定沿逆时针转向的角位移取正值, 沿顺时针转向的角位移取负值.

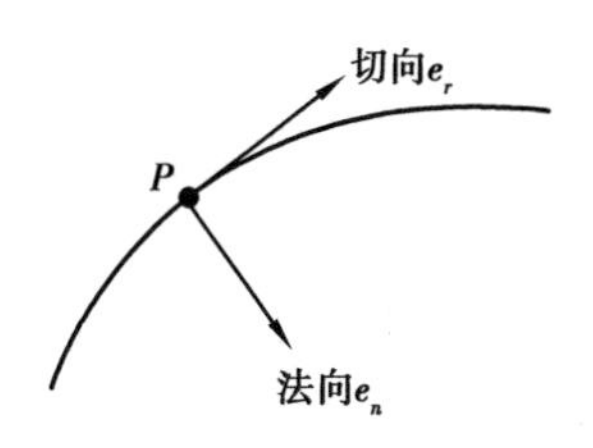

图 1.8 自然坐标系

角位移 $\Delta\theta$ 与时间 Δt 之比在 Δt 趋近于零时的极限值称为某一时刻 t 质点对 O 点的瞬时角速度 ω, 简称角速度, 即

$$\omega = \lim_{\Delta t \to 0} \frac{\Delta\theta}{\Delta t} = \frac{d\theta}{dt} \tag{1.20}$$

设质点在某一时刻的角速度为 ω_0, 经过时间 Δt 后, 角速度为 ω, 则 $\Delta\omega=\omega-\omega_0$ 叫做在这段时间内角速度的增量. 角速度的增量 $\Delta\omega$ 与时间 Δt 之比在 Δt 趋近于零时的极限值叫做某一时刻 t 质点对 O 点的瞬时角加速度, 简称角加速度, 即

$$\alpha = \lim_{\Delta t \to 0} \frac{\Delta\omega}{\Delta t} = \frac{d\omega}{dt} \tag{1.21}$$

角位移的单位是 rad, 角速度和角加速度的单位分别为 rad/s 和 rad/s^2.

质点做匀速圆周运动时, 角速度 ω 是常量, 角加速度 α 为零. 质点作变速圆周运动时, 角速度 ω 不是常量, 角加速度 α 也可能不是常量. 如果角加速度 α 为常量, 这就是匀变速圆周运动. 质点作匀速和匀变速圆周运动时, 用角量表示的运动方程与匀速和匀变速直线运动的运动方程完全相似. 匀速圆周运动的运动方程为

$$\theta = \theta_0 + \omega t$$

匀变速圆周运动的运动方程为

$$\left.\begin{aligned} \omega &= \omega_0 + \alpha t \\ \theta &= \theta_0 + \omega_0 t + \frac{1}{2}\alpha t^2 \\ \omega^2 &= \omega_0^2 + 2\alpha(\theta - \theta_0) \end{aligned}\right\}$$

式中, θ、θ_0、ω、ω_0 和 α 分别表示角位置、初角位置、角速度、初角速度和角加速度.

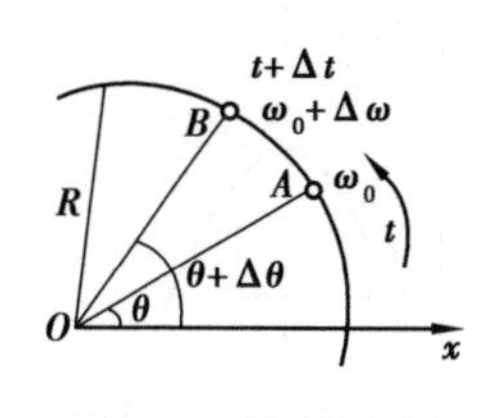

图 1.9 圆周运动

参照图 1.9, 设圆的半径为 R, 在时间 Δt 内, 质点的角位移为 $\Delta\theta$, 那么质点在这段时间内的线位移就是有向线段 $\overrightarrow{AB}$. 当 Δt 极小时, 弦 $\overrightarrow{AB}$ 和弧 $\overset{\frown}{AB}$ 可视为等长, 即

$$|\overrightarrow{AB}| = R\Delta\theta$$

以 Δt 除等式的两边, 当 Δt 趋近于零时, 按照速度和角速度的定

义,得线速度大小和角速度大小之间的关系式

$$v = R\omega \tag{1.22}$$

设质点在时间 Δt 内,速率的增量是 $\Delta v = v - v_0$,相应的角速度的增量是 $\Delta\omega = \omega - \omega_0$,因此按照上式得 $\Delta v = R\Delta\omega$. 以 Δt 除等式的两边,当 Δt 趋近于零时,按照切向加速度和角速度的定义,得到质点切向加速度大小与角加速度大小之间的关系式为

$$a_t = R\alpha \tag{1.23}$$

如果把 $v = R\omega$ 代入向心加速度的公式 $a_n = \dfrac{v^2}{R}$,可得质点向心加速度大小与角速度大小之间的关系式

$$a_n = \frac{v^2}{R} = v\omega = R^2\omega \tag{1.24}$$

1.2.4 抛体运动

从地面上某点向空中抛出一物体,它在空中的运动就叫抛体运动. 抛体运动是一种平面曲线运动. 在研究抛体运动时,通常都取抛射点为坐标原点,而沿水平方向和竖直方向分别引 x 轴和 y 轴(图 1.10).

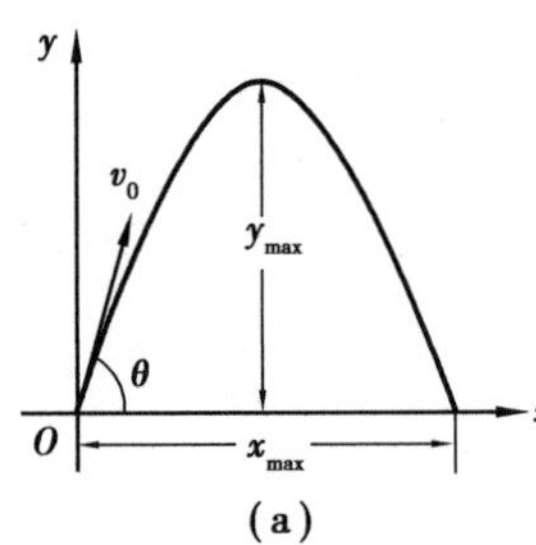

(a)

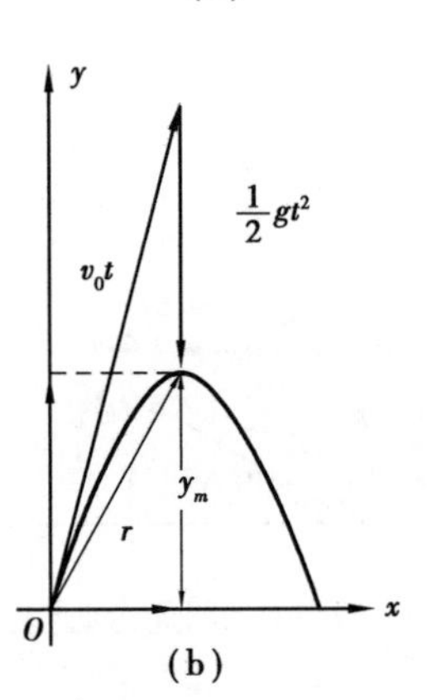

(b)

图 1.10 抛体运动

从抛出时刻开始计时,则 $t = 0$ 时,物体位于原点. 以 v_0 表示物体的初速度,以 θ 表示抛射角,则 v_0 在 Ox 轴和 Oy 轴上的分量为

$$v_{0x} = v_0\cos\theta, v_{0y} = v_0\sin\theta$$

物体在整个运动过程中的加速度为

$$\boldsymbol{a} = \boldsymbol{g} = -g\boldsymbol{j}$$

利用这些条件,可求出物体在空中任意时刻的速度为

$$\boldsymbol{v} = (v_0\cos\theta)\boldsymbol{i} + (v_0\sin\theta - gt)\boldsymbol{j}$$

由 $\boldsymbol{v} = \dfrac{\mathrm{d}\boldsymbol{r}}{\mathrm{d}t}$ 可得物体的运动学方程为

$$\boldsymbol{r} = \int_0^t \boldsymbol{v}\mathrm{d}t = (v_0t\cos\theta)\boldsymbol{i} + (v_0t\sin\theta - \frac{1}{2}gt^2)\boldsymbol{j} \tag{1.25}$$

上式就是抛体运动方程的矢量形式,表明抛体运动是由沿 Ox 轴的匀速直线运动和沿 Oy 轴的匀变速直线运动叠加而成的.

对任何一个矢量,通常都有许多种分解方法,同样也存在着多种多样的叠加方法. 在图 1.10(b)中,画出了以位矢 $\boldsymbol{r}$ 为一边的矢量三角形叠加法. 为了看出这点,将式(1.25)重新改写如下:

$$\boldsymbol{r}=(v_0t\cos\theta\boldsymbol{i}+v_0t\sin\theta\boldsymbol{j})-\frac{1}{2}gt^2\boldsymbol{j}$$

即

$$\boldsymbol{r}=\boldsymbol{v}_0t+\frac{1}{2}\boldsymbol{g}t^2 \tag{1.26}$$

这就是说，抛体运动还可看作由沿初速度方向的匀速直线运动和沿竖直方向的自由落体运动叠加而成.

由式(1.25)的两个分量式中消去 t，即得抛体的轨迹方程为

$$y=x\tan\theta-\frac{1}{2}\frac{gx^2}{v_0^2\cos^2\theta} \tag{1.27}$$

这是一条抛物线，所以抛体运动又叫抛物线运动. 令式中 $y=0$，求得抛物线与 Ox 轴的一个交点的坐标为

$$x_m=\frac{v_0^2\sin 2\theta}{g} \tag{1.28}$$

这就是抛体的射程. 显然，具有一定初速度 $\boldsymbol{v}_0$ 的物体，要想射得远，可令 $\sin 2\theta=1$，亦即在 $\theta=45°$时，射程为最大.

根据高等数学中求函数极值的方法，将式(1.27)对 x 求导，并令 $\mathrm{d}y/\mathrm{d}x=0$，由此得 $x=v_0^2\sin 2\theta/2g$. 将它代入式(1.27)，即得物体在飞行中所能达到的最大高度(射高)为

$$y_m=\frac{v_0^2\sin^2\theta}{2g} \tag{1.29}$$

应该指出，上述结论是在忽略空气阻力的理想情况下得到的，在实际应用中只有空气阻力比较小的情况下才近似符合实际. 初速度大了，空气阻力不能忽略，实际飞行的曲线与抛物线将有很大差别. 在弹道学中，除以上述式子为基础外，还要考虑空气阻力、风向、风速等的影响加以修正，才能得到抛体运动与实际相符的结果.

例 1.3 如图 1.11 所示，一超音速歼击机在高空点 A 时的水平速率为 1 940 km/h，沿近似于圆弧的曲线俯冲到点 B，其速率为 2 192 km/h，所经历的时间为 3 s. 设圆弧 AB 的半径约为 3.5 km，且飞机从 A 到 B 的俯冲过程可视为匀变速圆周运动. 若不计重力加速度的影响. 求：(1) 飞机在点 B 的加速度；(2) 飞机由点 A 到达点 B 所经历的路程.

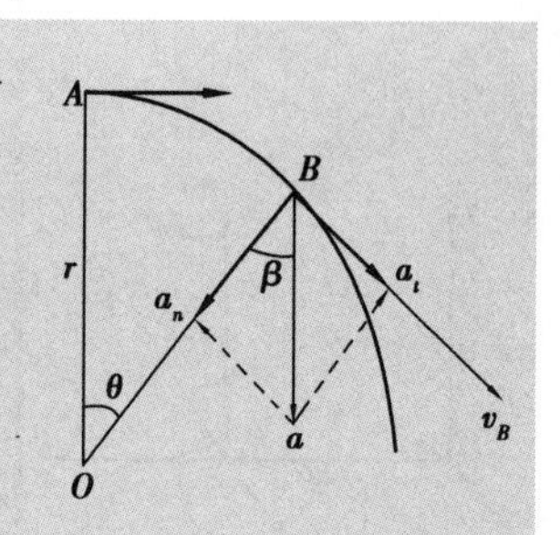

图 1.11 例 1.3 用图

解 (1) 如图 1.11 所示，在点 B 作一自然坐标系，切向单位矢量为 $\boldsymbol{e}_t$，法向单位矢量为 $\boldsymbol{e}_n$. 由于飞机在 A、B 之间作半径为

3.5 km 匀变速率圆周运动,所以$\frac{\mathrm{d}v}{\mathrm{d}t}$和角加速度的值 α 均为常量.飞机在点 B 的切向加速度的值为 $a_t=\frac{\mathrm{d}v}{\mathrm{d}t}$

有 $\int_{v_A}^{v_B}\mathrm{d}v=\int_0^t a_t\mathrm{d}t=a_t\int_0^t\mathrm{d}t$

得 $a_t=\frac{v_B-v_A}{t}$

代入数值,得飞机在点 B 的切向加速度为 $a_t=22.3\ \mathrm{m/s^2}$

飞机在点 B 的法向加速度的值为 $a_n=\frac{v_B^2}{r}=106\ \mathrm{m/s^2}$

故飞机在点 B 的加速度的值为 $a=(a_t^2+a_n^2)^{\frac{1}{2}}=109\ \mathrm{m/s^2}$

加速度与切向单位矢量间的夹角为 $\beta=\arctan\frac{a_t}{a_n}=12.4°$

(2)在时间 t 内,位矢所转过的角度为 $\theta=\omega_A t+\frac{1}{2}\alpha t^2$

式中 ω_A 是飞机在点 A 的角速度.故在此时间内,飞机经过的路程为 $s=r\theta=1\ 722$ m.

1.3 相对运动

运动描述的相对性表明,只有相对于确定的参考系,才能对运动进行量度.换句话说,描述物体的运动情况,只有对确定的参考系才有意义.描述质点运动的许多物理量(如位矢、速度和加速度),都具有这种相对性.要解决上述速相对性问题,首先需要弄清楚在两个不同的参考系之间空间和时间的关系.本节将从伽利略坐标变换入手,分别介绍速度变换和加速度变换.

1.3.1 伽利略坐标变换式

设有两个参考系分别为 $S(Oxyz)$ 和 $S'(O'x'y'z')$,各对应轴相互平行,其中 x 和 x'轴重合,并且 S'系相对于 S 系以速度 $\boldsymbol{v}$ 沿 x 轴做匀速直线运动.计时开始时刻,两坐标原点 O 和 O'相重合.称坐标系 S 为基本坐标系,坐标系 S'为运动坐标系.

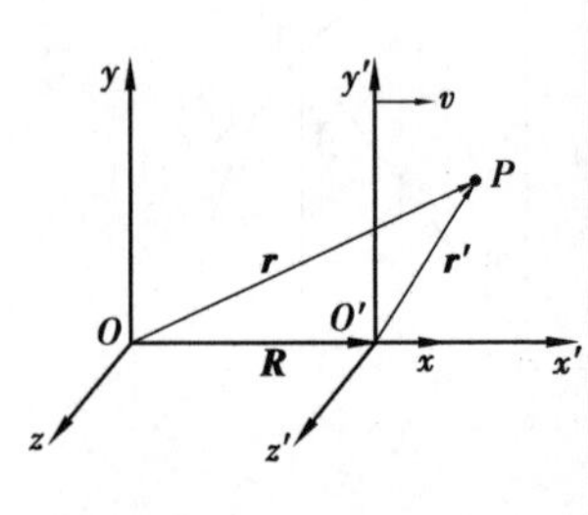

图 1.12 坐标系 S 和 S'

如图 1.12 所示.要找出同一质点 P 在 S 系和 S'系内的坐标关系.设质点 P 在 S 系和 S'系中的位矢分别为 $\boldsymbol{r}$ 和 $\boldsymbol{r}'$,并以 $\boldsymbol{R}$ 代表 S'系原点 O'相对 S 系原点 O 的位矢.从图中可见

$$\boldsymbol{r}=\boldsymbol{R}+\boldsymbol{r}' \tag{1.30}$$

事实上，上式成立是有条件的.先从 S 系讨论，它认为 $\boldsymbol{r}$ 和 $\boldsymbol{R}$ 是自己观测的值，而 $\boldsymbol{r}'$ 是 S' 系的观测值.在矢量相加时，各个矢量必须由同一坐标系来测定.所以，只有 S 系观测得 $\overrightarrow{O'P}$ 的矢量值确实与 $\boldsymbol{r}'$ 相同，对 S 系来说上式才成立.由此可见，上式成立的条件是：空间两点的距离不管从哪个坐标系测量，结果都应相同.这一结论叫做空间绝对性.

其次，物体运动的研究，不仅涉及空间，还要涉及时间.同一运动所经历的时间，由 S 系观测为 t，由 S' 系观测为 t'.在宏观物体低速运动情况下，二者是近似相同的，即

$$t = t' \tag{1.31}$$

这表明时间与坐标系无关，这个结论叫做时间绝对性.因此有

$$\boldsymbol{R} = \boldsymbol{v}t = \boldsymbol{v}t' \tag{1.32}$$

上述关于时间和空间的两个结论，即长度测量的绝对性和同时性测量的绝对性，构成了经典力学的绝对时空观，这种观点是和大量日常经验相符合的.但是，只有在两个惯性系之间相对运动速度的大小远小于真空中的光速的情况下，这两种绝对性才近似和实际相符.两个惯性系之间相对运动速度的大小和光速接近的情形在狭义相对论中再作讨论.

综上所述，可以得出这两个坐标系间的伽利略（坐标）变换式：

$$\left.\begin{aligned} \boldsymbol{r}' &= \boldsymbol{r} - \boldsymbol{v}t \\ t' &= t \end{aligned}\right\} \text{或} \left.\begin{aligned} \boldsymbol{r} &= \boldsymbol{r}' + \boldsymbol{v}t \\ t &= t' \end{aligned}\right\} \tag{1.33}$$

或者写成

$$\left.\begin{aligned} x' &= x - vt \\ y' &= y \\ z' &= z \\ t' &= t \end{aligned}\right\} \text{或} \left.\begin{aligned} x &= x' + vt \\ y &= y' \\ z &= z' \\ t &= t' \end{aligned}\right\} \tag{1.34}$$

1.3.2 速度变换

将式(1.30)对时间求导，得

$$\frac{\mathrm{d}\boldsymbol{r}}{\mathrm{d}t} = \frac{\mathrm{d}\boldsymbol{R}}{\mathrm{d}t} + \frac{\mathrm{d}\boldsymbol{r}'}{\mathrm{d}t}$$

即

$$\boldsymbol{v}_P = \boldsymbol{v} + \boldsymbol{v}_P' \tag{1.35}$$

其中 $\boldsymbol{v}_P$ 和 $\boldsymbol{v}_P'$ 分别代表质点 P 相对于 S 系（$\boldsymbol{v}_P$ 称为绝对速度）和

S'系($\boldsymbol{v}_P'$ 称为相对速度)的速度,$\boldsymbol{v}$ 代表 S'系相对 S 系的速度($\boldsymbol{v}$ 称为牵连速度).

1.3.3 加速度变换

将式(1.35)对时间求导,得

$$\frac{\mathrm{d}\boldsymbol{v}_P}{\mathrm{d}t}=\frac{\mathrm{d}\boldsymbol{v}}{\mathrm{d}t}+\frac{\mathrm{d}\boldsymbol{v}_P'}{\mathrm{d}t}$$

即

$$\boldsymbol{a}_P=\boldsymbol{a}+\boldsymbol{a}_P' \tag{1.36}$$

其中 $\boldsymbol{a}_P$ 和 $\boldsymbol{a}_P'$ 分别代表质点 P 相对于 S 系(绝对加速度)和 S'系(相对加速度)的加速度,$\boldsymbol{a}$ 代表 S'系相对 S 系的加速度(牵连加速度).

如果 S'系相对 S 系没有加速度,即 $\boldsymbol{a}=0$,则 $\boldsymbol{a}_P=\boldsymbol{a}_P'$.它表明质点在两个相对做匀速直线运动的参考系中的加速度是相同的,即加速度是个绝对量.

例 1.4 一执行空投任务的飞机,以速度 v_0 水平飞行.以地面为参考系,求空投物对地面坐标系的位矢、速度和加速度.

解 选地面为静止参考系,飞机为运动参考系,水平飞行方向为 x 轴正向,竖直向下为 y 轴正向,则物体相对飞机的运动为相对运动,其位矢为 $\boldsymbol{r}_{相}=\frac{1}{2}gt^2\boldsymbol{j}$

飞机对地面的运动为牵连运动,其位矢为 $\boldsymbol{r}_{牵}=v_0t\boldsymbol{i}$

物体对地面的运动为绝对运动,其位矢为 $\boldsymbol{r}_{绝}=\boldsymbol{r}_{相}+\boldsymbol{r}_{牵}=v_0t\boldsymbol{i}+\frac{1}{2}gt^2\boldsymbol{j}$

对上式求导,得物体对地面的速度为 $\boldsymbol{v}_{绝}=\frac{\mathrm{d}\boldsymbol{r}_{绝}}{\mathrm{d}t}=v_0\boldsymbol{i}+gt\boldsymbol{j}$

将上式对时间求导,得物体对地面的加速度为 $\boldsymbol{a}_{绝}=\frac{\mathrm{d}\boldsymbol{v}_{绝}}{\mathrm{d}t}=g\boldsymbol{j}$

思考题

1.1 某质点沿半径为 R 的圆周运动一周,它的位移和路程分别为多少?质点的位移和路程的区别是什么?什么情况下位移的大小与路程相等?

1.2 已知质点的运动学方程为 $r=x(t)i+y(t)j+z(t)k$,在求质点运动的速度和加速度的大小时,有人先求出位矢的大小 $r=\sqrt{x^2+y^2+z^2}$,再利用 $v=\frac{\mathrm{d}r}{\mathrm{d}t}$和 $a=\frac{\mathrm{d}v}{\mathrm{d}t}=\frac{\mathrm{d}^2r}{\mathrm{d}t^2}$求得结果.你认为这种计算方法正确吗?你觉得应该如何计算?

1.3　下列说法是否正确？为什么？

(1)质点做圆周运动时,加速度一定垂直于速度方向并指向圆心;

(2)加速度始终垂直于速度,则质点一定做圆周运动;

(3)质点在做匀速圆周运动过程中加速度总是不变;

(4)只有切向加速度的运动一定是直线运动.

习　题

1.1　已知质点做匀加速直线运动,加速度为 a,求该质点的运动学方程.

1.2　某质点的运动学方程为 $\boldsymbol{r}=t^2\boldsymbol{i}+t\boldsymbol{j}$,式中 $\boldsymbol{r}$ 的单位为 m,t 的单位为 s.求:(1)质点在 t 时刻的速度及加速度;(2)质点的切向和法向加速度.

1.3　一质点的运动学方程为 $\boldsymbol{r}=R\cos\omega t\boldsymbol{i}+R\sin\omega t\boldsymbol{j}$,式中 R 和 ω 均为常量.求:(1)质点的轨迹方程;(2)质点在 0 与 $\dfrac{\pi}{\omega}$ 之间的位移;(3)质点的速度、加速度、切向加速度和法向加速度.

1.4　质点沿直线运动,在 t 秒钟后它离直线上某定点 O 的位移 s 满足关系式:$s=(t-1)^2(t-2)$,s 和 t 的单位分别是米和秒.求:(1)当质点经过 O 点时它的速度和加速度;(2)当质点的速度为零时它离开 O 点的距离;(3)当质点的加速度为零时它离开 O 点的距离;(4)当质点的速度为 12 m/s 时它的加速度.

1.5　一细棒以恒定的角速度 ω 绕其端点 O 旋转,棒上套一小球,小球以恒定的速率 u 沿棒向外滑动.初始时刻小球处于点 O,求 t 时刻小球的速度和加速度.

1.6　质点沿半径为 R 的圆周运动,角速度为 $\omega=ct$,其中 c 是常量.试在直角坐标系和平面坐标系中分别写出质点的位置矢量、速度和加速度的表达式.

1.7　质点做曲线运动,其角速度 ω 为常量,质点位置的极径与时间的关系可以表示为 $\rho(t)=\rho_0 e^{\alpha t}$,其中 ρ_0 和 α 都是常量.求质点的径向速度和径向加速度,横向速度和横向加速度.

1.8　质点按照 $s=bt-\dfrac{1}{2}ct^2$ 的规律沿半径为 R 的圆周运动,其中 s 是质点运动的路程,b、c 是大于零的常量,并且 $b^2>cR$.问当切向加速度与法向加速度大小相等时,质点运动了多少时间?

1.9　设有一个质点做半径为 r 的圆周运动.质点沿圆周运动所经历的路程与时间的关系为 $s=bt^2/2$,并设 b 为一常量.求:(1)此质点在某一时刻的速率;(2)法向加速度和切向加速度的大小;(3)总加速度.

1.10　如题 1.10 图所示,在离水平高度为 h 的岸边以运动速率 v_0 拉船,求船离岸 x 远处的速度及加速度.

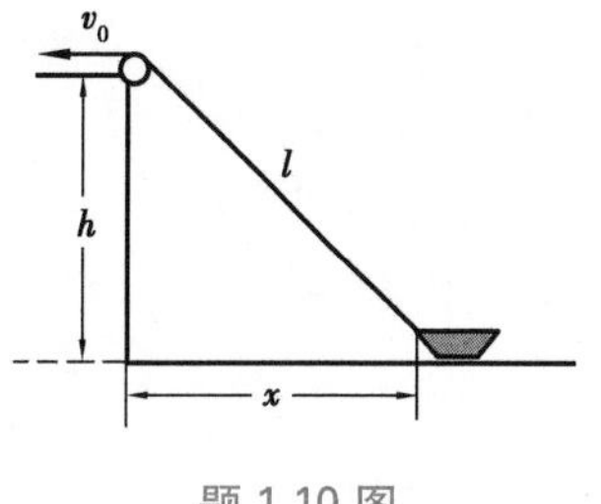

题 1.10 图

1.11　一小船欲以 4 m/s 的速度垂直河岸横渡,设河水的流速为 2 m/s,求小船相对于河岸的速度.

1.12 设河面宽 $l=1$ km,河水由北向南流动,流速 $v=2$ m/s,有一船相对于河水以 $v'=1.5$ m/s的速率从西岸驶向东岸.(1)如果船头与正北方向成 $\alpha=15°$角,船到达对岸要花多少时间?到达对岸时,船在下游何处?(2)如果船到达对岸的时间为最短,船头与河岸应成多大角度?最短时间等于多少?到达对岸时,船在下游何处?(3)如果船相对于岸走过的路程为最短,船头与岸应成多大角度?到对岸时,船又在下游何处?要花多少时间?

第2章 质点动力学基础

研究质点运动状态变化及其受力关系的学科称为质点动力学.牛顿运动定律是牛顿(I.Newton,1643—1727)在伽利略等人研究的基础上发展起来的理论,是动力学的理论基础,也是经典力学(也称牛顿力学)的基础.虽然牛顿运动定律一般是对质点而言的,但由于复杂物体在原则上可看作质点的组合,所以牛顿运动定律仍有广泛的适用性.从牛顿运动定律出发可以导出刚体、流体、弹性体等的运动规律,从而建立起整个经典力学体系.经典力学是物理学的基础学科,在自然科学和工程技术中都有广泛的应用. 本章侧重于牛顿运动定律的内容及其主要应用.

2.1 牛顿运动定律

牛顿第一定律的表述为:任何物体都保持静止状态或匀速直线运动状态,直到外力迫使它改变运动状态为止.

该定律揭示了力的对外表现,建立了惯性系和力的确切关系.这个定律表明,静止状态和匀速直线运动状态是物体在不受外界影响时必定维持的运动状态.这就是说,保持静止状态或匀速直线运动状态,是物体的一种固有特性.这种固有特性称为惯性.所以牛顿第定律也称为惯性定律.由于物体具有惯性,要改变物体所处的静止状态或匀速直线运动状态,外界必须对物体施加影响或作用,这种影响或作用就是力.根据牛顿第一定律,当一物体受到其他物体的作用力的合力不为零时,该物体所处的静止状态或匀速直线运动状态必定被改变.无论是静止状态还是匀速直线运动状态,物体的加速度都等于零,而其他任何形式的运动状态,物体都必定具有加速度.因此,物体由静止状态或匀速直线运动状态向其他任何形式的运动状态的转变,都必定要获得加速度.牛顿第一定律明确表明力是物体获得加速度使物体运动状态改变的原因,而并非物体运动的原因.

牛顿第一定律并非在所有参考系中都成立.但一定能找到合适的参考系,在其中牛顿第一定律成立.满足牛顿第一定律的参考系称为惯性参考系,简称惯性系;否则为非惯性参考系,简称非惯性系.

牛顿第二定律的表述为:作用于物体上的合外力等于物体的质量与它的加速度的乘积.

其数学表达形式为

$$\boldsymbol{F} = m\boldsymbol{a} \tag{2.1}$$

在国际单位制中,质量的单位是 kg(千克),加速度的单位是m/s^2,力的单位是 N(牛顿).这里的质量称为惯性质量.

需要指明的是上述牛顿第二定律的表述并非牛顿的原始表述,牛顿在其著作《自然哲学的数学原理》中是从动量角度提出上述定律的表述.牛顿表述第二定律的原文如下:

运动的变化与所加的动力成正比,并且发生在这力所沿直线的方向上.

牛顿在定律中提出的"运动"定义为物体的质量和速度矢量之积,现在称为物体的动量,用 $\boldsymbol{p}$ 表示.动量是矢量,它的方向与质点的运动方向时刻保持一致.在国际单位制中,动量的单位是 kg×m×s^{-1}(千克·米/秒).所以牛顿对第二定律的说法实质上用数学式表达是

$$\frac{\mathrm{d}\boldsymbol{p}}{\mathrm{d}t} = \boldsymbol{F} \text{ 或 } \quad \mathrm{d}\boldsymbol{p} = \boldsymbol{F}\mathrm{d}t \tag{2.2}$$

这就是牛顿第二定律的微分形式.上式表示,在任一瞬间,质点动量的时间变化率等于同一瞬间作用于质点的合力,其方向与合力的方向一致.牛顿当时认为物体的质量不会因其运动而改变,现在由狭义相对论及相关实验表明,当物体运动速度远小于光速时,其质量改变微乎其微,可以近似看作一个与其运动速度无关的常量,因此

$$\boldsymbol{F} = m\frac{\mathrm{d}\boldsymbol{v}}{\mathrm{d}t} = m\boldsymbol{a} \tag{2.3}$$

牛顿第二定律不仅表明力是物体产生加速度的原因,而且定量给出了合外力、质量和加速度三者之间的关系.力的作用效果完全可以用加速度来衡量.

牛顿第二定律是经典力学的核心,应用它来处理力学问题时,如下几点应该引起注意:

①牛顿第二定律的数学表达式中的力 $\boldsymbol{F}$ 是个合外力,只有合外力才能改变物体运动的状态,产生加速度.换言之,合外力是产生加速度的原因.

②牛顿第二定律是合外力与加速度之间的瞬时关系:某一时

刻有合外力作用,那一时刻的物体就有加速度,否则就没有加速度,反之亦然.加速度的方向和合外力的方向时刻保持一致.

不论何时,一个物体对第二个物体施力,则第二个物体同时对第一个物体也施力.其中一个力称为作用力,而另一个力称为反作用力.上述现象就是牛顿第三定律要表述的内容.

牛顿第三定律的表述为:两个物体之间的作用力 $\boldsymbol{F}$ 和反作用力 $\boldsymbol{F}'$,在同一直线上,大小相等而方向相反.即

$$\boldsymbol{F} = -\boldsymbol{F}' \tag{2.4}$$

牛顿运动定律并非适用于一切参考系,只有在惯性系中牛顿运动定律才成立.实验表明,在以太阳中心为坐标原点、以指向任一恒星的直线为坐标轴建立的坐标系中,牛顿运动定律极为精确地成立,所以这是一个比较精确的惯性系.但是由于太阳在随银河系旋转,所以上述参考系不是严格的惯性系.目前最好的实用惯性系,是以选定的数以千计颗恒星的平均静止位形为基准的参考系,称为 FK_5 系.地球虽然不是严格的惯性系,但在处理较短时间内发生的力学问题时,可以近似地把它当为惯性系.

牛顿运动定律是质点运动的基本定律,只适用于处理宏观、低速(远小于光速)物体的运动,对于微观物体(粒子)的运动,需要用量子力学来处理;对于高速(可与光速相比拟)运动的物体,则需应用相对论来处理.牛顿的三条运动定律是一个整体,相互间有着紧密联系.牛顿第一定律是牛顿力学的思想基础,它说明任何物体都有惯性,牛顿定律只能在惯性系中应用,力是使物体产生加速度的原因.第三定律说明引起物体机械运动状态变化的物体间的作用力具有相互作用的性质,并指出相互作用力之间的定量关系.通常在力学问题中,对每个物体来说,除重力外,其他外力都可以在该物体和其他物体相接触处去寻找,以免把作用在物体上的一些力遗漏掉.所有这些都是在应用牛顿第二定律做定量计算时所必须考虑的.第二定律侧重说明一个特定物体,第三定律侧重说明物体之间相互联系和相互制约的广泛关系.

2.2 常见的力

任何物体都受到周围其他物体的作用,正是这种作用支配着物体运动状态的变化.一般情况下,力有两种对外表现:一是改变物体的运动状态;二是改变物体的形状.这两种表现使得对力的性质和量值作进一步的研究成为可能.

在应用牛顿运动定律时,首先必须学会正确分析物体的受

力,弄清楚它们的产生原因和特征,对问题的分析、计算很有帮助.日常生活和工程技术中经常遇到的力有万有引力、重力、弹力和摩擦力等.

2.2.1 万有引力

万有引力是存在于任何两个物体之间的吸引力.它的规律是胡克、牛顿等人发现的.按牛顿万有引力定律,质量分别为 m_1 和 m_2 的两个质点,相距为 r 时,它们之间的引力方向在两物体(质点)的连线上,由受力体指向施力体,引力大小为

$$\boldsymbol{F} = -G\frac{m_1 m_2}{r^2}\boldsymbol{e}_r \tag{2.5}$$

式中 G 叫做万有引力常量,$\boldsymbol{e}_r$ 为一个质点指向另一个质点的方向单位矢量.在国际单位制中,经测定万有引力常量的大小为 $G=6.672\,59\times10^{-11}\ \mathrm{N\cdot m^2/kg^2}$.式中的质量反映了物体的引力性质,叫做引力质量,它和反映物体惯性的质量在意义上是不同的.但精确的实验证明,同一物体的这两个质量是相等的,因此可说它们是同一质量的两种表现,不必加以区分.

粒子之间的万有引力是非常小的,例如两个相邻的质子之间的万有引力大约只有10^{-34}N,因而一般情况下完全可以忽略.

例 2.1 应以多大速度发射,才能使人造地球卫星绕地球作匀速圆周运动?

解 近似认为地球是一个半径为 R 的均匀球体,人造地球卫星离地面的高度为 h,它绕地球作匀速圆周运动所需要的向心力为

$$F_1 = m\frac{v^2}{(R+h)}$$

式中 m 是人造地球卫星的质量,v 是运行速率,r 是轨道半径.若认为卫星只受到地球引力的作用,地球的引力就是人造地球卫星作匀速圆周运动的向心力.地球的引力可根据万有引力定律求得

$$F_2 = G\frac{Mm}{(R+h)^2}$$

式中 M 为地球的质量.由 $F_1=F_2$ 得 $v=\sqrt{\frac{GM}{R+h}}$.

在半径等于地球半径的圆形轨道上运行的人造地球卫星所需要的速度,也就是发射这样的卫星所需要的速度,称为第一宇宙速度.在上式中令 $h=0$,并考虑到 $F=G\frac{Mm}{R^2}=mg$,则有 $v_1=\sqrt{Rg}=\sqrt{6.37\times10^6\times9.8}\ \mathrm{m/s}=7.9\times10^3\ \mathrm{m/s}$

2.2.2　重力

重力是由地球对它表面附近的物体的引力引起的,在忽略地球自转影响的情况下,物体所受的重力近似等于它所受的万有引力(其误差不超过 0.4%).设地球的质量为 M,半径为 R,物体的质量为 m,则有

$$mg \approx G\frac{Mm}{R^2} \tag{2.6}$$

进而得

$$g \approx G\frac{M}{R^2}$$

对于地面附近的物体,所在位置的高度变化与地球半径(约为 6 370 km)相比极为微小,可以认为它到地心的距离就等于地球半径,物体在地面附近不同高度时的重力加速度也就可以看作常量.

当地球内某处存在大型矿藏,从而破坏了地球质量的对称分布时,会使该处的重力加速度值表现出异常,因此可通过重力加速度的测定来探矿.这种方法叫作重力探矿法.

2.2.3　弹性力

发生形变的物体,由于要恢复原状,对与它接触的物体会产生力的作用.这种力叫弹性力,简称弹力.弹力是产生在直接接触的物体之间并以物体的形变为先决条件的.如弹簧被拉伸或压缩时内部产生的力,绳子被拉伸时内部产生的力(即使绳子长度不变化也如此)等都是弹力.根据胡克定律,在弹性限度内,物体受到的弹性力跟物体的形变成正比.当物体与弹簧相连时,若取物体在弹簧未变形时的位置为坐标原点,物体运动的直线为 x 轴,则弹簧作用于物体的弹性力为

$$\boldsymbol{F} = -kx\boldsymbol{i} \tag{2.7}$$

式中 k 为弹簧的劲度系数(又称刚度系数),x 为与弹簧固连的物体的位置坐标,负号表示弹性力的方向与物体的位矢方向相反.此外,支持力及物体间的正压力等也属于弹力.

2.2.4　摩擦力

两个相互接触的物体在沿接触面相对运动时,或者有相对运

动的趋势时,在接触面之间产生一对阻止相对运动的力,叫做**摩擦力**.相互接触的两个物体在外力作用下,虽有相对运动的趋势,但并不产生相对运动,这时的摩擦力叫**静摩擦力**.静摩擦力的大小随外力而变化.当外力使两物体减将要发生相对运动时的静摩擦力最大,称为最大静摩擦力.当外力超过最大静摩擦力时,物体间产生了相对运动,这时产生的摩擦力叫**滑动摩擦力**,大小满足如下关系

$$F_k = \mu_k F_{\mathrm{N}} \tag{2.8}$$

最大静摩擦力的大小满足如下关系

$$F_s = \mu_s F_{\mathrm{N}} \tag{2.9}$$

式中 μ_k 为**滑动摩擦系数**,与物体接触表面的性质、状况以及物体的滑动速度大小有关;μ_s 为**静摩擦系数**,与相互接触的物体表面材料及状况有关,大小通常在工程手册中给出;F_{N} 为物体受到的法向反作用力,即物体对接触面的正压力的大小.对于给定的一对接触面来说,$\mu_s>\mu_k$,一般两者都小于 1,在通常的速率范围内,可认为 μ_k 和速率无关,而且在一般问题的简要分析中还可认为 μ_s 和 μ_k 相等.

2.2.5 基本力

以上形形色色的力,就其本质而言,都来自四种基本力,它们是万有引力、电磁力、强力和弱力.下面对电磁力、强力和弱力作简单介绍.

存在于静止电荷之间的电性力以及存在于运动电荷之间的电性力和磁性力,由于它们在本质上相互联系,总称为**电磁力**.在微观领域中,还发现有些不带电的中性粒子也参与电磁相互作用.电磁力和万有引力一样都是长程力,但与万有引力不同,它既有表现为引力的,也有表现为斥力的,比万有引力大得多.两个质子之间的电力要比同距离下的万有引力大上 10^{36} 倍.由于分子或原子都是由电荷组成的系统,所以它们之间的作用力基本上就是它们的电荷之间的电磁力.物体之间的弹力和摩擦力以及气体的压力、浮力、黏滞阻力等都是相邻原子或分子之间作用力的宏观表现,因此基本上也是电磁力.

当人们对物质结构的探索进入比原子还小的亚微观领域中时,发现在核子、介子和超子之间存在一种**强力**,又叫**强相互作用**.正是这种力把原子内的一些质子以及中子紧紧地束缚在一起,形成原子核.强力是比电磁力更强的基本力,两个相邻质子

之间的强力可达10^4 N,比电磁力大10^2倍.强力是一种短程力,其作用范围很短.粒子之间距离超过10^{-15}m时,强力小得可以忽略;小于10^{-15} m时,强力占主要支配地位;而且直到距离减小到大约4×10^{-16}m时,它都表现为引力.距离再减小,强力就表现为斥力了.

在亚微观领域中,人们还发现一种短程力,叫**弱力**,也叫**弱相互作用**.弱力在导致β衰变放出电子和中微子时,显示出它的重要性.两个相邻质子之间的弱力只有10^{-2}N左右.

认识到基本力只有四种,这是20世纪30年代物理学的一大成就.在此之后,科学家们致力于发现这四种力之间的联系.爱因斯坦追求物理规律的和谐、简洁和统一.他试图把万有引力和电磁力统一起来,但没有成功.20世纪60年代,格拉肖(S.L.Glashow)、温伯格(S.Weinberg)和萨拉姆(A.Salam)在杨振宁等提出的理论基础上,发展了弱力与电磁力相统一的理论,并在20世纪70年代和80年代初得到了实验的证明,这是物理学发展史上又一个里程碑.人们期待有朝一日能建立起弱、电、强的"大统一"理论,以致最后创立统一四种基本力的"超统一"理论.

2.3　牛顿运动定律应用举例

应用牛顿运动定律求解质点动力学问题,一般可按如下步骤进行:

①确定研究对象.根据题目意思,将待讨论问题所涉及的物体选定为研究对象.

②受力分析.分析选定对象的受力情况,用隔离体法将物体隔开,并将物体的受力绘于受力图上.

③列解方程.根据牛顿第二定律,构成等式,即得方程;然后求解,即得结果.

质点动力学通常存在两类基本问题:一类是已知力求运动;另一类是已知运动求力.当然在实际问题中常常是两者兼有.

2.3.1　第一类基本问题——已知运动求力(微分问题)

已知质点的质量和运动学方程$\boldsymbol{r}=\boldsymbol{r}(t)$,求作用于质点的力.这时,只要将运动学方程对时间求二阶导数,算出其加速度,进而可求得作用于质点的力.

例 2.2 质量为 m 的质点在 Oxy 平面上按 $x=A\sin\omega t, y=B\cos\omega t$ 的规律运动,其中 A、B 和 ω 均为常量,求作用于质点的力.

解 将坐标 x、y 分别对时间求二阶导数,得质点加速度在 x、y 轴上的投影分别为

$$a_x=\frac{d^2x}{dt^2}=-A\omega^2\sin\omega t, a_y=\frac{d^2y}{dt^2}=-B\omega^2\cos\omega t$$

故作用于质点的力在 x、y 轴上的投影分别为

$$F_x=ma_x=-mA\omega^2\sin\omega t, F_y=ma_y=-mB\omega^2\cos\omega t$$

用矢量式表示,得

$$\boldsymbol{F}=F_x\boldsymbol{i}+F_y\boldsymbol{j}=-m\omega^2(A\sin\omega t\boldsymbol{i}+B\cos\omega t\boldsymbol{j})$$

2.3.2 第二类基本问题——已知力求运动(积分问题)

已知作用于质点上的力和初始条件,求质点的运动规律($\boldsymbol{v}$,$\boldsymbol{r}$).这种情况,一般需用积分方法求解二阶微分方程.下面仅就一维直线运动的情况分三类讨论:

①力是时间的函数,即 $F=F(t)$,此时,质点的动力学方程为 $m\frac{dv}{dt}=F(t)$,分离变量后积分,并代入初始条件,即可求得 $v=v(t)$.利用 $v=\frac{dx}{dt}$,再分离变量积分,并代入初始条件,即可求得 $x=x(t)$.

例 2.3 质量为 m 的质点在周期性外力 $F=F_0\cos\omega t$ 的作用下开始沿 x 轴运动,其中 F_0、ω 均为常量.设 $t=0$ 时质点静止于坐标原点,求质点的速度、位置与时间的关系.

解 由质点的动力学方程

$$m\frac{dv}{dt}=F_0\cos\omega t$$

分离变量后得

$$dv=\frac{F_0}{m}\cos\omega t dt$$

将上式两边分别积分,并注意到 $t=0$ 时,$v_0=0$,则有

$$\int_0^v dv=\int_0^t\frac{F_0}{m}\cos\omega t dt$$

积分上式得

$$v=\frac{F_0}{m\omega}\sin\omega t$$

将 $v=\frac{dx}{dt}$代入上式，并注意到 $t=0$ 时，$x_0=0$，分离变量后积分得

$$x=\frac{F_0}{m\omega}(1-\cos\omega t)$$

②力是坐标的函数，即 $F=F(x)$，此时，质点的动力学方程为 $m\frac{dv}{dt}=F(x)$，利用关系式$\frac{dv}{dt}=\frac{dv}{dx}\frac{dx}{dt}=v\frac{dv}{dx}$作变量替换，上述方程即可变为 $vdv=\frac{F(x)}{m}dx$，对该式积分，并代入初始条件：$x=x_0$ 时，$v=v_0$，即可求出 v 随 x 变化的关系式 $v=v(x)$.

例 2.4　一质点沿 x 轴运动，所受的力和坐标的关系为 $F=F_0-kx$，其中 F_0、k 均为常量，质点在 $x=0$ 处的速度为 v_0，求质点的速度和坐标的关系.

解　由质点的动力学方程得

$$m\frac{dv}{dt}=F_0-kx$$

将$\frac{dv}{dt}=v\frac{dv}{dx}$代入上式，得

$$v\frac{dv}{dx}=\frac{F_0}{m}-\frac{k}{m}x$$

分离变量得

$$vdv=\left(\frac{F_0}{m}-\frac{k}{m}x\right)dx$$

对上式两边积分，并代入初始条件：$x=0$，$v=v_0$，则有

$$\int_{v_0}^{v}vdv=\int_0^x\left(\frac{F_0}{m}-\frac{k}{m}x\right)dx$$

解得 $v=\left[v_0^2+2\left(\frac{F_0}{m}x-\frac{k}{2m}x^2\right)\right]^{\frac{1}{2}}$.

③力是速度的函数，即 $F=F(v)$. 这时，质点的动力学方程为 $m\frac{dv}{dt}=F(v)$，分离变量，得出微分方程 $m\frac{dv}{F(v)}=dt$，然后等式两边积分，并代入初始条件：$t=0$ 时，$v=v_0$，则可解出速度与时间的函数关系式 $v=v(t)$. 根据题设条件再积分，便可求出质点的位置坐标 $x=x(t)$. 有时也可直接将 $v=\frac{dx}{dt}$代入动力学方程来求质点的位置坐标，以简化问题的计算.

例 2.5　质量为 m 的小船在平静的湖面上以速度 v_0 航行.由于特殊情况,小船突然关机.这时,水的阻力与小船速度之间的关系为 $F=-bv$(b 为常量).求:(1)船速与时间的关系;(2)小船所能滑行的最大距离.

解　(1)由牛顿第二定律可得小船的动力学微分方程为

$$m\frac{\mathrm{d}v}{\mathrm{d}t}=-bv$$

分离变量并积分得

$$\int_{v_0}^{v}\frac{\mathrm{d}v}{v}=\int_{0}^{t}-\frac{b}{m}\mathrm{d}t$$

解之得

$$v=v_0e^{-\frac{b}{m}t}$$

(2)由速度的定义式 $v=\frac{\mathrm{d}x}{\mathrm{d}t}$ 得

$$\mathrm{d}x=v\mathrm{d}t=v_0e^{-\frac{b}{m}t}\mathrm{d}t$$

分离变量并积分得

$$\int_{0}^{x_m}\mathrm{d}x=\int_{0}^{\infty}v_0e^{-\frac{b}{m}t}\mathrm{d}t$$

解之得

$$x_m=\frac{m}{b}v_0$$

2.4 物理量的单位和量纲

物理量很多,相应的单位和单位制也很多,这给科学研究、工程技术发展以及生活带来诸多不便.好在各种物理量并非相互独立,而是存在联系,比如速率就是长度与时间的比值.目前国际上达成一致认可的做法是从所有物理量中挑选出少数几个作为基本量,其他物理量都可以由这几个基本物理量导出,并称为导出量.这样,只需给每个基本量规定标准,不必再给其他量规定标准.

1971 年,第十四届国际计量大会选择了七个量作为基本量,并规定采用广为熟知的米制为基准的单位制,称为国际单位制(SI).本书采用国际单位制为计量单位.

国际单位制规定,力学的基本量是长度、质量和时间,并规定:长度的基本单位名称为“米”,单位符号为 m;质量的基本单位名称为“千克”,单位符号为 kg;时间的基本单位名称为“秒”,单位符号为 s.其他力学物理量都是导出量.

按照上述基本量和基本单位的规定,速度的单位名称为"米每秒",符号为 m/s;角速度的单位名称为"弧度每秒",符号为 rad/s;加速度的单位名称为"米每二次方秒",符号为 m/s^2;角加速度的单位名称为"弧度每二次方秒",符号为 rad/s^2;力的单位名称为"牛顿",简称"牛",符号为 N,1 N=1 $kg\times m/s^2$.其他物理量的名称和符号以后将陆续介绍.

在物理学中,导出量与基本量之间的关系可以用量纲来表示.用 L、M 和 T 分别表示长度、质量和时间三个基本量的量纲,其他力学量 Q 的量纲与基本量量纲之间的关系可按下面的形式表达出来:

$$\mathrm{dim}Q = L^p M^q T^s$$

上式中 p、q、s 称为量纲指数,它们可以是正数、负数或零.

例如,速度的量纲是 LT^{-1},角速度的量纲是 T^{-1},加速度的量纲是 LT^{-2},角加速度的量纲是 T^{-2},力的量纲是 MLT^{-2},等等.

凡是根据物理学基本定律推导出来的表达式或方程,其中每一项的量纲必须一致.这一结论称为量纲一致性原理.

只有量纲相同的物理量才能相加减或用等号连接,所以只要考察等式两端各项量纲是否相同,就可初步校验等式的正确性.这种方法在求解问题和科学实验中经常用到.

2.5 力学相对性原理

2.5.1 力学相对性原理

伽利略(G.Galilei,1564—1642)在 1632 年出版的《关于托勒密和哥白尼两人世界体系的对话》中对在作匀速直线运动的封闭船舱里所观察到的运动现象,作了如下的生动描述:"把你和一些朋友关在一条大船甲板下的上舱里,再让你们带几只苍蝇、蝴蝶和其他小飞虫.舱里放一只大水碗,其中放几条鱼.然后,挂上一个水瓶,让水一滴一滴地滴到下面的宽口罐里.船停着不动时,你留神观察,小虫都以等速向舱内各方向飞行,鱼向各个方向随便游动,水滴滴进下面的罐子中,你把任何东西扔给你的朋友时,只要距离相等,向这一方向不必比向另一方向用更多的力,你双脚齐跳,无论向哪个方向跳过的距离都相等.当你仔细地观察这些事情后(虽然当船停止时,事情无疑一定是这样发生的),再使船以任何速度前进,只要运动是匀速的,也不忽左忽右地摆动,你将发现,所有上述现象丝毫没有变化,你也无法从其中任何一个现象来确定,船是在运动还是停着不动.即使船运动得相当快,在跳跃时,你将和以前一样,在船底板上跳过相同的距离,你跳向船尾也不会比跳向船头来得远.虽然你跳到空中时,脚下的船底板向着你跳的相反方向移动.你把不论什么东西扔给你的同伴时,不论他是在船头还是在船尾,只要你自己站在对面,你也并不需要用更多的力.水滴将像先前一样,滴进下面的罐子,一滴也不会滴向船尾,虽然水滴在空中时,船已行驶了一段距离.鱼在水中游向水碗前部所用的力,不比游向水碗后部来得大;它们一样悠闲地游向放在水碗边缘任何地方的食饵.最后,蝴蝶和苍蝇将继续随便地到处飞行,它们也绝不会向船尾集中,并不因为它们可能长时间留在空中,脱离了船的运动,为赶上船的运动显出累的样子.如果点香冒烟,则将看到烟像一朵云一样向上升起,不向任何一边移动……”在这里,伽利略所描述的情景是发生在相对于地球这个惯性系做匀速直线运动的船舱里的,与地面上的情景没有丝毫差异.于是,下面的结论是显而易见的:

(1)在相对于惯性系做匀速直线运动的参考系中,所总结出的力学规律都不会由于整个系统的匀速直线运动而有所不同;

(2)既然相对于惯性系做匀速直线运动的参考系与惯性系中的力学规律无差异,也就无法区分这两个参考系,或者说相对于惯性系做匀速直线运动的一切参考系都是惯性系.

由以上两点,可得出下面的结论:对于描述力学规律而言,所有惯性系都是等价的.这个结论便是伽利略相对性原理,也称为力学相对性原理.

2.5.2 非惯性系

运动的描述是相对的.为了具体地描述运动,必须选用参考系.如果问题只涉及运动的描述,那就完全可以根据研究问题的方便任意地选用参考系.但是,如果问题涉及运动和力的关系,即要应用牛顿定律时,参考系就不能任意选择,因为牛顿定律只适用于惯性系.

如果地面参考系可看作足够好的惯性系,则一切对地面参考系做匀速直线运动的物体也都是惯性系,而对地面参考系作加速运动的物体,则是非惯性系.现在举例说明如下:

站台上停有一辆小车.相对于地面参考系来说,小车停着,加速度为0,这是因为作用在它上面的力相互平衡,即合力为零的缘故.这符合牛顿运动定律.如果以加速起动的列车为参考系,在列车车厢内的人看到小车的情况就大不一样,小车是向列车车尾方向作加速运动的.小车受力的情况没有变化,合力仍然是 0,却有了加速度,这是违反牛顿定律的.因此,加速运动的列车是个非惯性系,相对于它,牛顿定律不再成立.

2.5.3　惯性力

在非惯性系中牛顿运动定律不再成立,所以不能直接用牛顿运动定律处理力学问题.若仍然希望能用牛顿运动定律处理这些问题,以便在形式上利用牛顿定律去分析问题,则必须引入一种作用于物体上的惯性力.惯性力不同于真实的力,是在非惯性系中来自参考系本身的加速效应的力.惯性力既没有施力物体,也不存在它的反作用力.下面分三种情况讨论:

1) 直线加速参考系中的惯性力

若某参考系相对于惯性系作变速直线运动,且各坐标轴的方向保持不变,该参考系就是直线加速参考系.如图 2.1 所示,固定在车厢里的一个光滑桌面上放着一个滑块.当车厢以加速度 $\boldsymbol{a}$ 由静止开始做直线运动时,在地面参考系观察.滑块 A 在水平方向上不受任何力的作用,所以保持静止,这与牛顿运动定律的结论相符.但在车厢参考系中观察,在水平方向上不受力的滑块以加速度 $-\boldsymbol{a}$ 在桌面上运动,这显然与牛顿运动定律相违背.为在直线加速参考系中应用牛顿运动定律处理问题,可引入惯性力

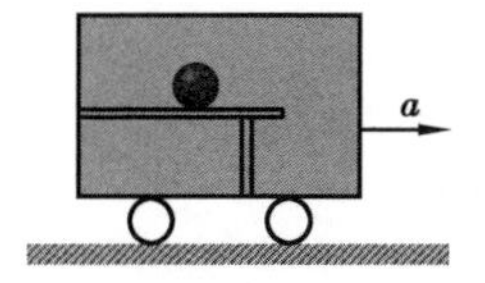

图 2.1　车厢系统

$$\boldsymbol{F}_i = -m\boldsymbol{a} \tag{2.10}$$

上式表示,在直线加速参考系中,惯性力的方向与非惯性系相对于惯性系的加速度的方向相反,大小等于所研究物体的质量与加速度的乘积.在图 2.1 的例子中,若以车厢为参考系,滑块受到惯性力$\boldsymbol{F}_i = -m\boldsymbol{a}$ 的作用.当车厢以加速度 $\boldsymbol{a}$ 向右运动时,滑块由于受到向左的惯性力的作用而以加速度 $\boldsymbol{a}$ 向左运动.

例 2.6　一质量为 m 的人,站在电梯中的磅秤上,当电梯以加速度 a 匀加速上升时,磅秤上指示的读数是多少? 试用惯性力的方法求解.

解　取电梯为参考系.已知这个非惯性系以 a 的加速度相对地面参考系运动,与之相应的惯性力的大小为 $F_{惯} = -ma$,符号表示惯性力的方向与加速度的方向相反.从电梯这个非惯性系看来,人除受到重力 G(方向向下)和磅秤对他的支持力 F_N(方向向上)之外,还要另加一个 $F_{惯}$.此人相对于电梯是静止的,则以上三个力必须恰好平衡,即

$$F_N - G - F_{惯} = 0$$

于是 $F_N = G + F_{惯} = m(g+a)$

由此可见,磅秤上的读数(根据牛顿第三定律,磅秤的读数是人对秤的正压力,而正压力和 F_N 是一对大小相等的作用力与反作用力)不等于物体所受的重力 G.当加速上升时,$F_N>G$;加速下降时,$F_N<G$.前一种情况叫作"超重",后一种情况叫作"失重".尤其在电梯以重力加速度下降时,失重最严重,磅秤上的读数将为零.

2)匀速转动参考系中的惯性力

图 2.2　旋转圆盘

相对于某惯性系作匀速圆周运动的参考系也为非惯性系.如图 2.2 所示.长度为 R 的细绳的一端系一质量为 m 的小球,另一端固定于圆盘的中心.当圆盘以匀角速度 ω 绕通过盘心并垂直于盘面的竖直轴旋转时,小球也随圆盘一起转动.若以地面为参考系,由细绳的张力所提供的向心力 $\boldsymbol{F}_T$ 使小球做圆周运动,这符合牛顿运动定律,且

$$|\boldsymbol{F}_T| = m\frac{v^2}{R} = mR\omega^2 \tag{2.11}$$

若以圆盘这个非惯性系为参考系,小球受到细绳的拉力作用,却是静止的,这不符合牛顿运动定律.为了应用牛顿运动定律,可设想小球除了受细绳的张力 $\boldsymbol{F}_T$ 的作用外,还受到惯性力 $\boldsymbol{F}_i$ 的作用,$\boldsymbol{F}_i$ 可以表示为

$$\boldsymbol{F}_i = m\omega^2\boldsymbol{r} \tag{2.12}$$

式中 $\boldsymbol{r}$ 是从转轴向质点(在此是小球)所引的有向线段,且与转轴相垂直.由于这种惯性力的方向总是背离轴心的,所以称为惯性离心力(inertial centrifugal force).引入惯性离心力后,小球受力满足下面的关系了

$$\boldsymbol{F}_T + \boldsymbol{F}_i = 0$$

所以小球保持静止,牛顿运动定律依然成立.于是可以得到这样的结论:若质点在匀速转动的非惯性系中保持静止,则作用于该质点的外力与惯性离心力的合力等于零.

*3)科里奥利力

通过上面讨论,可知在匀速转动的非惯性系中保持静止的物体,要受到惯性离心力的作用.如果物体相对于该匀速转动参考系在运动,作用于物体的除了惯性离心力以外,还有另一种惯性力,这种惯性力称为科里奥利力.下面就科里奥利力的产生和作用做如下分析.

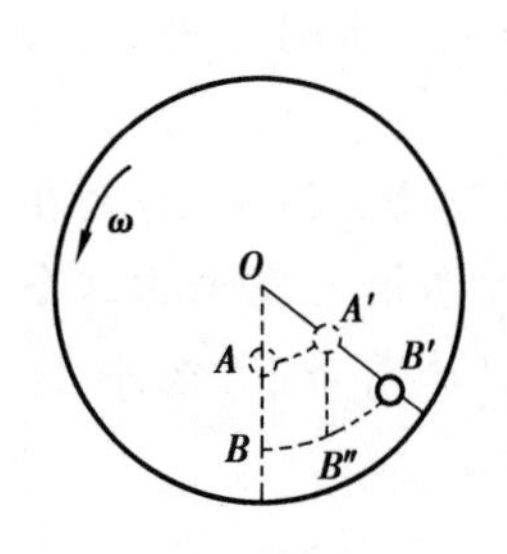

图 2.3　旋转圆盘俯视图

现设想,一个带有径向光滑沟槽的圆盘,以匀角速度 ω 绕通过盘心并垂直于盘面的固定竖直轴 O 转动,处于沟槽中的质量为 m 的小球以速度 $\boldsymbol{u}$ 沿沟槽相对于圆盘做匀速运动,如图 2.3 所示.在圆盘上的观察者看到,经过 Δt 时间,小球沿沟槽从点 A

到达点 B.而在地面上的观察者却看到,小球同时参与了两个运动:以速度 $\boldsymbol{u}$ 相对于圆盘的运动和随圆盘的转动.如果只有圆盘的转动,在 Δt 时间内圆盘转过了 $\Delta\theta$ 角,小球到达点 A';如果只有小球沿沟槽的运动,小球只能到达点 B.根据位移合成的平行四边形定则,取 $A'B''$平行于 AB,经过 Δt 时间,小球应该到达点 B''.而实际上小球是沿曲线 AB'到达了点 B',即比合成的结果多运行了 $B''B'$的距离.这说明小球的运动在垂直于半径的方向存在一种横向加速度,致使小球在 Δt 时间内多运行了 $B''B'$的距离.这种加速度之所以存在,显然是由于随着小球离开盘心距离的增加,垂直于半径的横向速度在不断增大的缘故.若把这种加速度表示为 a_t,则有

$$B''B' = \frac{1}{2}a_t(\Delta t)^2$$

从图 2.3 中所画的几何关系中可以得到

$$B''B' = A'B' \cdot \Delta\theta = u \cdot \Delta t \cdot \omega \cdot \Delta t = u\omega(\Delta t)^2$$

比较以上两式,可以得到横向加速度 a_t 的大小为 $a_t = 2u\omega$,只有力的作用才能使物体获得加速度,使小球获得横向加速度 a_t 的力记为$\boldsymbol{F}_t$.根据牛顿第二定律,其大小为 $F_t = 2mu\omega$.$\boldsymbol{F}_t$ 的方向在图 2.3 中是垂直于半径指向右的.这个力显然是由沟槽壁施加于小球的.

在圆盘这个匀速转动参考系中的观察者看到,尽管有力$\boldsymbol{F}_t$ 的作用,小球仍然沿沟槽做匀速直线运动.这表明,在垂直于小球的运动方向上还受到一个与$\boldsymbol{F}_t$ 相平衡的力,将这个力记为$\boldsymbol{F}_c$,则

$$\boldsymbol{F}_c + \boldsymbol{F}_t = 0$$

所以力$\boldsymbol{F}_c$ 的大小为

$$F_c = 2mu\omega \tag{2.13}$$

$\boldsymbol{F}_c$ 方向与$\boldsymbol{F}_t$ 相反,即垂直于半径指向左.这个力就是科里奥利力.

可以证明,在一般情况下科里奥利力应由下式表示

$$\boldsymbol{F}_c = 2m\boldsymbol{u} \times \boldsymbol{\omega} \tag{2.14}$$

在上式中,角速度 $\boldsymbol{\omega}$ 的方向可以这样确定:让右手四指沿转动方向围绕转轴而弯曲,拇指所指的方向就是角速度的方向.上式表明,科里奥利力$\boldsymbol{F}_c$ 与 $\boldsymbol{u}$、$\boldsymbol{\omega}$ 三者的方向满足右螺旋关系.

总之,在匀速转动的非惯性系中分析力学问题时,一般情况下需要同时考虑惯性离心力和科里奥利力.在地球这个匀速转动的非惯性系中,科里奥利力的作用也明显地表现出来.赤道附近的空气因受热而上升,并向两极推进,两极附近的冷空气则沿地面向赤道流动.在北半球,从北向南流动的气流所受科里奥利力的方

向是从东向西的,这就形成了所谓东北信风,而在南半球则形成东南信风.在北半球地面上运动的物体,所受科里奥利力总是指向前进方向的右侧;在南半球地面上运动的物体,所受科里奥利力总是指向前进方向的左侧.所以北半球的河流,右岸被冲刷得比较厉害,常呈陡峭状.单行线铁路的右轨被磨损得比较严重.而在南半球,情况与此相反.

2.5.4 经典力学时空观

第1章介绍的伽利略变换关于时间的关系式(1.31)中清楚地表明 $t=t'$.这表示,在所有惯性系中时间都是相同的,或者说存在着与参考系的运动状态无关的时间,即时间是绝对的.既然时间是同一的,那么在所有惯性系中时间间隔也必定是相同的,即

$$\Delta t = \Delta t' \tag{2.15}$$

这表示,在伽利略变换下时间间隔也是绝对的.

在伽利略变换中还有一个不变量,这就是在任意确定时刻,空间两点的长度对于所有惯性系是不变的.在同一时刻,空间两点的长度在两个惯性系中分别表示为

$$\Delta L = \sqrt{(x_2 - x_1)^2 + (y_2 - y_1)^2 + (z_2 - z_1)^2}$$

和

$$\Delta L' = \sqrt{(x_2' - x_1')^2 + (y_2' - y_1')^2 + (z_2' - z_1')^2}$$

这表示,在所有惯性系中,在任意确定时刻,空间两点的长度都是相同的.或者空间长度与参考系的运动状态无关,即空间长度是绝对的.

所以,在伽利略变换下时间和空间均与参考系的运动状态无关,时间和空间之间是不相联系的,是绝对的,这正是经典的时空观念.于是可以这样说,伽利略变换是经典时空观念的集中体现.

思考题

2.1 下列说法是否正确?为什么?

(1)物体运动的方向总是和其所受合外力的方向相同;

(2)物体一旦受力就会产生加速度;

(3)物体运动的速率不变则其所受合外力必然为零.

习　题

2.1　如题 2.1 图所示，斜面固定，A 和 B 两个物体，质量分别为 $m_1 = 100$ kg，$m_2 = 60$ kg. 如果物体与斜面间无摩擦，滑轮和绳子的质量忽略不计，问：(1) 系统将向哪边运动？(2) 系统的加速度是多大？(3) 绳中的张力是多大？

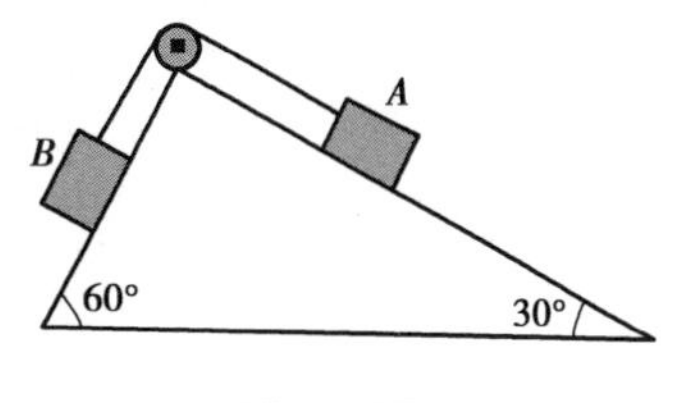

题 2.1 图

2.2　设有一辆质量为 2 500 kg 的汽车，在平直的高速公路上以每小时 120 km 的速度行驶. 若欲使汽车平稳地停下来，驾驶员启动刹车装置，刹车阻力是随时间线性增加的，即 $F_f = -bt$，其中 $b = 3\ 500$ N · s. 试问此车经过多长时间才停下来.

2.3　半径为 r 的球被固定在水平面上，设球的顶点为 P. (1) 将小物体自 P 点沿水平方向以初速度 v_0 抛出，要使小物体别抛出后不与球面接触而落在水平面上，其 v_0 至少应为多大？(2) 要使小物体自 P 点自由下滑而落在水平面上，它脱离球面处离水平面有多高？

2.4　用力 F 去推一个放置在水平地面上质量为 m 的物体，如果力与水平面的夹角为 α，物体与地面的摩擦系数为 μ，试求：(1) 要使物体匀速运动，F 应多大？(2) 为什么当 α 角过大时，无论 F 多大物体都不能运动？

2.5　质量为 m 的物体放于斜面上，当斜面的倾角为 α 时，物体刚好匀速下滑. 当斜面的倾角增至 β 时，让物体从高度为 h 处由静止下滑，求物体滑到底部所需要的时间.

2.6　固定斜面上放一质量为 $m = 10$ kg 的物体，已知物体与斜面间的静摩擦系数 $\mu_0 = 0.4$，斜面倾角 $\alpha = 30°$. 今以一沿斜面方向的力 F 向上推物体，问：(1) 要使物体不下滑，推力至少要多大？(2) 要向上推动物体，推力至少要多大？

2.7　质量为 m 的质点沿半径为 R 的圆周按规律 $s = v_0 t + \frac{1}{2}bt^2$ 运动，其中 s 是路程，t 是时间，v_0、b 均为常量. 求 t 时刻作用于质点的切向力和法向力.

2.8　质量为 m 的质点在合力 $F = F_0 - kt$（F_0、k 均为常量）的作用下作直线运动，求：(1) 质点的加速度；(2) 质点的速度和位置（设质点开始时静止于坐标原点处）.

2.9　质量为 m 的质点最初静止在 x_0，在力 $F = -\frac{k}{x^2}$（k 是常量）的作用下沿 x 轴运动，求质点在 x 处的速度.

2.10　质量为 m 的轮船在停靠码头之前停机，这时轮船的速率为 v_0，设水的阻力与轮船的速率成正比，比例系数为 k，求轮船在发动机停机后所能前进的最大距离.

2.11　汽车以 2.5 m/s 的速率经过公路弯道时，发现汽车天花板下悬挂小球的细线与竖直方向的夹角为 1°. 求公路弯道处的半径.

2.12　车厢在地面上做匀加速直线运动，加速度为 5 m/s². 车厢的天花板下用细线悬挂一小球，求小球悬线与竖直方向的夹角.

第3章　守恒定律

尽管牛顿运动定律是描述质点运动的基本规律,通常被认为是经典力学的基础,力学中的其他规律都可由牛顿运动定律得出,或者说都是牛顿运动定律的必然结果.然而,在长期的实验观测中发现,能量守恒定律、动量守恒定律和角动量守恒定律这三个守恒定律具有比牛顿运动定律更加深刻的物理含义,是更具根本意义的物理学规律.它们既适用于经典力学,也适用于相对论力学和量子力学.在经典力学范围内,从这三个守恒定律出发,可以导出包括牛顿运动定律在内的所有力学规律.所以,把这三个守恒定律看作经典力学的基础,认为所有力学规律都是物质机械运动遵从这三个守恒定律的必然结果,是更为合理的见解.本章将讨论能量守恒定律、动量守恒定律和角动量守恒定律.

牛顿运动定律阐述了力及其对物体产生的瞬时效应——加速度.物体在某时刻具有加速度,只表明物体在该时刻的运动状态要发生改变,物体运动状态发生有限的改变必然需要经过一段空间距离或者经历一段时间,因此必然要讨论力持续作用一段空间或时间所产生的积累效应.本章将讨论力的空间积累效应和力的时间积累效应,进一步得到相应的守恒定律.

3.1　质点和质点系的动能定理

3.1.1　功和功率

1)功

作用于质点的力与质点沿力的方向所发生的位移的乘积,定义为力对质点所做的功.功就是力的空间积累.一质点在力 $\boldsymbol{F}$ 作用下沿路径 AB 运动,如图3.1所示,发生位移 $\mathrm{d}\boldsymbol{r}$,$\boldsymbol{F}$ 与 $\mathrm{d}\boldsymbol{r}$ 的夹角为 θ,则力 $\boldsymbol{F}$ 所做的功为

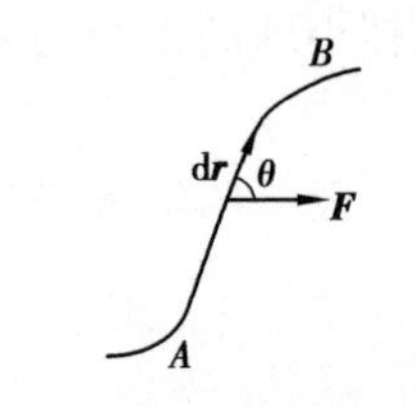

图3.1　力与力做的功

$$\mathrm{d}W = F\,|\mathrm{d}\boldsymbol{r}|\cos\theta = F\mathrm{d}s\cos\theta$$

式中 $|\mathrm{d}\boldsymbol{r}| = \mathrm{d}s$,即 $\mathrm{d}s$ 表示位移元 $\mathrm{d}\boldsymbol{r}$ 的大小.因 $\mathrm{d}W$ 对应着位移元

$\mathrm{d}\boldsymbol{r}$,$\mathrm{d}W$ 称为元功.力和位移都是矢量,上式可以改写为

$$\mathrm{d}W = \boldsymbol{F} \cdot \mathrm{d}\boldsymbol{r} \tag{3.1}$$

功是标量,只有大小和正负,没有方向,其正、负分别表明力对物体做正功和负功.力 $\boldsymbol{F}$ 对物体做负功,常被说成物体在运动中克服外力 $\boldsymbol{F}$ 做了功.

如果质点在运动过程中,作用于质点的外力的大小和方向都在改变,为求得在这个过程中变力所做的功,可以将路径分成很多段的位移元,使得在这些位移元里,外力可近似看成不变,于是,变力所做的功就等于力在每段位移元上所做元功的代数和,即

$$W = \int \mathrm{d}W = \int_A^B \boldsymbol{F} \cdot \mathrm{d}\boldsymbol{r} = \int_A^B F\mathrm{d}s \cos\theta \tag{3.2}$$

上式就是变力做功的表达式.

在直角坐标系中,上式亦可写为

$$W = \int \mathrm{d}W = \int_A^B \boldsymbol{F} \cdot \mathrm{d}\boldsymbol{r} = \int_A^B (F_x \mathrm{d}x + F_y \mathrm{d}y + F_z \mathrm{d}z) \tag{3.3}$$

若有多个力同时作用在质点上,那么,合力所做的功为

$$W = \int_A^B \boldsymbol{F} \cdot \mathrm{d}\boldsymbol{r} = \int_A^B (\boldsymbol{F}_1 + \boldsymbol{F}_2 + \cdots + \boldsymbol{F}_n) \cdot \mathrm{d}\boldsymbol{r} = \int_A^B \boldsymbol{F}_1 \cdot \mathrm{d}\boldsymbol{r} + \int_A^B \boldsymbol{F}_2 \cdot \mathrm{d}\boldsymbol{r} + \cdots + \int_A^B \boldsymbol{F}_n \cdot \mathrm{d}\boldsymbol{r}$$

即

$$W = W_1 + W_2 + \cdots + W_n \tag{3.4}$$

上式表明,合力对质点所做的功,等于同一过程中各个分力所做功的代数和.

在国际单位制中,力的单位是 N,位移的单位是 m,因此功的单位是 N · m,叫做 J(焦耳).

2)功率

在实际工作中,不仅要考虑功,而且还需要知道完成一定功所花费的时间.对于一个做功的机械而言,完成一定功的快慢,是描述这个机械做功性能的重要指标,用功率表示.功率定义为力在单位时间内做的功,用 P 表示可写为

$$P = \frac{\mathrm{d}W}{\mathrm{d}t} \tag{3.5}$$

因为 $\mathrm{d}W = \boldsymbol{F} \cdot \mathrm{d}\boldsymbol{r}$,所以,功率还可以表示为如下形式

$$P = \boldsymbol{F} \cdot \frac{\mathrm{d}\boldsymbol{r}}{\mathrm{d}t} = \boldsymbol{F} \cdot \boldsymbol{v} \tag{3.6}$$

上式表明,对于一定功率的机械,当速率小时,力就大;当速率大时,力必定小.

在国际单位制中,功率的单位是 $J \cdot s^{-1}$,这个单位又称为 W(瓦特,简称瓦).在工程上常用 kW(千瓦)做功率的单位

$$1\ kW = 1\ 000\ W$$

有时功也用功率与时间的乘积 kW · h(千瓦小时)为单位. 1 kW · h表示以 1 千瓦的恒定功率做功的机械,在 1 小时内所完成的功,它与焦耳的关系为

$$1\ kW \cdot h = 3.6 \times 10^6\ J$$

例 3.1　某汽车启动后,牵引力的变化如图 3.2 所示,若两坐标轴的单位长度分别为 100 N 和 1 m,则曲线 OA 恰好是个$\frac{1}{4}$圆周.问汽车运动 7 m,牵引力所做的功有多大?

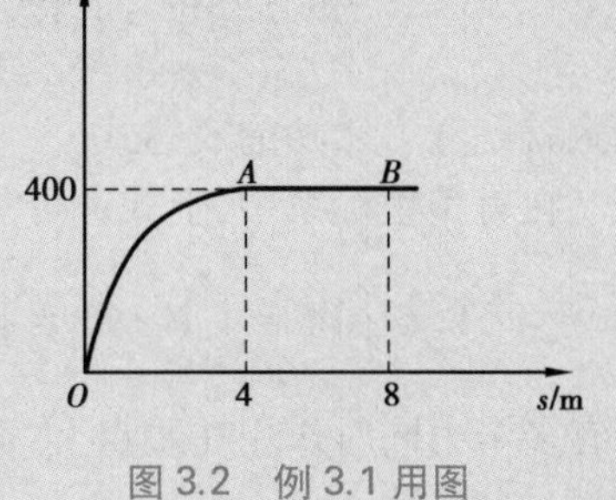

图 3.2　例 3.1 用图

解　曲线 OAB 对 s 的关系,即牵引力随距离的函数关系.由图可得该函数为

$$F = \begin{cases} 100\sqrt{s(8-s)} & (0 \leqslant s \leqslant 4) \\ 4 \times 10^2 & (4 \leqslant s) \end{cases}$$

所以,牵引力所做的功为

$$W = \int \boldsymbol{F} \cdot d\boldsymbol{s} = \int F ds = \int_0^4 100\sqrt{s(8-s)}\, ds + \int_4^7 4 \times 10^2 ds = 400\pi + 1\ 200 = 2.46 \times 10^3\ J$$

本题也可由图中曲线 OB 对 s 轴覆盖的面积求出.

3.1.2　质点的动能定理

牛顿定律表明力是物体运动状态变化的原因.上一节的内容表明,当由于力的作用引起物体位移时,力要做功.由此可以推断,外力对物体做功与物体运动状态的变化之间必定存在某种联系.下面就来探讨这种联系.

仍然参照图 3.1,一质量为 m 的质点在合外力 $\boldsymbol{F}$ 的作用下,自点 A 沿曲线移动到点 B,对应的速率分别为 v_1 和 v_2.设任一瞬时合外力 $\boldsymbol{F}$ 与位移元 $d\boldsymbol{r}$ 之间的夹角为 θ,则合外力 $\boldsymbol{F}$ 对质点所做的元功 dW 可以表示为

$$dW = \boldsymbol{F} \cdot d\boldsymbol{r} = F \cos \theta ds$$

式中 $|d\boldsymbol{r}| = ds$,即 ds 表示位移元 $d\boldsymbol{r}$ 的大小,所以有 $ds = v dt$.由牛顿第二定律和切向加速度的定义可得

$$F \cos \theta = m a_t = m \frac{dv}{dt}$$

进而得

$$dW = m\frac{dv}{dt}ds = mvdv$$

于是，质点自点 A 沿曲线移动到点 B 的过程中，合外力 $\boldsymbol{F}$ 所做的总功为

$$W = \int_{v_1}^{v_2} mvdv = \frac{1}{2}mv_2^2 - \frac{1}{2}mv_1^2 \tag{3.7}$$

式中$\frac{1}{2}mv^2$ 是与质点的运动状态有关的参量，叫作质点的动能，用 E_k 表示. $E_{k1} = \frac{1}{2}mv_1^2$ 称初动能，$E_{k2} = \frac{1}{2}mv_2^2$ 为末动能. 故上式可写为

$$W = E_{k2} - E_{k1} \tag{3.8}$$

上式表明，合外力对质点所做的功，等于质点动能的增量. 这个结论就叫作质点的动能定理.

动能定理可以帮助我们深入理解正功和负功的意义. 合外力做正功，质点末状态的动能大于初状态的动能，说明合外力对质点做功使质点的动能增大. 合外力做负功，或者说反抗合外力而做功，质点末状态的动能小于初状态的动能，说明质点以自身动能的减小而对外做功. 由此可见，对于一个运动的质点，合外力所做的功，在数值上等于该质点动能的改变. 动能是质点以自身的运动速率所决定的对外做功的能力，是质点能量的一种形式. 也就是说，功是物体在某过程中能量改变的一种量度. 这个观点将有助于我们去识别和理解其他形式的能量.

由动能定理可知，$dW = \boldsymbol{F} \cdot d\boldsymbol{r}$ 是动能的微小变化，可写成 dE_k，则由式(3.6)可得

$$\boldsymbol{F} \cdot \boldsymbol{v} = \frac{dE_k}{dt} \tag{3.9}$$

上式就是质点动能定理的微分形式.

动能和功的单位是一样的，但是意义不同. 功反映力的空间累积，其大小取决于过程，是过程量；动能表示物体的运动状态，是状态量. 由于位移和速度具有相对性，所以功和动能也都具有相对性，都依赖于参考系的选择. 但是，动能定理的形式与惯性参考系的选择无关.

3.1.3　质点系的动能定理

现在讨论由 n 个相互作用着的质点所组成的质点系. 作用于

该系统中各个质点的力所做的功分别为 $W_1, W_1, \cdots, W_n$,使得各质点由初动能 $E_{k10}, E_{k20}, \cdots, E_{kn0}$ 改变为 $E_{k1}, E_{k2}, \cdots, E_{kn}$. 由质点的动能定理可得

$$W_1 = E_{k1} - E_{k10}$$
$$W_2 = E_{k2} - E_{k20}$$
$$\vdots$$
$$W_n = E_{kn} - E_{kn0}$$

将上述 n 个式子相加,得

$$\sum_{i=1}^{n} W_i = \sum_{i=1}^{n} E_{ki} - \sum_{i=1}^{n} E_{ki0}$$

式中 $\sum_{i=1}^{n} E_{ki0}$ 是系统内 n 质点的初动能之和, $\sum_{i=1}^{n} E_{ki}$ 是这些质点的末动能之和, $\sum_{i=1}^{n} W_i$ 是作用在这些质点上的力所做的功之和. 作用在这些质点上的力,既有来自系统外的外力,也有来自系统内各质点间的相互作用力. 因此,作用于质点系的力所做的功 $\sum_{i=1}^{n} W_i$,应是一切外力对质点系所做的功 $\sum_{i=1}^{n} W_{exi} = W_{ex}$ 与质点系内一切内力所做的功 $\sum_{i=1}^{n} W_{ini} = W_{in}$ 之和,即

$$W_{ex} + W_{in} = \sum_{i=1}^{n} E_{ki} - \sum_{i=1}^{n} E_{ki0} = E_k - E_{k0} \tag{3.10}$$

上式表明,外力和内力对系统所做功的代数和,等于系统内所有质点的总动能的增量. 这个结论称为质点系的动能定理.

例 3.2 一质量为 m 的陨石从距地面高 h 处,由静止开始落向地面. 设地球半径为 R,地球质量为 M,忽略空气阻力. 求:(1) 陨石下落过程中万有引力做的功;(2) 陨石落地的速度.

解 (1) 陨石所受的万有引力为

$$\boldsymbol{F} = -G\frac{Mm}{(R+r)^2}\boldsymbol{e}_r$$

式中 G 为万有引力常量,r 为陨石离地面的高度,$\boldsymbol{e}_r$ 是由地球中心指向陨石的单位矢量.

取陨石落向地面的微小位移为 $\mathrm{d}\boldsymbol{r}'$,与 $\boldsymbol{e}_r$ 的方向相反,$\mathrm{d}r' = -\mathrm{d}r$,则万有引力所做的功为

$$W = \int_h^0 \boldsymbol{F} \cdot \mathrm{d}\boldsymbol{r}' = -\int_h^0 GMm\frac{\mathrm{d}r}{(R+r)^2} = \frac{GMmh}{R(R+h)}$$

(2) 根据动能定理 $W = \Delta E_k = \frac{1}{2}mv^2 - 0$,则陨石落地时的速度为 $v = \sqrt{\frac{2GMh}{R(R+h)}}$.

3.2 机械能守恒定律 能量守恒定律

前面介绍了作为机械运动能量之一的动能,知道了动能是物体以自身的运动速率所决定的做功的本领.这里将介绍另一种机械能——势能.本节将从万有引力、重力、弹性力以及摩擦力等力的做功特点出发,引出保守力和非保守力的概念,然后介绍引力势能、重力势能和弹性势能.最后讨论功能原理,得到机械能守恒定律及普遍存在的能量守恒定律.

3.2.1 万有引力、重力和弹性力的做功特点

1)万有引力做功

如图 3.3 所示,有两个质量为 M 和 m 的质点,假设质点 M 固定不动($M>>m$),质点 m 经任一路径由点 P 运动到点 Q.取 M 的位置为坐标原点,P、Q 两点对 M 的距离分别为 r_P 和 r_Q.设在某一时刻质点 m 距质点 M 的距离为 r,对应的位矢为 $\boldsymbol{r}$,此时质点 m 受到质点 M 的万有引力为

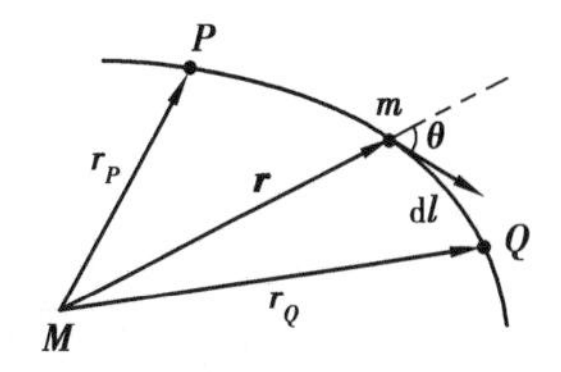

图 3.3 万有引力做功

$$\boldsymbol{F}=-G\frac{Mm}{r^2}\boldsymbol{e}_r \tag{3.11}$$

式中 $\boldsymbol{e}_r$ 为位矢 $\boldsymbol{r}$ 的单位矢量.当 m 沿路径移动位移元 $\mathrm{d}\boldsymbol{l}$ 时,万有引力所做的功为

$$\mathrm{d}W=\boldsymbol{F}\cdot\mathrm{d}\boldsymbol{l}=-G\frac{Mm}{r^2}\boldsymbol{e}_r\cdot\mathrm{d}\boldsymbol{l}=-G\frac{Mm}{r^2}\mathrm{d}\boldsymbol{r}$$

所以,质点 m 从点 P 沿任一路径到达点 Q 的过程中,万有引力做的功为

$$W=\int_P^Q\mathrm{d}W=-GMm\int_{r_P}^{r_Q}\frac{\mathrm{d}r}{r^2}=GMm\left(\frac{1}{r_Q}-\frac{1}{r_P}\right) \tag{3.12}$$

上式表明,当质点的质量 M 和 m 给定时,万有引力的功只取决于质点 m 的起始和终了的位置,而与所经过的具体路径无关.

2)重力做功

设一质量为 m 的质点,在重力作用下经任一路径由点 P 运动到点 Q.若质点在平面内运动,取地面上某一点为坐标原点 O,建立如图 3.4 所示的坐标系,设两点距地面的高度分别为 y_P 和 y_Q.质点所受重力为 $\boldsymbol{G}=-mg\boldsymbol{j}$.当该质点沿路径移动位移元 $\mathrm{d}\boldsymbol{l}$ 时,重力做的功为

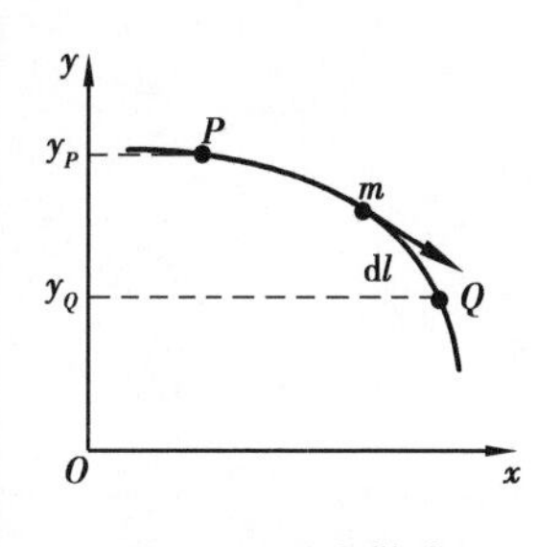

图 3.4 重力做功

$$\mathrm{d}W=\boldsymbol{G}\cdot\mathrm{d}\boldsymbol{l}=-mg\boldsymbol{j}\cdot(\mathrm{d}x\boldsymbol{i}+\mathrm{d}y\boldsymbol{j})=-mg\,\mathrm{d}y$$

所以,质点 m 从点 P 运动到点 Q 的过程中,重力做的总功为

$$W = mg(y_1 - y_2) \tag{3.13}$$

上式表明,重力做功只与质点的起始和终了位置有关,而与所经过的具体路径无关.

3)弹性力做功

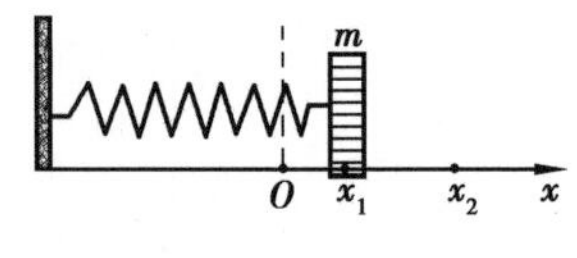

图 3.5 弹力做功

如图 3.5 所示,一放置在光滑平面上的弹簧,劲度系数为 k,与其相连的物体质量为 m.设弹簧未发生形变时物体位于点 O,称为平衡位置,并令该点为所建立坐标系的坐标原点.当弹簧沿 x 轴被拉长,物体的位移为 x 时,弹簧的伸长量也为 x.根据胡克定律,在弹性限度内,弹簧的弹性力 $\boldsymbol{F}$ 与弹簧的伸长量 x 之间存在如下关系

$$\boldsymbol{F} = -kx\boldsymbol{i}$$

在弹簧位移为 $\mathrm{d}\boldsymbol{x}$ 时,弹性力做的元功为

$$\mathrm{d}W = \boldsymbol{F}\cdot\mathrm{d}\boldsymbol{r} = -kx\boldsymbol{i}\cdot\mathrm{d}x\boldsymbol{i} = -kx\mathrm{d}x$$

所以,在弹簧的伸长量由 x_1 变动 x_2 时,弹性力所做的功为

$$W = \int \mathrm{d}W = \int_{x_1}^{x_2} -kx\mathrm{d}x = \frac{1}{2}kx_1^2 - \frac{1}{2}kx_2^2 \tag{3.14}$$

上式表明,对在弹性限度内具有给定劲度系数的弹簧来说,弹性力所做的功只由弹簧起始和终了的位置有关,而与弹性形变的具体过程无关.

4)保守力与非保守力

从上述讨论可以看出,万有引力、重力和弹性所做的功只与质点(或弹簧)的始末位置有关,而与具体路径无关,具有这种特点的力叫做保守力.保守力还有电荷间相互作用的库仑力,以及原子间相互作用的分子力.保守力做功只与始末位置有关,如果物体始末位置相同,保守力对其做功必为零.因此,对于保守力:物体沿任意闭合路径绕行一周,保守力对它所做的功恒等于零,即

$$W = \oint_l \boldsymbol{F}\cdot\mathrm{d}\boldsymbol{r} = 0 \tag{3.15}$$

上式为保守力做功特点的数学表达式.

日常生活中常见的摩擦力做功不具有保守力的特点,它所做的功与路径有关,路径越长,摩擦力做的功就越大.具有这种特点的力叫做非保守力.除摩擦力外,磁场对电流作用的安培力,以及空气阻力等都是非保守力.

5)势能

因为做功只与物体的始末位置有关,所以对于保守力可以引

入与该保守力对应的势能.我们把与物体位置有关的能量称为物体的势能,用 E_p 表示.于是上述三个保守力对应的势能分别为

重力势能　$E_p = mgy$　(以物体位于地面时为重力势能零点)

引力势能　$E_p = -G\frac{Mm}{r}$　(以两质点相距无限远时为引力势能零点)

弹性势能　$E_p = \frac{1}{2}kx^2$　(以弹簧处于原长状态时为弹性势能零点)

进而下式成立

$$W = E_{p1} - E_{p2} = -(E_{p2} - E_{p1}) \tag{3.16}$$

上式表明,保守力对物体所做的功在数值上等于物体势能的减少量,或者说成保守力对物体所做的功在数值上等于物体势能增量的负值.

为了加深对势能物理含义的理解,强调如下几点:

(1)势能是状态函数,也就是说,势能是关于坐标的单值函数,即 $E_p = E_p(x, y, z)$.

(2)势能具有相对性.势能的值与零势能位置的选取有关.虽然原则上说零势能位置的选取是任意的,但习惯上一般选取物体位于地面时为重力势能零点,两物体相距无限远时为万有引力势能零点,弹簧处于自然状态时为弹性势能零点.

(3)势能属于存在保守力作用的物体组成的系统.势能是因系统内各物体间有保守力作用而存在的,所以抛开系统谈单个物体的势能没有意义.例如重力势能是属于地球和物体所组成的系统的,在不至于造成混淆的情况下才不提及地球而仅说某物体的重力势能.

6)势能曲线

当零势能的位置确定后,势能便仅是物体所在位置的坐标的函数.依此函数画出的势能随坐标变化的曲线,称为势能曲线.利用该曲线,可方便地讨论物体在保守力作用下的运动.前面提到的三种势能对应的势能曲线如图3.6所示.

在系统的总能量 $E = E_k + E_p$ 保持不变的条件下,在势能曲线图上,可用一平行于横坐标轴的直线来表示它,进而系统在每一位置时的动能的大小($E_k = E - E_p$)就可以方便地在图上标示出来.由于动能不可能为负值,只有符合 $E_k \geq 0$ 的运动才可能发生.所以,根据势能曲线的形状可以讨论物体的运动.例如,在图3.6中,表示总能量的直线与势能曲线相交于 A、B 两点,这表明质点只能在 AB 的范围

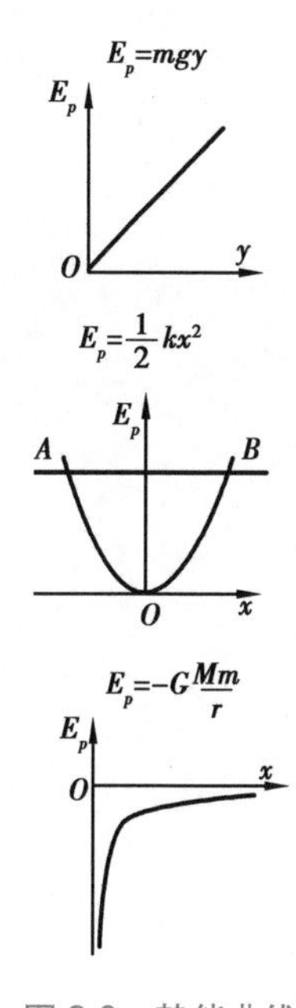

图3.6　势能曲线

内运动,而且在 A、B 两点,质点的动能为零,速度也为零.

利用势能曲线,还可以判断物体在各个位置所受保守力的大小和方向.将式(3.16)写成微分形式

$$dW = -dE_p$$

当系统内的物体在保守力 F 作用下,沿 Ox 轴发生位移 dx 时,保守力所做的功为

$$dW = F\cos\theta dx = F_x dx$$

θ 为 F 与 Ox 轴正方向的夹角.比较以上两式,得

$$F_x = -\frac{dE_p}{dx} \tag{3.17}$$

上式表明:保守力沿某坐标轴的分量等于势能对此坐标的导数的负值.重力、万有引力和弹性力对于上式都成立.

3.2.2 功能原理

当讨论的对象是由 n 个相互作用的质点所组成的质点系(系统)时,系统内部质点之间的相互作用称为系统的内力.系统外物体对系统内质点的作用力称为外力.根据前一节的讨论,物体之间的相互作用有两类,即保守力和非保守力.这样,系统内力做功包括两部分,一部分是保守内力做功,另一部分是非保守内力做功,即

$$W_{in} = W_{保in} + W_{非保in}$$

其中的保守内力所做的功等于系统相应势能增量的负值,即

$$W_{保in} = -(E_{P2} - E_{P1})$$

将以上两式代入质点系动能定理式(3.10)中,得

$$W_{ex} + W_{in} = W_{ex} + W_{保in} + W_{非保in} = E_k - E_{k0}$$

或改写为

$$W_{ex} + W_{非保in} = (E_k + E_p) - (E_{k0} + E_{p0})$$

上式右边第一项是系统在末状态时的动能与势能之和,第二项是系统在初状态的动能和势能之和.系统的动能与势能之和称为系统的机械能,用 E 表示.于是,上式可写为

$$W_{ex} + W_{非保in} = E - E_0 = \Delta E \tag{3.18}$$

上式表明,在系统从一个状态变化到另一个状态的过程中,其机械能的增量等于外力所做的功和系统的非保守内力所做功的代数和.此规律称为系统的功能原理.

功能原理反映了功和能的关系.当我们的研究从恒力转向变力,从质点转向系统,情况虽然复杂,但用过程关系代替瞬时关系

的研究却使我们有可能不去考虑系统中相互作用具体变化的细节，而把整个过程的某些重要结果确定下来.

在机械运动范围内讨论的能量只是动能和势能.由于物质运动形式的多样化，将遇到其他形式的能量，如电磁能、热力学能、原子能、化学能等.一般系统内除了机械能外，还可能产生其他形式的能量，则系统的能量应是机械能和其他形式能量的总和.如果不考虑系统和外界热交换的情形，并假定对系统的作用只是作用在这系统上的外力的功，则外力对系统所做的总功，就等于系统总能量的增量.当外力对系统的总功为正时，系统的总能量增加；当外力对系统的总功为负时，系统的总能量减少.

当外力对系统所做的功为零时，根据功能原理，此时非保守内力所做的功将引起系统机械能的变化.如果非保守内力做正功，系统内部将有其他形式的能量转变为机械能.例如，在射击时，火药的化学能转变成子弹和枪身的机械能.如果非保守内力做负功，系统机械能转变为其他形式的非保守内能.例如，系统内部有摩擦时，机械能将转变为热能.

例 3.3　一汽车的速度为 $v_0=36$ km/h，驶至一斜率为 0.010 的斜坡时，关闭油门.设汽车与路面间的摩擦阻力为车重 G 的 0.05 倍，问汽车能冲上斜坡多远？

解　取汽车和地球这一系统为研究对象，则系统内只有汽车受到两个外力的作用，分别为沿斜坡向下的摩擦力 $\boldsymbol{F}_f$ 和垂直于斜坡的支持力 $\boldsymbol{F}_{\mathrm{N}}$，而支持力 $\boldsymbol{F}_{\mathrm{N}}$ 不做功.设汽车能冲上斜坡的距离为 s，此时汽车的末速度为零.运用系统的功能原理得

$$-F_f s=(0+Gs\sin\alpha)-\left(\frac{1}{2}mv_0^2+0\right)$$

即　$\mu Gs=\frac{1}{2}mv_0^2-Gs\sin\alpha$

上式说明，汽车在上坡前动能和势能(设为零)的总和大于上坡后动能(为零)和势能的总和，汽车在上坡的过程中机械能减少了，它所减少的能量等于反抗摩擦力所做的功.代入已知数据得

$$s=85\ \mathrm{m}$$

3.2.3　机械能守恒定律 能量守恒定律

在式(3.18)中，如果 $W_{\mathrm{ex}}+W_{\text{非保in}}=0$，则有 $\Delta E=0$.也就是说，在外力和非保守内力都不做功或所做功的代数和为零的情况下，系统内质点的动能和势能可以互相转换，但它们的总和，即系统的机械能保持不变.这个结论称为机械能守恒定律.也可以说成：只有保守内力做功的情况下，系统的机械能保持不变.

在实际问题中,物体在运动的过程中总要受到空气阻力、摩擦力等非保守内力的作用,并始终做功,因此系统的机械能总是要改变.如果系统的机械能改变量比起系统的机械能总量小得多时,该变量可以忽略,此时可以利用机械能守恒定律来处理.

在机械运动范围内,能量的形式只是动能和势能,即机械能.但物质的运动形态除了机械运动外,还有热运动、电磁运动、原子、原子核和粒子运动、化学运动以及生命运动等.某种形态的能量,就是这种运动形态存在的反映.与这些运动形态相对应存在电磁能、热力学能、核能、化学能等,以及生物能等各种形态的能量.大量事实表明,不同形态的能量之间可以彼此转换.在系统的机械能减少或增加的同时,必然有等量的其他形态的能量增加或减少,而系统和其他形态的能量总和是恒定的.所以说,**能量不会消失,也不会凭空产生,只是从一个物体转移到另一个物体或者从一种形态转换为另一种形态,在转移和转化过程中,能量总量保持不变**.这个结论称为**能量守恒定律**.根据这个定律,对于一个与外界没有能量交换的孤立系统来说,无论在这个系统内发生何种变化,各种形态的能量可以互相转换,但能量的总和始终保持不变.

能量守恒定律的确立,使我们能够更深刻地理解功的意义.根据这个定律,当一个系统的能量发生变化时,必定伴随着另一些系统能量的变化,以使这个系统与另一个系统的能量之和保持恒定.所以在对一个系统做功而引起这个系统的能量变化时,实际上是这个系统与其他系统之间发生了能量的传递,所传递的能量在数值上等于对该系统所做的功.由此可见,**功是能量传递的量度**.从这个观点看,要制作只对某个系统做功,而不使自身或另一个系统的能量发生变化的所谓第一类永动机,是不可能的.

能量守恒定律是总结了无数实验事实建立起来的,是物理学中具有最大普遍性的定律之一,也是整个自然界都遵从的普遍规律.机械能守恒定理只是它在力学范围内的一个特例.

例 3.4 求使物体脱离地球引力作用的最小速度.

解 将物体由地面发射并脱离地球引力作用的最小速度,称为**第二宇宙速度**,也称为地球的逃逸速度.当物体处于地面时,物体与地球所组成的系统的引力势能为 $-G\dfrac{mM}{R}$,式中 m 是物体的质量,M 为地球的质量,G 是万有引力常量.分析可知,物体至少应具有大小等于引力势能的动能,才能摆脱地球引力的束缚,逃逸到地球引力作用范围以外的空间去.当物体到达地球引力作用范围以外的空间时,付出了自己的全部动能,用以克服地球引力而做功,物体与地球组成的系统的引力势能变为零.根据机械能守恒定律,应有

$$\frac{1}{2}mv_2^2 - G\frac{Mm}{R^2} = 0$$

故得

$$v_2 = \sqrt{\frac{2GM}{R}} = \sqrt{2gR} = 11.2 \times 10^3 \text{ m/s}$$

由此可见,第二宇宙速度是第一宇宙速度的$\sqrt{2}$倍.

我们可以根据上面得到的逃逸速度公式设想一下,如果宇宙中存在一个这样的星球,它的质量足够大,以致算得的逃逸速度正好等于真空中的光速 c,那么由于一切物体的运动速度都不可能超过真空中的光速,这个星球上的一切物体都不能摆脱引力束缚而逃逸,甚至光子也不例外,即使它是宇宙中的最大的发光天体,我们也看不到它.这种奇妙的天体就是在广义相对论中所预言的"黑洞".长期以来人们推测,天鹅座 X-1 的一个子星就是一个黑洞.根据最近的观测研究,天鹅座 X-3 也被认为是一个黑洞.科学家又推断银河中心可能存在一个或两个黑洞.因为对银河系中的 39 个恒星的运动轨迹进行了长期的观测发现,它们都在围绕银河中心附近的一个区域运动,所以断定在这个区域存在一个质量巨大而又观察不到的天体,这个天体可能就是黑洞.这个黑洞的质量约为太阳的 250 万倍,并且正在吞噬着周围的天体.同时也推测,位于室女座星系团内、距离我们约 5 000 多万光年的河外星系 M87 的中心,也有一个黑洞.2002 年 11 月钱德拉塞卡 X 射线卫星发现,在离我们大约 3 000 光年的 NGC6240 星系中有两个巨大的黑洞正在相互靠拢,预计几亿年后会合并为一个巨大的黑洞.

既然连光线都传播不出来,那么我们是如何发现黑洞的呢? 实际上,在黑洞外围空间由于强大的引力作用,当物质粒子或光子经过那里的时候,其运动轨道会发生弯曲,这种现象称为"引力透镜"效应.我们可以通过引力透镜效应去发现黑洞的存在.总之,当前无论在实际观测方面还是理论研究方面,黑洞问题都是一个备受关注的课题.

例 3.5 求使物体不仅摆脱地球引力作用,而且脱离太阳引力作用的最小速度.

解 由地球表面发射的物体,不仅使它摆脱地球引力作用,而且使它脱离太阳引力作用所需要的最小速度,称为第三宇宙速度.在一般情况下计算第三宇宙速度是相当复杂的,因为物体在运动过程中,同时受到地球、太阳和其他天体的引力作用.为简便起见,我们作如下近似处理:

(1)物体由地面发射直至到达地球引力作用范围以外的某点(用 C 表示)的过程中,只考虑地球的引力作用,而忽略太阳和其他天体的引力作用;

(2)物体由点 C 继续运动,直至脱离太阳引力作用范围的过程中,只考虑太阳的引力作用,而忽略地球和其他天体的引力作用;

(3)物体到达脱离地球引力作用的点 C,虽然离开地球已足够远,但对太阳来说,仍然可以认为它是处于地球绕太阳公转的轨道上.

物体在点 C 必须具有一定动能才能脱离太阳的引力作用.根据机械能守恒定律,物体在点 C 相对太阳的速度 v_2' 应满足下式

$$\frac{1}{2}mv'^2_2 - G\frac{M_{日}\,m}{r_0} = 0,$$

式中 m 是物体的质量，$M_{日}=1.99\times10^{30}$ kg 为太阳的质量，$r_0=1.50\times10^{11}$ m 是地球到太阳的平均距离.于是可得

$$v_2' = \sqrt{\frac{2GM_{日}}{r_0}} = 42.1\times10^3\ \text{m/s}$$

要使物体到达点 C 时具有 42.1×10^3 m/s 的速度，可以利用地球公转的速度，让物体沿地球公转的方向发射.地球公转的速度 v_1' 可由下式求得

$$v_1' = \sqrt{\frac{GM_{日}}{r_0}} = 29.7\times10^3\ \text{m/s}$$

所以物体到达点 C 相对于地球的速度应为

$$v = v_2' - v_1' = (42.1\times10^3 - 29.7\times10^3)\ \text{m/s} = 12.4\times10^3\ \text{m/s}$$

相对于地球的动能为

$$E_k = \frac{1}{2}mv^2$$

这表示在物体脱离地球引力作用之后，还必须具有动能 E_k 才能脱离太阳的引力作用，逃逸出太阳系.

另外还必须考虑物体在由地面到达点 C 的过程中克服地球引力所做的功.也就是说，物体至少应具有第二宇宙速度 v_2，才能脱离地球的引力范围，相应的动能为

$$E_{k2} = \frac{1}{2}mv_2^2$$

所以，要使在地面发射的物体既要脱离地球引力作用，又能脱离太阳引力作用，必须具有的最小动能为

$$E_{k3} = E_k + E_{k2}$$

由此可算得第三宇宙速度为

$$v_3 = \sqrt{v^2 + v_2^2} = \sqrt{(12.4\times10^3)^2 + (11.2\times10^3)^2}\ \text{m/s} = 16.7\times10^3\ \text{m/s}$$

3.3 质点和质点系的动量定理及动量守恒定律

牛顿第二定律主要考虑力的瞬时效果，物体在外力作用下会立即产生瞬时的加速度.但是，我们更关心的是在力对物体作用一段时间后物体的速度.直接用牛顿定律的瞬时关系解决这类问题还不够方便，最终都得借助于积分才能得出结果.这就自然地引出一个问题，有没有牛顿第二定律的积分形式，以利于这类问题的计算.回答是肯定的.但对这类问题能够给出不止一种答案，这要

看我们究竟是考虑力作用的时间效应还是空间效应.但不管是考虑力的作用时间还是作用距离,我们都将把注意力从力和运动的瞬时关系转向力和运动的过程关系中来.

3.3.1 质点的动量定理

现在,我们从牛顿第二定律的微分形式 $\mathrm{d}\boldsymbol{p}=\boldsymbol{F}\mathrm{d}t$ 出发,考察力的时间累积效应.为此,将上式从 t_1 到 t_2 这段有限时间内进行积分,得

$$\int_{t_1}^{t_2}\boldsymbol{F}\mathrm{d}t=\int_{p_1}^{p_2}\mathrm{d}\boldsymbol{p}=\boldsymbol{p}_2-\boldsymbol{p}_1 \tag{3.19}$$

左侧积分力的冲量,表示外力在这段时间内的累积,用 $\boldsymbol{I}$ 表示,国际单位制中的单位为 N · s,与动量的单位相同.冲量定义为

$$\boldsymbol{I}=\int_{t_1}^{t_2}\boldsymbol{F}\mathrm{d}t \tag{3.20}$$

于是式(3.19)可表示为

$$\boldsymbol{I}=\boldsymbol{p}_2-\boldsymbol{p}_1 \tag{3.21}$$

上式的物理意义是:在给定时间间隔内,外力作用在质点上的冲量,等于质点在此时间内动量的增量.这就是质点的动量定理.一般来说,冲量的方向并不与动量的方向相同,而是与动量增量的方向相同.

考虑到在低速运动的牛顿力学范围内,质点的质量可视为不变的,则式(3.21)也可以表示为

$$\boldsymbol{I}=m\boldsymbol{v}_2-m\boldsymbol{v}_1 \tag{3.22}$$

因为动量和冲量都是矢量,所以质点的动量定理是一个矢量方程.在处理具体问题时,常使用它的分量式.在平面直角坐标系中,其分量式为

$$\left.\begin{aligned}I_x&=mv_x-mv_{0x}\\I_y&=mv_y-mv_{0y}\\I_z&=mv_z-mv_{0z}\end{aligned}\right\} \tag{3.23}$$

上式表明,冲量在某个方向的分量等于该方向上质点动量分量的增量,冲量在任一方向的分量只能改变自己方向的动量分量,而不能改变与它相垂直的其他方向的动量分量.

下面对动量定理作几点说明:

(1)即便力 $\boldsymbol{F}$ 在运动过程中时刻改变着,并且物体的速度方

向时刻改变,动量定理却总是成立的,即不管物体在运动过程中动量如何变化,冲量的大小和方向总等于物体始、末动量的矢量差.这便是应用动量定理解决问题的优点所在.

(2)动量定理在处理碰撞和冲击问题时很方便.在这类问题中,作用于物体的力的作用时间极短、数值很大而且变化很快,称为冲力.因为冲力是变力,它随时间变化的关系比较难确定,直接计算冲量也就比较困难.但是,可以测出物体在碰撞或冲击前后的动量,根据动量定理由动量变化来确定冲量.此外,如果还能测定冲力的作用时间,就可对冲力的平均值作出估算.如图3.7所示,$\boldsymbol{F}$ 表示变力 $\boldsymbol{F}$(其方向是一定的)的平均值,定义为令 $\boldsymbol{F}$ 横线下的面积和变力 $\boldsymbol{F}$ 曲线下的面积相等,即 $\boldsymbol{F}$ 和作用时间 t_2-t_1 的乘积等于变力 $\boldsymbol{F}$ 的冲量.尽管这个平均值不是冲力的确切描述,但在不少实际问题中,这样的估算已经足够了.

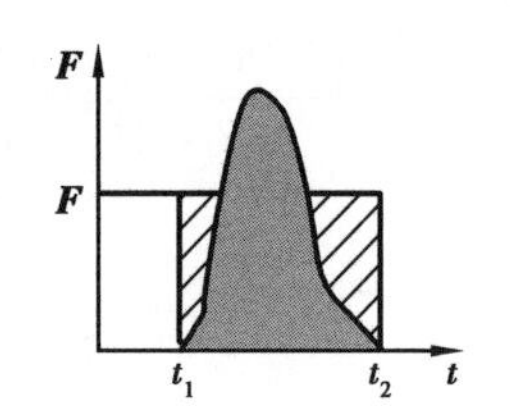

图 3.7　冲力的平均值

(3)前面已经提到,在牛顿力学中,描述物体运动必须选用惯性系.对于不同的惯性系,物体的速度不同,动量也随之不同,即动量具有相对性.但在不同的惯性系中,速度的变化是相同的,即在不同惯性系中,动量变化相同,因此动量定理在不同惯性系中具有相同的形式,动量定理具有不变性.也就是说,动量定理在所有惯性系中都适用.

例 3.6　一长为 l、密度均匀的柔软链条,其单位长度的质量为 λ.将其卷成一堆放在地面上,如图3.8所示.若手握链条的一端,以匀速 v 将其上提.当链条一端被提离地面高度为 y 时,求手对链条的提升力.

解　取地面为惯性参考系,地面上一点为坐标原点 O,竖直向上为轴的 Oy 轴正向.以整个链条为一系统.设在时刻 t,链条一端距原点的高度为 y,其速率为 v.由于在地面部分的链条的速度为零,故在时刻 t,链条的动量为

$$\boldsymbol{p}(t)=\lambda yv\boldsymbol{j}$$

链条的动量随时间的变化率为

$$\frac{\mathrm{d}\boldsymbol{p}(t)}{\mathrm{d}t}=\lambda v\frac{\mathrm{d}y}{\mathrm{d}t}\boldsymbol{j}=\lambda v^2\boldsymbol{j}$$

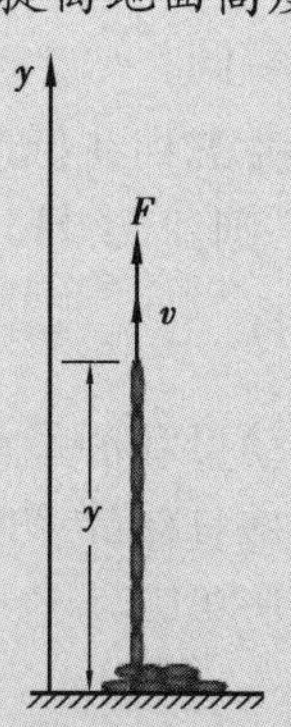

图 3.8　例 3.6 用图

作用于整个链条上的外力,有手的提力 $\boldsymbol{F}$、重力 $\lambda y\boldsymbol{g}$ 和 $\lambda(l-y)\boldsymbol{g}$ 以及地面对 $(l-y)$ 长链条的支持力 $\boldsymbol{F}_N$.由牛顿第三定律知 $\boldsymbol{F}_N$ 与 $\lambda(l-y)\boldsymbol{g}$ 的大小相等、方向相反,所以系统所受的合外力为

$$\boldsymbol{F}+\lambda y\boldsymbol{g}=(F-\lambda yg)\boldsymbol{j}$$

由以上两式得

$$(F-\lambda yg)\boldsymbol{j}=\lambda v^2\boldsymbol{j}$$

进而得 $F=\lambda v^2+\lambda yg$.

3.3.2　质点系的动量定理

本书之前讨论的基本上是单个物体的平动或质点的运动,其情况比较简单.当研究由许多质点组成的系统时,其情况就复杂得多.质点系内各个质点之间的相互作用,称为内力,系统外物体对系统内质点所施加的力,称为外力.一般来说,凡是力和它的反作用力成对地出现在质点系之内,这种力就是内力;力出现在质点系内,但其反作用力却作用在系统外的物体上,则是外力.

1)质心

在研究质点系时,质心是个很重要的概念.将一段绳子团起来,然后斜抛出去,不难想象,绳子上各点的运动轨迹是十分复杂的.但是,我们会发现一个特殊点,它的运动轨迹是抛物线.这个特殊点就是质点系的质心.

质心是与质点系的质量分布有关的一个代表点,它的位置表示质点系质量分布的中心.如果用 m_i 和 r_i 表示系统中第 i 个质点的质量和位矢,用 r_C 表示质心的位矢,则质心位置的三个直角坐标定义为

$$x_C = \frac{\sum m_i x_i}{m}, y_C = \frac{\sum m_i y_i}{m}, z_C = \frac{\sum m_i z_i}{m} \tag{3.24}$$

式中 $m = \sum m_i$ 为质点系的总质量.

质心位置表示成矢量式为

$$\boldsymbol{r}_C = \frac{\sum m_i \boldsymbol{r}_i}{m} \tag{3.25}$$

如果质点系的质量是连续分布的,则求质心位置时就要把求和改为积分,即

$$\boldsymbol{r}_C = \frac{\int \boldsymbol{r} \mathrm{d}m}{m} \tag{3.26}$$

对应的三个直角坐标为

$$x_C = \frac{\int x \mathrm{d}m}{m}, y_C = \frac{\int y \mathrm{d}m}{m}, z_C = \frac{\int z \mathrm{d}m}{m} \tag{3.27}$$

从以上质心位置矢量的表达式可以看到,选择不同的坐标系,质心的坐标值不同.但是,质心相对于质点系的位置是不变的,它完全取决于质点系的质量分布.对于质量分布均匀、形状对称的物体,质心位于物体的几何中心.对于不太大的实物,不必考虑各处的重力加速度差异时,质心与重心重合.

例 3.7　求半径为 R、顶角为 2α 的均匀圆弧的质心.

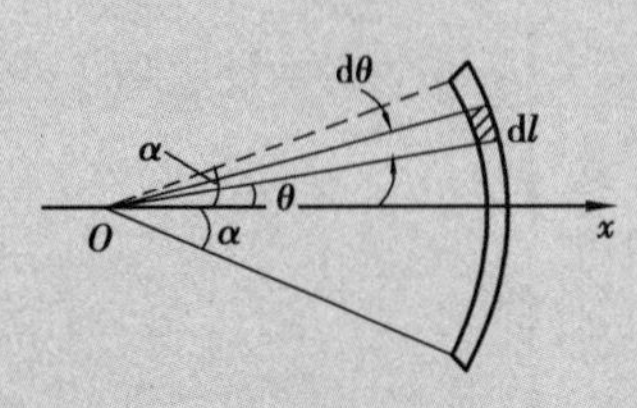

图 3.9　例 3.7 用图

解　选择 x 轴沿圆弧的对称轴,圆心 O 为坐标原点,如图 3.9 所示.在这种情形下,质心应处于 x 轴上.设圆弧的线密度为 λ,则长度为 $\mathrm{d}l$ 的线元的质量为 $\mathrm{d}m=\rho R\mathrm{d}\theta$,线元的坐标为 $x=R\cos\theta$.根据式(3.27),圆弧质心的坐标为

$$x_C=\frac{\int x\mathrm{d}m}{\int \mathrm{d}m}=\frac{\int_{-\alpha}^{\alpha}x\lambda R\mathrm{d}\theta}{\int_{-\alpha}^{\alpha}\lambda R\mathrm{d}\theta}=\frac{\lambda R^2\int_{-\alpha}^{\alpha}\cos\theta\mathrm{d}\theta}{\lambda R\int_{-\alpha}^{\alpha}\mathrm{d}\theta}=\frac{R\sin\alpha}{\alpha}$$

2)质点系的动量定理

前面讨论的动量定理是描述一个质点在运动中动量的变化规律.而在很多实际情形中,所涉及的是彼此相互作用的多个质点的运动,即质点系的运动问题.下面就来介绍质点系在力的作用下动量的变化规律.

一个由 n 个质点组成的质点系,在一般情况下,每个质点既受到外力作用,也受到内力作用.假设第 i 个质点在初始时刻的动量为 $m_i v_{i0}$,所受来自系统以外的合外力为$\boldsymbol{F}_i$,同时也受到系统内其他质点的作用力,分别为 $\boldsymbol{F}'_{i1},\boldsymbol{F}'_{i2},\cdots,\boldsymbol{F}'_{in}$,到时刻 t,动量变为 $m_i\boldsymbol{v}_i$,对应的运动方程为

$$\boldsymbol{F}_i+\sum_{i\neq j}^{n}\boldsymbol{F}'_{ij}=\frac{\mathrm{d}}{\mathrm{d}t}(m_i\boldsymbol{v}_i)$$

系统内其他质点的情形依次类推.将 n 个质点对应的运动方程相加,得

$$\sum_{i=1}^{n}\boldsymbol{F}_i+\sum_{i=1}^{n}\sum_{j\neq i}^{n}\boldsymbol{F}'_{ij}=\frac{\mathrm{d}}{\mathrm{d}t}\left(\sum_{i=1}^{n}m_i\boldsymbol{v}_i\right)\tag{3.28}$$

式中 $\sum_{i=1}^{n}\sum_{j\neq i}^{n}\boldsymbol{F}'_{ij}$ 表示,i 和 j 都从 1 到 n 变化所得的各项相加,但除去 $i=j$ 的那些项,即除去 $\boldsymbol{F}'_{11},\boldsymbol{F}'_{22},\cdots,\boldsymbol{F}'_{nn}$ 各项.

根据牛顿第三定律,系统内各质点间的作用力必然是成对出现的相互作用力,因此

$$\boldsymbol{F}'_{ij}+\boldsymbol{F}'_{ji}=0\quad(i\neq j)$$

所以,式(3.28)中等号左边的第二项等于零,故有

$$\sum_{i=1}^{n}\boldsymbol{F}_i=\frac{\mathrm{d}}{\mathrm{d}t}\left(\sum_{i=1}^{n}m_i\boldsymbol{v}_i\right)\tag{3.29}$$

如果外力的作用时间从 t_0 到 t,则对上式积分可得

$$\int_{t_0}^{t}\sum_{i=1}^{n}\boldsymbol{F}_i\mathrm{d}t=\sum_{i=1}^{n}m_i\boldsymbol{v}_i-\sum_{i=1}^{n}m_i\boldsymbol{v}_{i0}\tag{3.30}$$

式中 $\sum_{i=1}^{n} m_i \boldsymbol{v}_{i0}$ 和 $\sum_{i=1}^{n} m_i \boldsymbol{v}_i$ 分别表示质点系在初状态和末状态的总动量.可见式(3.30) 表明,在一段时间内,作用于质点系的合外力的冲量等于质点系动量的增量.这个结论称为质点系动量定理,式(3.29) 称为质点系动量定理的微分形式.

质点系动量定理还表达了这样一个事实:系统的内力不会改变系统的总动量,系统总动量的变化完全是外力作用的结果.不论是保守力还是非保守力,只要是作为内力出现,都不会改变质点系的总动量.

如同质点的动量定理一样,在处理问题时,在直角坐标系中使用质点系动量定理的分量形式

$$\left.\begin{aligned} \int_{t_0}^{t} \sum_{i=1}^{n} F_{ix} \mathrm{d}t &= \sum_{i=1}^{n} m_i v_{ix} - \sum_{i=1}^{n} m_i v_{i0x} \\ \int_{t_0}^{t} \sum_{i=1}^{n} F_{iy} \mathrm{d}t &= \sum_{i=1}^{n} m_i v_{iy} - \sum_{i=1}^{n} m_i v_{i0y} \\ \int_{t_0}^{t} \sum_{i=1}^{n} F_{iz} \mathrm{d}t &= \sum_{i=1}^{n} m_i v_{iz} - \sum_{i=1}^{n} m_i v_{i0z} \end{aligned}\right\} \tag{3.31}$$

上式表明,合外力在某一方向的冲量等于该方向上质点系总动量的分量的增量.

3)质心运动定理

当质点系的各质点在空间运动时,质点系质心的位置也要发生变化,并且遵从一定的规律.将质心位置矢量定义式(3.25)的右边变形为

$$\frac{\mathrm{d}}{\mathrm{d}t}\left(\sum_{i=1}^{n} m_i \boldsymbol{v}_i\right) = \sum_{i=1}^{n} m_i \frac{\mathrm{d}^2}{\mathrm{d}t^2}\left[\frac{\sum_{i=1}^{n} m_i \boldsymbol{r}_i}{\sum_{i=1}^{n} m_i}\right] = \sum_{i=1}^{n} m_i \frac{\mathrm{d}^2 \boldsymbol{r}_C}{\mathrm{d}t^2} \tag{3.32}$$

式中$\dfrac{\mathrm{d}^2 \boldsymbol{r}_C}{\mathrm{d}t^2}$是质点系质心的加速度,用 $\boldsymbol{a}_C$ 表示.进而由式(3.29)和式(3.32)可得

$$\sum_{i=1}^{n} \boldsymbol{F}_i = m\boldsymbol{a}_C \tag{3.33}$$

上式表明,质点系的质心的运动与这样一个质点的运动具有相同的规律:该质点的质量等于质点系的总质量,作用于该质点的力等于作用于质点系的合外力.这一结论称为质心运动定理.不管物体的质量如何分布,也不管外力作用在物体的什么位置上,质心

的运动就像物体的全部质量都集中于此,而且所有外力也都集中作用其上的一个质点的运动一样.

例如一枚炸弹在自由落体过程中爆炸,它的碎片向四面八方飞散,由于爆炸力是内力,不能改变炸弹质心运动,所以炸弹的质心任按原来的自由落体运动.质心运动定理表示的是质点系作为一个整体的运动规律,这一规律是由质心的运动状态来表述的,但是它不能给出各质点围绕质心的运动和系统内部的相对运动.

例 3.8 设有一质量为 $2m$ 的弹丸,从地面斜抛出去,它飞行在最高点处爆炸成质量相等的两个碎片,如图 3.10 所示.其中一个碎片竖直自由下落,另一个碎片水平抛出,它们同时落地.试问第二个碎片落地点在何处?

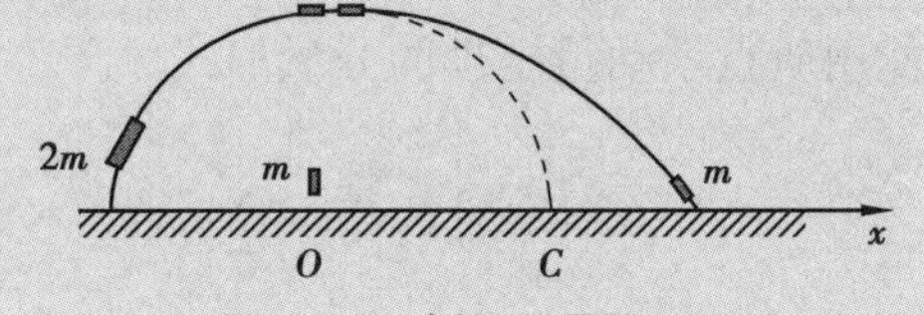

图 3.10 例 3.8 用图

解 考虑弹丸为一系统,空气阻力略去不计.爆炸前后弹丸质心的运动轨迹都在同一抛物线上,也就是说,爆炸以后两碎片质心的运动轨迹仍沿爆炸前弹丸的抛物线运动轨迹.如取第一个碎片的落地点为坐标原点 O,水平向右的轴为 Ox 轴正向.设 m_1 和 m_2 分别为第一个碎片和第二个碎片的质量,且 $m_1=m_2=m$;x_1 和 x_2 为两碎片落地时距原点的距离,x_C 为两碎片落地时它们的质心距原点 O 的距离.由图可知 $x_1=0$,于是,从式(3.24)可得

$$x_C=\frac{m_1x_1+m_2x_2}{m_1+m_2}$$

整理得

$$x_2=2x_C$$

即第二个碎片的落地点与第一个碎片落地点的水平距离为碎片的质心与第一个碎片水平距离的两倍.这个问题虽也可以用第一章的质点运动学方法来求解,但要烦琐得多.

3.3.3 动量守恒定律

如果质点系所受外力的矢量和为零,即

$$\sum_{i=1}^{n}\boldsymbol{F}_i=0 \tag{3.34}$$

则由质点系动量定理的微分形式(3.29)可以得到

$$\sum_{i=1}^{n}m_i\boldsymbol{v}_i=\text{恒矢量} \tag{3.35}$$

上式表示,在合外力为零的情况下,质点系的总动量保持不变.这个结论叫做动量守恒定律.

在处理具体问题时,可使用动量守恒在直角坐标系的分量式：

$$\left.\begin{aligned}\sum_{i=1}^{n} m_i v_{ix} &= \text{恒矢量} \quad \left(\text{当}\sum_{i=1}^{n} F_{ix} = 0\text{ 时}\right)\\ \sum_{i=1}^{n} m_i v_{iy} &= \text{恒矢量} \quad \left(\text{当}\sum_{i=1}^{n} F_{iy} = 0\text{ 时}\right)\\ \sum_{i=1}^{n} m_i v_{iz} &= \text{恒矢量} \quad \left(\text{当}\sum_{i=1}^{n} F_{iz} = 0\text{ 时}\right)\end{aligned}\right\} \tag{3.36}$$

在应用动量守恒定律时应注意以下几点：

（1）由于动量是矢量，故系统的总动量不变是指系统内各物体动量的矢量和不变，而不是指其中某一个物体的动量不变．此外，各物体的动量还必须相对于同一惯性参考系．

（2）有时系统所受外力的矢量和不等于零，但与系统的内力相比较，外力远小于内力，这时可以忽略外力对系统的作用，认为系统的动量是守恒的．例如碰撞、爆炸、打击等类问题．

（3）如果系统所受的合外力不等于零，但合外力在某个坐标轴上的分矢量却等于零．此时系统的总动量虽然不守恒，但在该坐标轴的分动量却是守恒的．

（4）动量守恒定律具有普适性．动量守恒定律虽然是从宏观物体运动规律导出的，但近代的科学实验和理论分析都表明：在自然界中，大到天体间的相互作用，小到质子、中子、电子等微观粒子间的相互作用都遵守动量守恒定律；而在原子、原子核等微观领域中，牛顿运动定律却不适用．

（5）应用动量守恒定律时，只要求作用于系统的合外力等于零，而不必知道系统内部质点间相互作用的细节．

例 3.9　设有一静止的原子核，衰变辐射出一个电子和一个中微子（"基本"粒子的一种）后成为一个新的原子核．已知电子和中微子的运动方向相互垂直，且电子的动量为 1.2×10^{-22} kg · m/s，中微子的动量为 6.4×10^{-23} kg · m/s．问新的原子核的动量的值和方向如何？

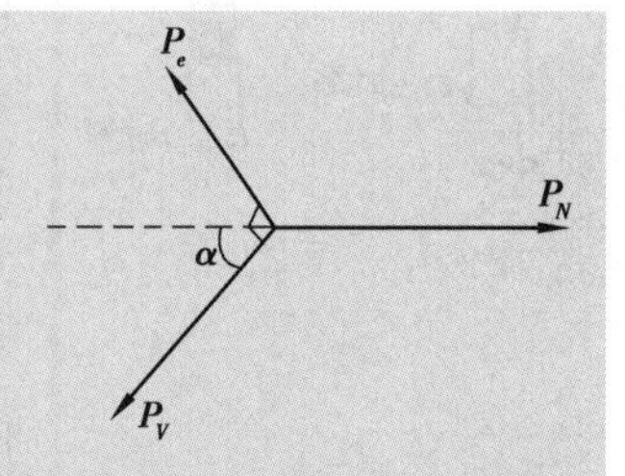

图 3.11　例 3.9 用图

解　以 $\boldsymbol{p}_e$、$\boldsymbol{p}_\nu$ 和 $\boldsymbol{p}_N$ 分别代表电子、中微子和新的原子核的动量，且 $\boldsymbol{p}_e$ 与 $\boldsymbol{p}_\nu$ 相互垂直，如图 3.11 所示．在原子核衰变的短暂时间内，粒子间的内力远大于外界作用于该粒子系统上的外力，故粒子系统在衰变前后的动量是守恒的．考虑到原子核在衰变前是静止的，所以衰变后电子、中微子和新原子核的动量之和亦应等于零，即

$$\boldsymbol{p}_e + \boldsymbol{p}_\nu + \boldsymbol{p}_N = 0$$

由于 $\boldsymbol{p}_e$ 与 $\boldsymbol{p}_\nu$ 相互垂直,有

$$p_N = (p_e^2 + p_\nu^2)^{\frac{1}{2}} = 1.36 \times 10^{-22}\ \text{kg} \cdot \text{m/s}$$

图中的 α 角为

$$\alpha = \arctan \frac{p_e}{p_\nu} = 61.9^\circ$$

*运载火箭的运动

宇宙飞船、航天飞机、人造飞船以及导弹的发射,都离不开推力强大的火箭.运载火箭的发射反映了当代科技水平的综合技术.我国是发明火箭最早的国家,约在公元9、10世纪,我国就开始把火药用到军事上.1232年,已在战争中使用了真正的火箭.这里简略地介绍火箭飞行原理,它是动量守恒定律的重要应用之一.

火箭(即系统)在发射和飞行过程中,自身携带的燃料(液化氢)在氧化剂(液化氧)的作用下急剧燃烧,生成炽热气体并以高速向后喷射,致使火箭主体获得向前的动量.在时刻 t,火箭的质量(包括火箭主体的质量和所携带的燃料)为 m,相对于惯性系(如地面)的速度为 $\boldsymbol{v}$;在其后 t 到 $t+\mathrm{d}t$ 时间内,火箭喷出了质量为 $|\mathrm{d}m|$ 的气体(由于质量 m 是随 t 的增加而减小的,所以 $\mathrm{d}m$ 具有的是负值),喷出的气体相对于火箭的速度为 $\boldsymbol{u}$,使火箭的速度增量了 $\mathrm{d}\boldsymbol{v}$.参见图3.12.一枚火箭在外层高空飞行时,那里的空气阻力和重力的影响可以忽略不计,那么系统的动量是守恒的,于是有

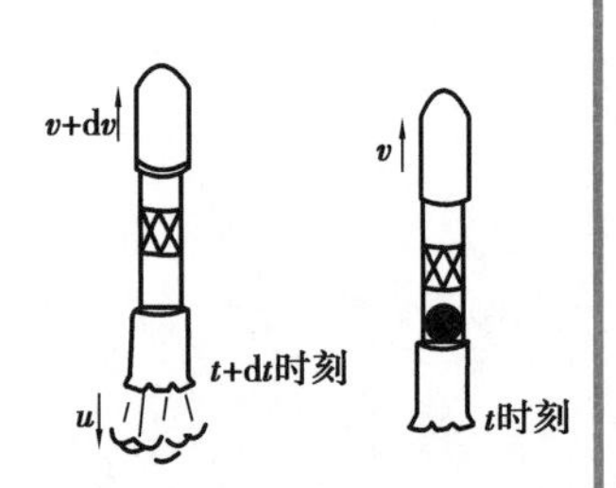

图3.12 运载火箭

$$m\boldsymbol{v} = (m - |\mathrm{d}m|)(\boldsymbol{v} + \mathrm{d}\boldsymbol{v}) + |\mathrm{d}m|(\boldsymbol{v} + \mathrm{d}\boldsymbol{v} + \boldsymbol{u})$$

考虑到 $\boldsymbol{v}$ 与 $\boldsymbol{u}$ 的方向相反,以及 $|\mathrm{d}m| = -\mathrm{d}m$,并取 v 的方向为正方向,则上式可写为

$$mv = (m + \mathrm{d}m)(v + \mathrm{d}v) - \mathrm{d}m(v + \mathrm{d}v - u)$$

化简并略去二阶微分项 $\mathrm{d}m\mathrm{d}v$ 后,得

$$\mathrm{d}v = -u\frac{\mathrm{d}m}{m}$$

如设燃气相对于火箭的喷射速度 u 是一常量,火箭开始飞行时速度为零,质量为 m_0,燃料烧尽时,火箭剩下的质量为 m,将上式积分可得

$$v = \int_{m_0}^{m} -u\frac{\mathrm{d}m}{m} = u \ln \frac{m_0}{m} \tag{3.37}$$

式中 m_0/m 称为火箭的质量比.可见,火箭的质量比越大,燃气的喷射速度越大,火箭获得的速度也就越大.

由式(3.37)可以看出,要提高火箭的速度,可采用提高喷气速度和质量比的办法.但这两种办法目前在技术上都比较困难,喷气速度用液氧可达到 4 km/s,由此求出的火箭速度为 11 km/s.在地面发射时因受地球引力和空气阻力的影响,火箭速度只有 7 km/s.所以一般都采用多级火箭来提高速度.下面简述三级火箭.

若质量比用符号 N 表示,则第一、二、三级火箭的质量比可分别为 $N_1 = m_0/m_1$,$N_2 = m_1/m_2$,$N_3 = m_2/m_3$,那么,由式(3.37)可得各级火箭中燃料烧尽后,火箭的速率分别为

$$v_1 = u \ln N_1, v_2 = v_1 + u \ln N_2, v_3 = v_2 + u \ln N_3$$

所以,第三级火箭中的燃料烧尽后,火箭的速率为

$$v_3 = u(\ln N_2 + \ln N_2 + \ln N_3)$$

若火箭燃气的喷射速度 $u = 2.5$ km/s ,每一级的质量比分别为 $N_1 = 4$,$N_2 = 3$,$N_3 = 2$,由上式可算得 $v_3 = 7.93$ km/s.这个速度已达到人造卫星的入轨速度.实际上,上述计算只是一种估算.若计及燃料用完后脱落的储存燃料容器的质量,计算还要复杂得多.

3.3.4　碰撞

如果两个或几个物体在相遇时,物体之间的相互作用仅持续一个极为短暂的时间,这些现象就是碰撞.碰撞的含义比较广泛,除了各种撞击外,分子、原子、原子核等微观粒子的相互作用过程等也都是碰撞过程,这时粒子间的相互作用是非接触作用.例如分子、原子相互接近时,由于双方很强的相互斥力,迫使它们在接触前就偏离了原来的运动方向而分开,这种碰撞通常称为散射.人从车上跳下,子弹打入墙壁等现象,在一定条件下也可看作碰撞过程.在碰撞过程中,由于相互作用的时间极短,相互作用的冲力又极大,碰撞物体所受的其他作用力相对来说都很小,可以忽略不计.因此,在处理碰撞问题时,常将参与碰撞的物体作为一个系统来考虑,就可以认为系统内仅有内力的相互作用,系统遵从动量守恒定律.下面以两球碰撞为例进行讨论.

如果两球在碰撞前的速度在两球的中心连线上,那么,碰撞后的速度也都在这一直线上,这种碰撞称为**正碰撞**.设质量为 m_1 和 m_2 的两球,在碰撞前的速度分别为 $\boldsymbol{v}_{10}$ 和 $\boldsymbol{v}_{20}$,碰撞后的速度分别为 $\boldsymbol{v}_1$ 和 $\boldsymbol{v}_2$.由动量守恒定律得

$$m_1 v_{10} + m_2 v_{20} = m_1 v_1 + m_2 v_2 \tag{3.38}$$

上式中假定碰撞前后各个速度都沿着同一方向.

牛顿从实验结果中总结出了一个碰撞定律:碰撞后两球的分离速度(v_2-v_1),与碰撞前两球的接近速度($v_{10}-v_{20}$)成正比,比值由两球的材料性质决定,即

$$e=\frac{v_2-v_1}{v_{10}-v_{20}} \tag{3.39}$$

把 e 叫做恢复系数(在斜碰的情况下,式中的分离速度与接近速度都是指沿碰撞接触处法线方向上的相对速度).如果 $e=1$,则分离速度等于接近速度,这称为完全弹性碰撞,是一种理想的情形.一般,用优质钢材、玻璃、象牙等材料制成的小球在碰撞过程中可近似看作弹性碰撞,微观粒子在一定条件下的碰撞则是严格的弹性碰撞,例如低能电子与原子的碰撞等.可以证明,在完全弹性碰撞中,两球的机械能完全没有损失,而在一般情况下,两球在碰撞过程中,机械能并不守恒,总有一部分机械能损失掉,转变为其他形式的能量,例如热力学能等.这种存在机械能损失的碰撞称为非弹性碰撞.如果 $e=0$,则 $v_2=v_1$,亦即两球碰撞后以同一速度运动,并不分开,称为完全非弹性碰撞.

由式(3.38)、式(3.39)可得

$$\left.\begin{aligned} v_1&=v_{10}-\frac{(1+e)m_2(v_{10}-v_{20})}{m_1+m_2}\\ v_2&=v_{20}+\frac{(1+e)m_1(v_{10}-v_{20})}{m_1+m_2}\end{aligned}\right\} \tag{3.40}$$

利用上式,讨论如下两类极端情形.

1)完全弹性碰撞

此时 $e=1$,则上式变为

$$\left.\begin{aligned} v_1&=\frac{(m_2-m_1)v_{10}+2m_2v_{20}}{m_1+m_2}\\ v_2&=\frac{(m_2-m_1)v_{20}+2m_1v_{10}}{m_1+m_2}\end{aligned}\right\} \tag{3.41}$$

下面分析两种特例:

(1)设 $m_1=m_2$,代入式(3.41),得

$$v_1=v_{20},v_2=v_{10}$$

这时,两球经过碰撞将交换彼此的速度,即速度和能量发生了转移.可见两球的质量越相近,则越接近该种情况.在原子核反应堆中,常用石墨或重水作为中子的减速剂,就是考虑到中子和这些轻原子核(碳原子核或重氢原子核)质量相差不大,碰撞时易于减速的缘故.

(2) 设 $m_1 \neq m_2$，$v_{20}=0$，则式(3.41)变为

$$v_1 = \frac{(m_1 - m_2)v_{10}}{m_1 + m_2}, v_2 = \frac{2m_1 v_{10}}{m_1 + m_2}$$

如果 $m_2 \gg m_1$，那么

$$\frac{m_1 - m_2}{m_1 + m_2} \approx -1, \frac{2m_1}{m_1 + m_2} \approx 0$$

所以 $v_1 \approx -v_{10}$，$v_2 \approx 0$. 可见，质量极大并且静止的物体，经碰撞后，几乎仍静止不动，而质量极小的物体，在碰撞前后的速度方向相反，大小几乎不变，这个现象属于反冲. 例如，皮球与地面的碰撞、气体分子与器壁相撞等.

2) 完全非弹性碰撞

此时 $e=0$，则式(3.40)变为

$$v_1 = v_2 = \frac{m_1 v_{10} + m_2 v_{20}}{m_1 + m_2} \tag{3.42}$$

利用式(3.40)可以计算碰撞过程中损失的机械能，得

$$\Delta E = \frac{1}{2}(1 - e^2)\frac{m_1 m_2}{m_1 + m_2}(v_{10} - v_{20})^2 \tag{3.43}$$

由上式可见，在完全非弹性碰撞中，损失的机械能最多.

在工程中，例如打铁、打桩等类问题，经常碰到其中一个物体是静止的. 设 $v_{20}=0$，此时损失的机械能为

$$\Delta E = \frac{1}{2}(1 - e^2)\frac{m_1 m_2}{m_1 + m_2}v_{10}^2$$

其中 $E_0 = \frac{1}{2}mv_{10}^2$ 为碰撞前的机械能，于是上式变为

$$\Delta E = (1 - e^2)\frac{m_2}{m_1 + m_2}E_0 = (1 - e^2)\frac{1}{1 + \frac{m_1}{m_2}}E_0$$

由此可见，损失的机械能是它原有机械能的一部分，而这部分机械能的大小完全取决于两给定碰撞物体的回复系数和质量比.

在实际问题中，往往根据不同的能量分配要求来选择不同的条件. 例如，在打铁时，使铁锤和锻件(连同铁砧)碰撞，要锻件在碰撞过程中发生变形，这时尽量使碰撞中的机械能用于锻件变形，这就要求铁砧的质量比铁锤的质量大得多，即 $m_2 \gg m_1$. 打桩的情况恰好相反. 锤和桩碰撞时，锤把机械能传递给桩，使桩尽可能克服地面的阻力下沉，因此，希望机械能损失得越小越好，这就要求用质量较大的锤撞击质量较小的桩，即 $m_2 \ll m_1$.

例 3.10 如图 3.13 所示,轻弹簧的一端与质量为 m_2 的物体连接,另一端与一质量可忽略的挡板相连,它们静止在光滑的桌面上.弹簧的劲度系数为 k.仅有一质量为 m_1,速度为 v_0 的物体向弹簧运动并与挡板发生正面碰撞.求弹簧被压缩的最大距离.

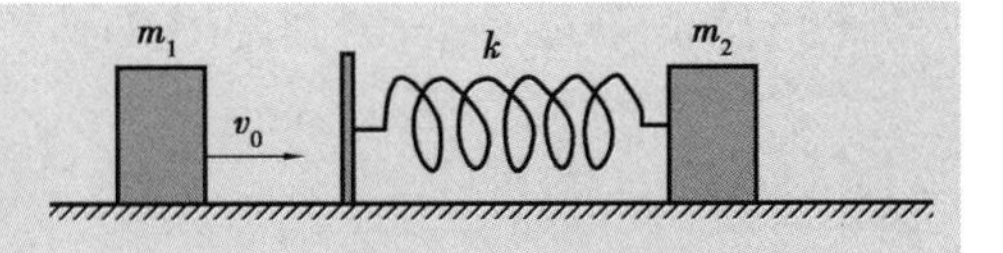

图 3.13 例 3.10 用图

解 设从碰撞开始,到弹簧最大限度地被压缩,最大值为 x 时, m_1 和 m_2 以相同速度 v 运动.该过程是完全非弹性碰撞的过程,m_1 和连接弹簧的 m_2 系统满足动量守恒条件,即

$$m_1v_0 = (m_1 + m_2)v$$

在上述过程中,m_1 的动能部分转化为弹簧的形变势能.若以 m_1、m_2 和轻弹簧为系统,则由于弹性力是保守内力,系统在整个过程中满足机械能守恒条件,即

$$\frac{1}{2}m_1v_0^2 = \frac{1}{2}(m_1 + m_2)v^2 + \frac{1}{2}kx^2$$

联立以上两式,得

$$x = v_0\sqrt{\frac{m_1m_2}{k(m_1 + m_2)}}$$

3.4 质点和质点系的角动量定理及角动量守恒定律

物体机械运动的基本形式除了平动外,还有转动.实际上,大到星云、星系,小至微观粒子,无不参与转动这一运动形式.角动量则是反映转动规律的重要而又基本的物理量.一个质点或质点系若受到外力作用,可以用动量的时间变化率与外力联系起来,如果所受合外力为零,则动量守恒.与此类似,一个质点或质点系若受到外力矩作用,可以用角动量的时间变化率与外力矩联系起来.如果所受外力矩为零,则角动量守恒.角动量守恒定律是力学中三个守恒定律之一,与动量守恒定律和能量守恒定律一起,构筑了经典力学的基石.其应用范围也已超出了经典力学,对研究宇宙中天体的运动和微观粒子的运动都具有重要意义.

1) 力矩

一个静止的物体受到外力作用时,将开始运动,但不一定会转动;只有当外力产生力矩时,物体才能转动.力矩是全面考虑力的三要素的一个重要概念.下面先从一般意义来介绍力矩.

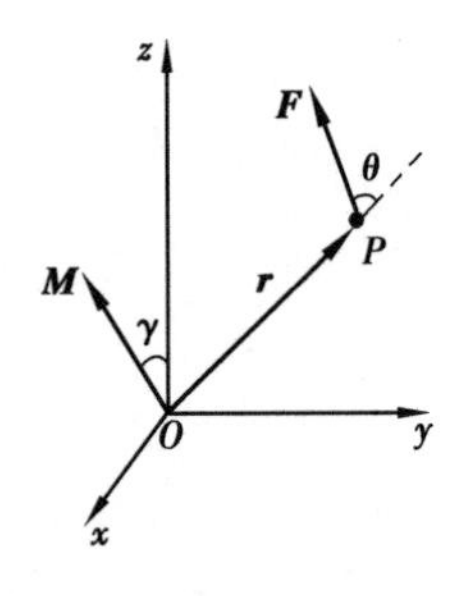

图 3.14 力的力矩

一般来说,力矩是对某一参考点而言的.如图 3.14 所示,如果质点 P 在坐标系 $Oxyz$ 中的位置矢量是 $\boldsymbol{r}$,那么作用于质点的力 $\boldsymbol{F}$

相对于参考点O所产生的力矩就定义为

$$\boldsymbol{M}=\boldsymbol{r}\times\boldsymbol{F} \tag{3.44}$$

$\boldsymbol{M}$ 的方向由右手定则确定:右手的四指由 $\boldsymbol{r}$ 的方向经小于 π 的角转向 $\boldsymbol{F}$ 的方向,伸直的拇指所指的方向就是力矩 $\boldsymbol{M}$ 的方向.

$\boldsymbol{M}$ 的大小为:

$$M=rF\sin\theta$$

式中 θ 为 $\boldsymbol{r}$ 与 $\boldsymbol{F}$ 之间小于 π 的夹角.由于力矩与 $\boldsymbol{r}$ 有关,所以,对于同样的作用力 $\boldsymbol{F}$,选择不同的参考点,力矩的大小和方向一般都会不同.为此,一般在作图时可把力矩画在参考点上,而不画在质点上.

如果作用于质点上的力是多个力的合力,即

$$\boldsymbol{F}=\boldsymbol{F}_1+\boldsymbol{F}_2+\cdots+\boldsymbol{F}_n$$

代入式(3.44)中,得

$$\begin{aligned}\boldsymbol{M}&=\boldsymbol{r}\times\boldsymbol{F}=\boldsymbol{r}\times(\boldsymbol{F}_1+\boldsymbol{F}_2+\cdots+\boldsymbol{F}_n)\\&=\boldsymbol{r}\times\boldsymbol{F}_1+\boldsymbol{r}\times\boldsymbol{F}_2+\cdots+\boldsymbol{r}\times\boldsymbol{F}_n\\&=\boldsymbol{M}_1+\boldsymbol{M}_2+\cdots+\boldsymbol{M}_n\end{aligned} \tag{3.45}$$

上式表明,合力对某参考点的力矩等于各分力对同一点力矩的矢量和.

在国际单位制中,力矩的单位是 N · m(牛 · 米).

日常所见到的转动很多是绕某固定转轴进行的,如门绕门轴的转动,电风扇叶片绕转轴的转动,螺帽绕螺杆的转动等.下面就对力对转轴的力矩作简单介绍.

在上述物体绕固定轴转动的情况下,由于转轴固定,只有外力具有与转轴垂直的分力时,也就是说,只有力矩矢量具有沿转轴的分量时,物体才能绕轴转动.参见图 3.15,若把转轴定为 z 轴,则只有力矩沿 z 轴的分量 M_z 对物体绕轴转动起作用.

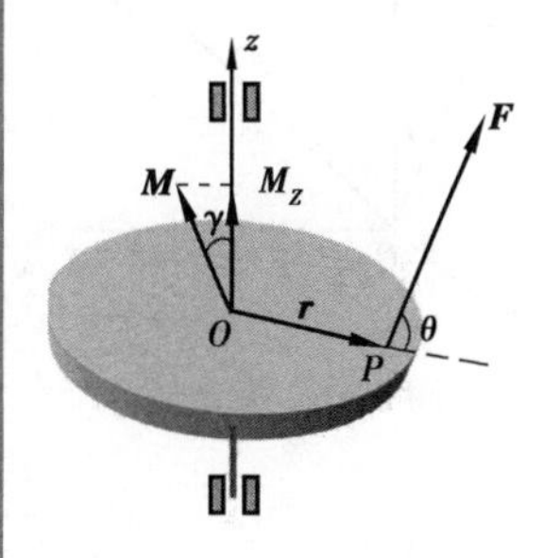

图 3.15　绕定轴转动的力矩

在以参考点 O 为原点的直角坐标系中,将力矩矢量表示为

$$\boldsymbol{M}=M_x\boldsymbol{i}+M_z\boldsymbol{j}+M_z\boldsymbol{k}$$

其中 M_x、M_y 和 M_z 分别是力矩矢量沿三个坐标轴的分量.在同一坐标系中,质点 P 的位置矢量和作用力可分别表示为

$$\boldsymbol{r}=x\boldsymbol{i}+y\boldsymbol{j}+z\boldsymbol{k},\ \boldsymbol{F}=F_x\boldsymbol{i}+F_z\boldsymbol{j}+F_z\boldsymbol{k}$$

将以上两式代入式(3.44)中,即可得到

$$\boldsymbol{M}=\boldsymbol{r}\times\boldsymbol{F}=(yF_z-zF_y)\boldsymbol{i}+(zF_x-xF_z)\boldsymbol{j}+(xF_y-yF_x)\boldsymbol{k}$$

对应的分量式为

$$\left.\begin{aligned}M_x&=yF_z-zF_y\\M_y&=zF_x-xF_z\\M_z&=xF_y-yF_x\end{aligned}\right\} \tag{3.46}$$

力矩矢量沿某坐标轴的分量通常称为力对该轴的力矩.

利用式(3.46)可以计算力 $\boldsymbol{F}$ 对 z 轴的力矩 M_z.可以证明,对轴的力矩与参考点在轴上的位置无关,也就是说,无论参考点处于轴的什么位置上,只要力 $\boldsymbol{F}$ 的大小和方向是确定的,力 $\boldsymbol{F}$ 对该轴的力矩就是确定的.

当然,如图 3.15 所示,如果知道了力矩的大小和它与 z 轴的夹角 γ,那么力对 z 轴的力矩也可以按下式求得

$$M_z = M\cos\gamma = rF\sin\theta\cos\gamma \tag{3.47}$$

2)角动量

前面已经用动量来描述质点和质点系机械运动的状态,并讨论了它们在机械运动过程中所遵循的动量守恒定律.同样,在讨论质点相对于空间某一定点的转动时,也可以用角动量来描述物体的运动状态.

角动量是一个很重要的概念,在转动问题中,它所起的作用和动量相类似.角动量可描述大到天体,小到质子、电子的运动.例如,电子绕核运动,具有轨道角动量,电子自身还有自旋运动,具有自旋角动量等.原子、分子和原子核系统的基本性质之一,只不过它们的角动量仅具有一定的不连续的量值,这叫做角动量的量子化.在这些系统的性质描述中,角动量起着主要作用.

先以一个质量为 m 的质点为例阐明角动量的概念.设一个质点位于 P 点,相对于参考点 O 的位置矢量为 $\boldsymbol{r}$,如图 3.16 所示.如果此时质点的速度为 $\boldsymbol{v}$,则这个质点相对于参考点 O 的角动量 $\boldsymbol{L}$ 被定义为

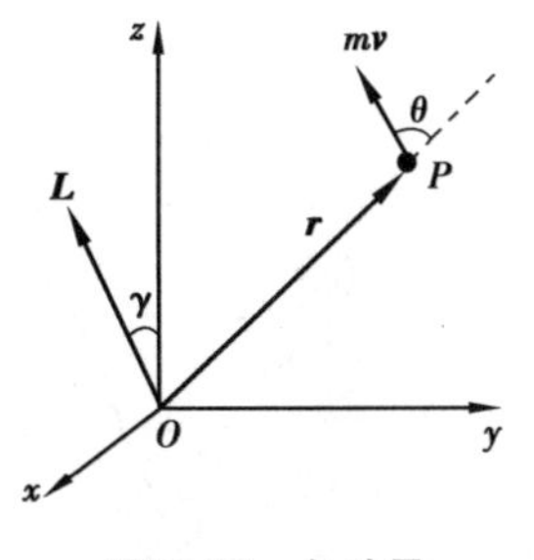

图 3.16　角动量

$$\boldsymbol{L} = \boldsymbol{r}\times\boldsymbol{p} = \boldsymbol{r}\times m\boldsymbol{v} \tag{3.48}$$

可见,角动量是一个矢量,它的方向垂直于由矢量 $\boldsymbol{r}$ 和 $\boldsymbol{p}$ 所决定的平面,其方向由右手定则确定:让右手的四指由矢量 $\boldsymbol{r}$ 的方向经小于 π 的角转动矢量 $\boldsymbol{p}$ 的方向,大拇指所指的方向就是角动量 $\boldsymbol{L}$ 的方向.如果位置矢量与动量的夹角为 θ,那么角动量的大小由下式决定

$$L = rp\sin\theta = rmv\sin\theta \tag{3.49}$$

质点对通过参考点的任意轴线的角动量,就是质点相对于同一参考点的角动量沿该轴线的分量.由图 3.16 可以看出 L_z 为

$$L_z = L\cos\gamma$$

在国际单位制中,角动量的单位是 $\mathrm{kg\cdot m^2\cdot s^{-1}}$.

3.4.1　质点的角动量定理

质点在合力 $\boldsymbol{F}$ 的作用下,某瞬间的动量为 $m\boldsymbol{v}$,质点相对于参考点 O 的位置矢量为 $\boldsymbol{r}$.用位置矢量 $\boldsymbol{r}$ 同时叉乘牛顿第二定律的微分形式(2.2)的等号两边,得

$$\boldsymbol{r}\times\boldsymbol{F}=\boldsymbol{r}\times\frac{\mathrm{d}\boldsymbol{p}}{\mathrm{d}t}$$

将式(3.48)两边对时间 t 求一阶导数,得

$$\frac{\mathrm{d}\boldsymbol{L}}{\mathrm{d}t}=\frac{\mathrm{d}}{\mathrm{d}t}(\boldsymbol{r}\times\boldsymbol{p})=\frac{\mathrm{d}}{\mathrm{d}t}(\boldsymbol{r}\times m\boldsymbol{v})=\frac{\mathrm{d}\boldsymbol{r}}{\mathrm{d}t}\times m\boldsymbol{v}+\boldsymbol{r}\times\frac{\mathrm{d}}{\mathrm{d}t}(m\boldsymbol{v})$$

考虑到$\frac{\mathrm{d}\boldsymbol{r}}{\mathrm{d}t}=\boldsymbol{v}$,以及 $\boldsymbol{v}\times\boldsymbol{v}=0$,则上式可以改写为

$$\frac{\mathrm{d}\boldsymbol{L}}{\mathrm{d}t}=\boldsymbol{r}\times\frac{\mathrm{d}}{\mathrm{d}t}(m\boldsymbol{v})=\boldsymbol{r}\times\frac{\mathrm{d}\boldsymbol{p}}{\mathrm{d}t}$$

所以有

$$\frac{\mathrm{d}\boldsymbol{L}}{\mathrm{d}t}=\boldsymbol{r}\times\boldsymbol{F}$$

即

$$\boldsymbol{M}=\frac{\mathrm{d}\boldsymbol{L}}{\mathrm{d}t}\tag{3.50}$$

上式表明,作用于质点的合力对某参考点的力矩,等于质点对同一参考点的角动量随时间的变化率.这个结论称为质点角动量定理.

若把矢量方程式(3.50)投影到 Oz 轴上,则可得到

$$M_z=\frac{\mathrm{d}L_z}{\mathrm{d}t}\tag{3.51}$$

上式表示,质点对某转轴的角动量随时间的变化率,等于作用于质点的合力对同一转轴的力矩.这称为质点对转轴的角动量定理.

3.4.2　质点的角动量守恒定律

根据式(3.50),如果作用于质点的合力对参考点的力矩等于零,即 $\boldsymbol{M}=0$,那么

$$\frac{\mathrm{d}\boldsymbol{L}}{\mathrm{d}t}=0$$

即

$$\boldsymbol{L}=\text{恒矢量}\qquad(\boldsymbol{M}=0)\tag{3.52}$$

这表示若作用于质点的合力对参考点的力矩始终为零,则质点对同一参考点的角动量将保持不变.这就是质点角动量守恒定律.

由力矩的定义式(3.44)可以看出,力矩等于零可能有以下三种情况:

(1)$\boldsymbol{r}=0$,说明质点到参考点的距离等于零;

(2)$\boldsymbol{F}=0$,说明质点是孤立质点,不受任何外力或所受合外力为零;

(3)$\boldsymbol{r}$ 方向与 $\boldsymbol{F}$ 方向所在的直线相互平行.这时 $\boldsymbol{r}$ 和 $\boldsymbol{F}$ 可都不为零,但 $\boldsymbol{r}\times\boldsymbol{F}=0$.力的方向始终指向(或背离)固定中心.有心力就符合第三种情况,例如万有引力和静电力.

如果作用于质点的合力矩不为零,但合力矩沿 Oz 轴的分量为零,那么由式(3.51)可以得到

$$L_z = \text{恒量} \quad (M_z = 0) \tag{3.53}$$

说明当作用于质点的合力对 Oz 轴的力矩为零时,质点对该轴的角动量保持不变.这个结论称为质点对轴的角动量守恒定律.

3.4.3 质点系的角动量定理

设质点系包括了 n 个质点,它们的质量分别为 $m_1,m_1,\cdots,m_n$,速度分别为 $\boldsymbol{v}_1,\boldsymbol{v}_2,\cdots,\boldsymbol{v}_n$,相对于参考点 O 的位置矢量分别为 $\boldsymbol{r}_1,\boldsymbol{r}_2,\cdots,\boldsymbol{r}_n$,所受相对于参考点 O 的力矩分别为 $\boldsymbol{M}_1,\boldsymbol{M}_2,\cdots,\boldsymbol{M}_n$.质点系的角动量定义为系统中所有质点的角动量的矢量之和,即

$$\boldsymbol{L} = \sum_{i=1}^{n} \boldsymbol{L}_i = \sum_{i=1}^{n} \boldsymbol{r}_i \times m_i \boldsymbol{v}_i \tag{3.54}$$

第 i 个质点所满足的角动量定理方程式为

$$\boldsymbol{M}_i = \frac{\mathrm{d}\boldsymbol{L}_i}{\mathrm{d}t}$$

将质点系中每个质点所对应的角动量定理方程式加起来,可以得到

$$\boldsymbol{M}_1 + \boldsymbol{M}_2 + \cdots + \boldsymbol{M}_n = \frac{\mathrm{d}}{\mathrm{d}t}(\boldsymbol{L}_1 + \boldsymbol{L}_2 + \cdots + \boldsymbol{L}_n)$$

即

$$\sum_{i=1}^{n} \boldsymbol{M}_i = \frac{\mathrm{d}\boldsymbol{L}}{\mathrm{d}t} \tag{3.55}$$

式中 $\sum_{i=1}^{n} \boldsymbol{M}_i$ 是作用于质点系的力矩的矢量和,满足

$$\sum_{i=1}^{n} \boldsymbol{M}_i = \sum \boldsymbol{M}_{ex} + \sum \boldsymbol{M}_{in}$$

$\sum \boldsymbol{M}_{ex}$ 是作用于质点系的外力对参考点 O 的力矩的矢量和, $\sum \boldsymbol{M}_{in}$ 是质点系内质点之间的作用力对参考点 O 的力矩的矢量和.

下面分析一下质点 i 和 j 之间的情况. $\boldsymbol{r}_i$ 和 $\boldsymbol{r}_j$ 是这两个质点相对于参考点 O 的位置矢量, $\boldsymbol{F}_{ij}$ 和 $\boldsymbol{F}_{ji}$ 是两质点之间的作用力和反作用力,则 $\boldsymbol{F}_{ij}$ 和 $\boldsymbol{F}_{ji}$ 相对于参考点 O 的力矩分别为

$$\boldsymbol{M}_i' = \boldsymbol{r}_i \times \boldsymbol{F}_{ij}, \boldsymbol{M}_j' = \boldsymbol{r}_j \times \boldsymbol{F}_{ji}$$

将它们相加,并考虑到 $\boldsymbol{F}_{ij} = -\boldsymbol{F}_{ji}$,得

$$\boldsymbol{M}_{in} = \boldsymbol{M}_i' + \boldsymbol{M}_j' = (\boldsymbol{r}_i - \boldsymbol{r}_j) \times \boldsymbol{F}_{ij}$$

由图 3.17 可以看出,上式结果必然等于零.同理,质点系中每一对相互作用的质点都有同样的情形.所以,内力对同一参考点的总力矩一定等于零.故式(3.55)可以写为

$$\sum \boldsymbol{M}_{ex} = \frac{\mathrm{d}\boldsymbol{L}}{\mathrm{d}t} \tag{3.56}$$

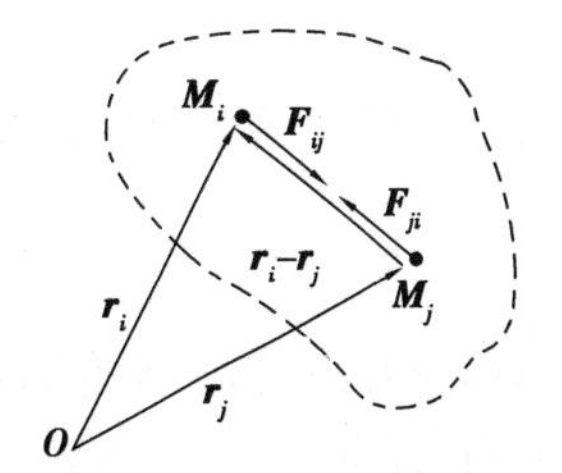

图 3.17　内力的力矩

上式表明,质点系对某参考点的角动量的时间变化率,等于该质点系所受外力对同一参考点的力矩矢量和.这就是质点系的角动量定理.

3.4.4　质点系的角动量守恒定律

如果外力对参考点 O 的力矩的矢量和始终等于零,那么质点系对同一参考点的角动量不随时间变化,即

$$\boldsymbol{L} = \text{恒矢量}\left(\sum \boldsymbol{M}_{ex} = 0 \right) \tag{3.57}$$

这就是质点系角动量守恒定律.

当作用于质点系的外力对某轴(例如 Oz 轴)的合力矩等于零时,质点系对此轴的角动量将不随时间变化,即

$$\boldsymbol{L}_z = \text{恒矢量}\left(\sum \boldsymbol{M}_{ex} = 0 \right) \tag{3.58}$$

这就是质点系对轴的角动量守恒定律.

最后再次强调,牛顿力学仅适用于宏观物质的低速(远小于光速)运动领域,而能量守恒定律、动量守恒定律和角动量守恒定理通过相应的扩展和修正既适用于宏观、低速(远小于光速)领域,也适用于微观、高速(接近光速)领域.例如在量子力学和相对

论的讨论中,这三个守恒定律都适用.这充分说明,上述三条守恒定律有其时空特征,是近代物理理论的基础,是更为普适的物理定律.

例 3.11 行星运动的开普勒第二定律认为,对于任一行星,由太阳到行星的径矢在相等的时间内扫过相等的面积.试用角动量守恒定律证明之.

解 将行星看为质点,在 $\mathrm{d}t$ 时间内以速度 $\boldsymbol{v}$ 完成的位移为 $\boldsymbol{v}\mathrm{d}t$,径矢 $\boldsymbol{r}$ 在 $\mathrm{d}t$ 时间内扫过的面积为 $\mathrm{d}A$,如图 3.18 中阴影所示.显然

$$\mathrm{d}A = \frac{1}{2}\left|\boldsymbol{r} \times \boldsymbol{v}\mathrm{d}t\right|,$$

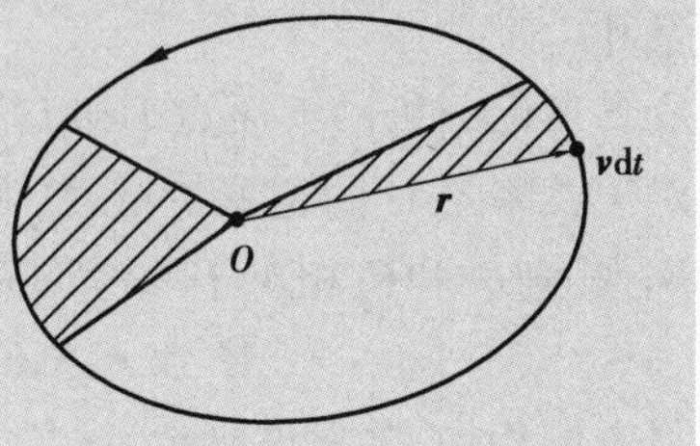

根据质点角动量的定义

$$\boldsymbol{l} = \boldsymbol{r} \times m\boldsymbol{v} = m(\boldsymbol{r} \times \boldsymbol{v}),$$

于是有

$$\mathrm{d}A = \frac{l}{2m}\mathrm{d}t,$$

径矢在单位内扫过的面积

$$\frac{\mathrm{d}A}{\mathrm{d}t} = \frac{l}{2m}$$

称为掠面速度.万有引力属于有心力,所以行星相对于太阳所在处的点 O 的角动量是守恒的,故有

$$\frac{\mathrm{d}A}{\mathrm{d}t} = \frac{l}{2m} = 恒量$$

行星对太阳所在点 O 的角动量守恒,不仅角动量的大小不随时间变化,即掠面速度恒定,而且角动量的方向也是不随时间变化的,即行星的轨道平面在空间的取向是恒定的.

图 3.18 例 3.11 用图

开普勒第一定律告诉我们,行星的轨道是椭圆,太阳处于椭圆的一个焦点上.为了保证掠面速度恒定,行星在离太阳远时的运动速度比离太阳近时要小些.对地球北半球来说,在夏季,地球处于远日点附近;在冬季,地球处于近日点附近.所以,地球在夏季的公转速度要比冬季慢些.

万有引力定律也可以证明开普勒第二定律.在物理学史上,开普勒三定律的发现要早于万有引力定律.开普勒三定律是推断太阳对行星作用力的性质,而牛顿万有引力定律则是从更广泛的意义上表明了物体之间普遍存在着万有引力相互作用.

行星角动量守恒还表现在万有引力作用不会使行星与太阳塌缩在一块,并且在不需要任何斥力作用的情况下处于相当分散的状态.例如在太阳系中只要行星在最初形成时具有一定的角动量,那么它们在与太阳之间的万有引力作用下,将保持这个角动量不变,行星永远不会落到太阳上去.

思考题

3.1　有两个弹簧 A 和 B，它们的劲度系数分别为 k_A 和 k_B，且有 $k_A>k_B$. 下列两种情况下拉伸弹簧的过程中，拉力对哪个弹簧做的功更多？

(1) 用力将弹簧拉伸同样的距离；

(2) 用同样的力将两个弹簧拉伸到某个长度.

3.2　力的功是否与所选择的参考系有关？为什么？

3.3　为什么重力势能有正负，弹性势能只有正值，而引力势能只有负值？

3.4　棒球运动员在接球时为何要戴厚而软的手套？篮球运动员接急球时往往持球缩手，这是为什么？

3.5　跳伞运动员临着陆时用力向下拉降落伞，这是为什么？

3.6　在匀速圆周运动中，质点的动量是否守恒？角动量呢？

3.7　地球绕太阳公转的轨道为椭圆形，太阳位于椭圆的一个焦点，请问地球与太阳组成的系统的角动量是否守恒？地球位于近日点和远日点的公转速率哪个更大？为什么？

习　题

3.1　传送机通过滑道将长为 L、质量为 m 的柔软匀质物体以初速度 v_0 向右送上水平台面，物体前端在台面上滑动 s 距离后停下来，如题 3.1 图所示. 已知滑道上的摩擦可不计，物体与台面间的摩擦因素为 μ，而且 $s>L$，试计算物体的初速度 v_0.

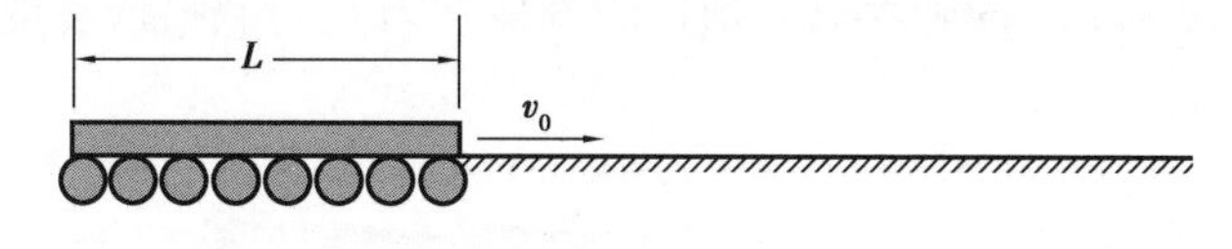

题 3.1 图

3.2　已知弹簧的劲度系数为 $k=200$ N/m，若忽略弹簧的质量和摩擦力，求将弹簧压缩 10 cm，弹性力所做的功和外力所做的功.

3.3　设作用在质量为 2 kg 的质点上的力是 $\boldsymbol{F}=(3\boldsymbol{i}+5\boldsymbol{j})$ N. 当质点从原点移动到位矢为 $\boldsymbol{r}=(2\boldsymbol{i}-3\boldsymbol{j})$ m 处时，此力所做的功有多大？它与路径有无关系？如果此力是作用在质点上唯一的力，则质点的动能将变化多少？

3.4　一质量为 m 的陨石从距地面高 h 处，由静止开始落向地面. 设地球半径为 R，引力常数为 G_0，地球质量为 M，忽略空气阻力. 求：(1) 陨石下落过程中，万有引力做的功；(2) 陨石落地的速度.

3.5　有一保守力 $\boldsymbol{F}=(-Ax+Bx^2)\boldsymbol{i}$，沿 x 轴作用于质点上，式中 A、B 均为常量，x 以 m 计，F 以 N 计. (1) 取 $x=0$ 时 $E_p=0$，试计算与此力相对应的势能；(2) 求质点从 $x=2$ m 运动到 $x=3$ m 时势能的变化.

3.6　已知质量为 m 的质点处于某力场中位置矢量为 $\boldsymbol{r}$ 的地方，其势能可以表示为

$E_p(r)=\frac{k}{r^n}$,其中 k 为常量.(1)画出势能曲线;(2)求质点所受力的形式;(3)证明此力是保守力.

3.7 一质量为 m 的物体在保守力场中沿 x 轴运动,其势能 $E_p=\frac{1}{2}kx^2-ax^4$(其中 k,a 均为常量),求物体加速度的大小.

3.8 质量为5.0 g的子弹以500 m/s的速率沿水平方向射入静止放置在水平桌面上的质量为1 245 g的木块内.木块受到冲击后沿桌面滑动了510 cm.求木块与桌面之间的摩擦系数.

3.9 如题3.9图所示的装置称为冲击摆,可用它来测定子弹的速度.质量为 m_0 的木块被悬挂在长度为 l 的细绳下端,一质量为 m 的子弹沿水平方向以速度 v 射中木块,并停留在其中.木块受到冲击而向斜上方摆动,当到达最高位置时,木块的水平位移为 s.试确定子弹的速度.

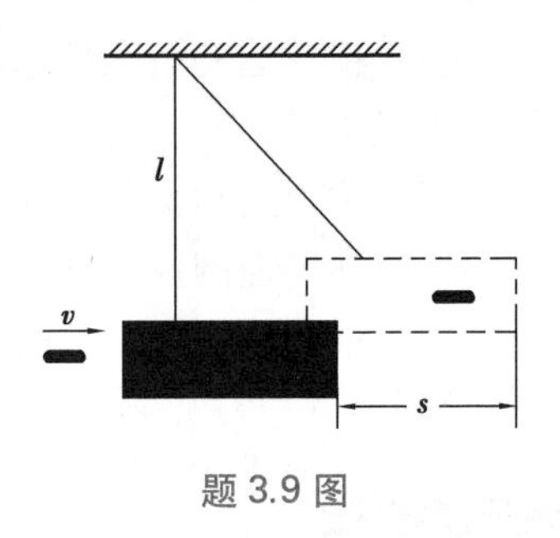

题3.9图

3.10 一个中子撞击一个静止的碳原子核,如果碰撞是完全弹性正碰,求碰撞后中子动能减少的百分数.已知中子与碳原子核的质量之比为1∶12.

3.11 质量为 7.20×10^{-23} kg、速度为 6.0×10^{7} m/s的粒子 A,与另一个质量为其一半而静止的粒子 B 相碰,假定这碰撞是完全弹性碰撞,碰撞后粒子 A 的速率为 5.0×10^{7} m/s,求:(1)粒子 B 的速率及偏转角;(2)粒子 A 的偏转角.

3.12 如题3.12图所示,大炮在发射时炮身会发生反冲现象.设炮身的仰角为 θ,炮弹和炮身的质量分别为 m 和 m_0,炮弹在离开炮口时的速率为 v,若忽略炮身反冲时与地面的摩擦力,求炮身的反冲速度.

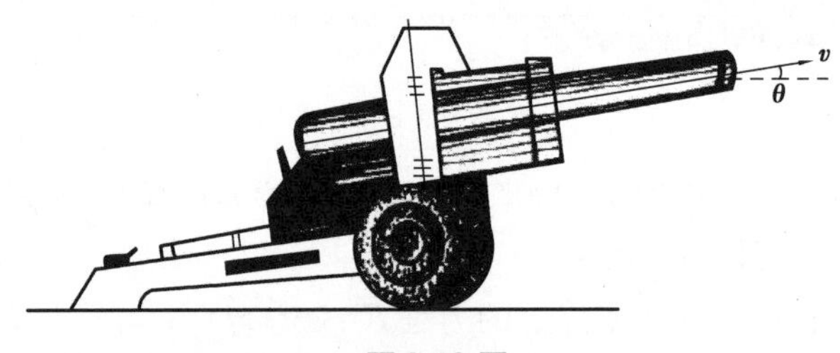

题3.12图

3.13 一原先静止的装置炸裂为质量相等的三块,已知其中两块在水平面内各以80 m/s和60 m/s的速率沿相互垂直的两个方向飞开.求第三块的飞行速度.

3.14 求一个半径为 R 的半圆形均匀薄板质心的位置.

3.15 一小船质量为 M,船头到船尾共长 L.现有一质量为 m 的人从船尾走到船头时,船头将移动多少距离?假定水的阻力不计.

3.16 一颗子弹从枪口飞出的速度是300 m/s,在枪管内子弹所受合力的大小为:$F=400-\frac{4\times10^5}{3}t$,其中 F 以N为单位,t 以s为单位.(1)画出 F—t 图;(2)计算子弹行经枪管长度所花费的时间,假定子弹到枪口时所受的力变为零;(3)求该力冲量的大小;(4)求子弹的质量.

3.17　质量为 m_1 和 m_2 的两个小孩,在光滑水平冰面上用绳彼此拉对方.开始时静止,相距为 l.问他们将在何处相遇?

3.18　质量为 m 的小球用长度为 l 的细绳悬挂于天花板之下.当小球被推动后在水平面内做匀速圆周运动,圆心为 O 点,小球的角速度为 ω,细绳与竖直方向的夹角为 φ,试求(1)小球相对于 O 点的角动量;(2)角速度 ω 与夹角 φ 之间的关系.

3.19　质量为 1.0 kg 的质点沿着由 $\boldsymbol{r}=2t^3\boldsymbol{i}+(t^4-3t^3)\boldsymbol{j}$ 决定的曲线运动,其中 t 是时间,单位为 s,r 的单位为 m.求此质点在 $t=1.0$ s 时所受的相对坐标原点 O 的力矩.

3.20　当地球处于远日点时,到太阳的距离为 1.52×10^{11} m,轨道速度为 2.93×10^4 m/s.半年后,地球处于近日点,到太阳的距离为 1.47×10^{11} m.求:(1)地球在近日点时的轨道速度;(2)两种情况下,地球的角速度.

3.21　如果忽略空气的影响,火箭从地面发射后在空间作抛物线运动.设火箭的质量为 m,以与水平面成 α 角的方向发射,发射速度为 $\boldsymbol{v}_1$.达到最高点的速度为 $\boldsymbol{v}_2$,最高点距离地面为 h.假设地球是半径为 R 的球体,试求:(1)火箭在离开发射点的瞬间相对于地心的角动量;(2)火箭在到达最高点时相对于地心的角动量.

3.22　不可伸长的轻绳跨过一个质量可以忽略的定滑轮,两端分别吊有重物和小猴,并且由于两者质量相等,所以开始时重物和小猴都静止地吊在绳端.试求当小猴以相对于绳子的速率 v 沿绳子向上爬行时,重物相对于地面的速度.

3.23　质量为 m 的小球系于细绳的一端,绳的另一端缚在一根竖直放置的细棒上,如题 3.23 图所示.小球被约束在水平面内绕细棒旋转,某时刻角速度为 ω_1,细绳的长度为 r_1.当旋转了若干圈后,由于细绳缠绕在细棒上,绳长变为 r_2.求此时小球绕细棒旋转的角速度 ω_2.

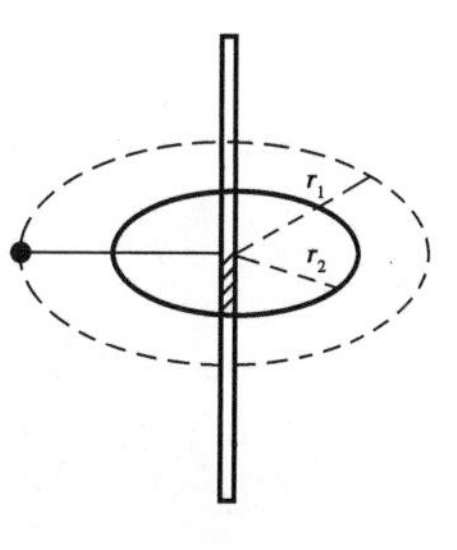

题 3.23 图

第 4 章　刚体的定轴转动

前面已经讨论了质点和质点系的运动规律，尽管是物体运动的最基本规律，但是物体的大小和形状对它自身的运动毕竟是有一定影响的. 如飞轮转动时的惯性、飞机飞行时受到的空气阻力以及物体受力时所发生的形变等，都与物体的大小和形状密切相关，而这些是不能从质点或质点系的运动规律中得出的.

本章将在质点运动规律的基础上分析有关刚体运动的一些概念和规律，主要包括刚体的转动惯量、定轴转动、转动动能，以及刚体定轴转动的角动量定理和角动量守恒定律.

4.1　刚体及其运动

4.1.1　刚体的平动和转动

任何一个物体都可以将其划分为若干个小块，每一个小块都可看作一个质点，因此任何物体都可看作一个质点系. 如果物体无论在多大外力作用下，系统内任意两质点间的距离和相对方位始终保持不变，这个物体就是刚体. 相对于质点，刚体是研究物体运动的另一种理想模型，是一种特殊的质点系. 由于组成刚体的质点系内部各质点的距离和相对方位始终保持不变，研究刚体比研究一般质点系更为简单. 在外力作用下，任何物体的形状和体积都要发生变化，即便这些变化微乎其微. 一般在外力作用下形变并不显著的物体，可视为刚体.

由于刚体是由许多质点构成的特殊系统，因此仍可以用质点的运动规律来加以研究，从而使牛顿力学的研究范围从质点向刚体拓展开来，并对两者研究方法、基本概念和规律的相似性有较深入的理解.

平动和转动是刚体运动的两种基本形式. 在平动过程中，刚体上所有点的运动是完全相同的，它们具有相同的位移、速度和加速度. 所以，刚体上任意一点的运动，都可代表整个作平动刚体的运动,一般以质心运动表示刚体的平动.此时,关于质点运动的规律就可以用来描述刚体的平动.在刚体运动过程中,如果刚体上所有点都绕同一直线做圆周运动,那么这种运动称为**转动**,这条直线称为**转轴**.例如地球的自转,钟摆的运动等,都是转动.

一般情况下,刚体运动是相当复杂的.但是,任何复杂的运动都可以分解为平动和转动.可通过下面的实验加以说明:取一块平整的木板,在其质心和其他任一位置分别打一个小孔,在小孔里各塞一团棉球,并分别滴入不同颜色的墨水,然后将木板平放在光滑的桌面上.当用小锤沿水平方向敲击木板侧面时,木板将在桌面上一边旋转一边滑动,浸有墨水的棉球将在桌面上描绘出两条轨迹.位于质心处的小孔描绘的总是一条直线,而另一个小孔,由于敲击部位和敲击方向的不同,将描绘出形状不同的曲线.这表明,木板作为一块刚体,在一般情况下的运动,总是整体随质心的平动和围绕质心的转动的组合.

4.1.2 刚体的定轴转动

刚体在转动过程中,若转轴的位置和方向是固定不变的,此时刚体的转动称为**定轴转动**.过刚体上任意一点并垂直于转轴的平面称为**转动平面**.显然,定轴转动有无数个转动平面,但它们是等价的,在研究刚体转动时可任选一个.

刚体做定轴转动时,刚体上所有的点都绕转轴做圆周运动,因此具有相同的角速度和角加速度,在相同的时间内有相等的角位移.但由于各点到转轴的距离不同,位移、速度和加速度却不相等.在一般情况下,角速度和角加速度都是矢量,而在定轴转动中它们只能沿着转轴,所以可以用带有正号或负号的标量来表示它们.

角速度的大小定义为

$$\omega = \frac{d\theta}{dt} \tag{4.1}$$

角速度的方向可以这样确定:让右手四指沿转动方向围绕转轴而弯曲,拇指所指的方向就是角速度的方向.取转轴为 z 轴,当角速度指向 z 轴正方向时,$\omega>0$;当角速度指向 z 轴负方向时,$\omega<0$.

角加速度的大小定义为

$$\alpha = \frac{d\omega}{dt} = \frac{d^2\theta}{dt^2} \tag{4.2}$$

角加速度的正、负应根据角速度的符号和刚体转动的情形来确定:当刚体加速转动时,α 与 ω 方向相同,符号也相同;当刚体减速转动时,α 与 ω 方向相反,符号也相反.

4.2 刚体动力学

前面讨论了刚体定轴转动的运动学问题,本节将讨论刚体定轴转动的动力学问题,即讨论刚体获得角加速度的原因以及刚体绕定轴转动时所遵循的规律.

4.2.1 刚体的转动动能

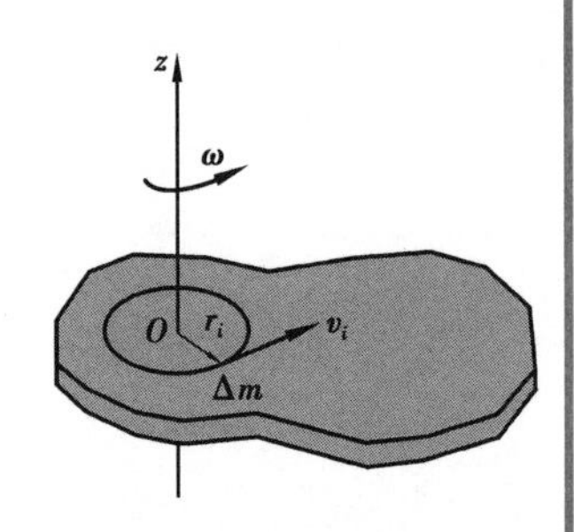

图 4.1 刚体定轴转动模型

设刚体绕固定轴 Oz 以角速度 ω 转动,如图 4.1 所示.将刚体划分为 n 个微小的部分,每个部分称为一个体元,每个体元的质量称为质量元.设每个体元的质量分别为 $\Delta m_1,\Delta m_2,\cdots,\Delta m_n$,各体元到转轴 Oz 的距离分别为 $r_1,r_2,\cdots,r_n$.显然,整个刚体的转动动能等于这 n 个体元绕转轴 Oz 做圆周运动动能的总和,即

$$E_k=\sum_{i=1}^{n}\frac{1}{2}\Delta m_i v_i^2=\frac{1}{2}\left(\sum_{i=1}^{n}\Delta m_i r_i^2\right)\omega^2 \tag{4.3}$$

上式与质点的运动动能表达式相比较可知,如果将刚体转动角速度 ω 与质点运动速率 v 相对应,那么$\left(\sum_{i=1}^{n}\Delta m_i r_i^2\right)$就与质点的质量 m 相对应.$\left(\sum_{i=1}^{n}\Delta m_i r_i^2\right)$称为刚体对转轴的转动惯量,用 J 表示,即

$$J=\sum_{i=1}^{n}\Delta m_i r_i^2 \tag{4.4}$$

进而刚体转动动能可以表示为

$$E_k=\frac{1}{2}J\omega^2 \tag{4.5}$$

4.2.2 刚体的转动惯量

从式(4.4)可以看出,刚体相对于某转轴的转动惯量,是组成刚体的各体元质量与它们各自到该转轴距离平方的乘积之和.刚体的质量是连续分布的,式中的求和号应该用积分号来代替,于是有

$$J=\int r^2\mathrm{d}m=\iiint r^2\rho\mathrm{d}V \tag{4.6}$$

式中的 $\mathrm{d}V$ 和 ρ 分别是体元的体积和密度，r 是该体元到转轴的距离.在国际单位制中，转动惯量的单位是 $\mathrm{kg\cdot m^2}$（千克·米^2）.

虽然上式是计算转动惯量的通式，但只有当刚体的几何形状简单、质量连续且均匀分布时才可较为简便地利用上式计算转动惯量.表 4.1 给出了常见刚体的转动惯量.通常情况下，刚体的转动惯量由实验方法测定.

表 4.1　几种常见刚体的转动惯量

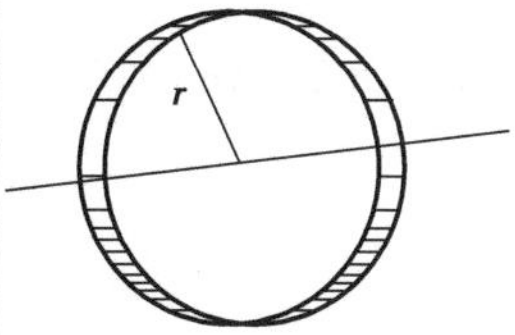 圆环 r $J=mr^2$	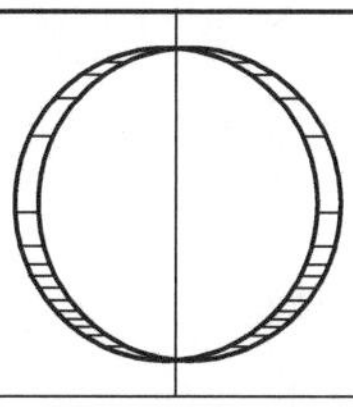 圆环 $J=\frac{mr^2}{2}$
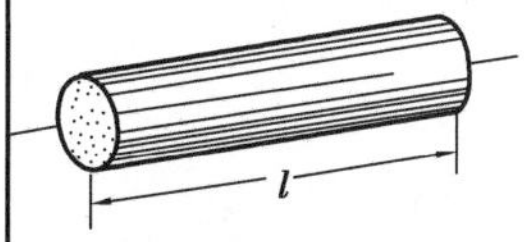 圆柱体 l $J=\frac{mr^2}{2}$	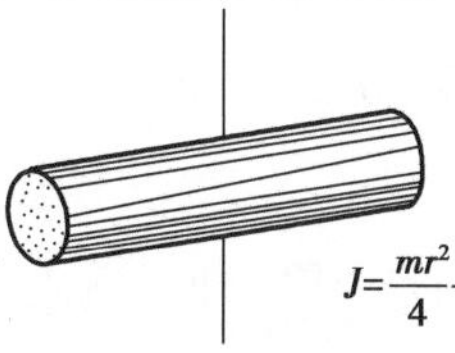 圆柱体 $J=\frac{mr^2}{4}+\frac{ml^2}{12}$
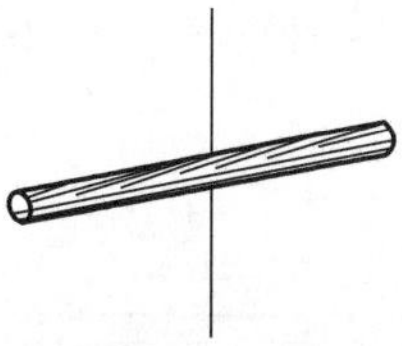 细棒 $J=\frac{ml^2}{12}$	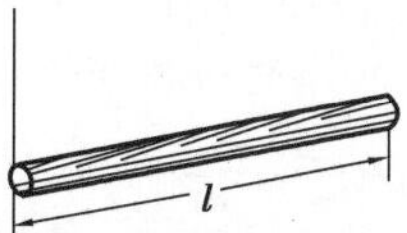 细棒 l $J=\frac{ml^2}{3}$
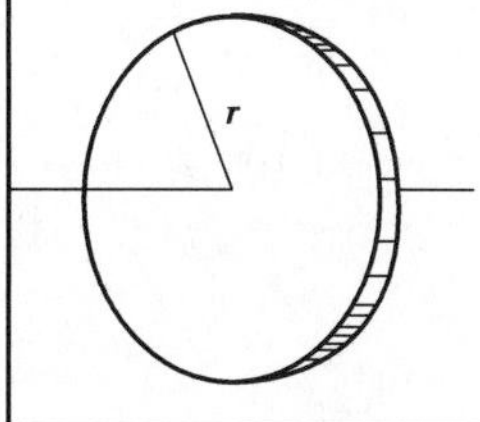 薄圆盘 r $J=\frac{mr^2}{2}$	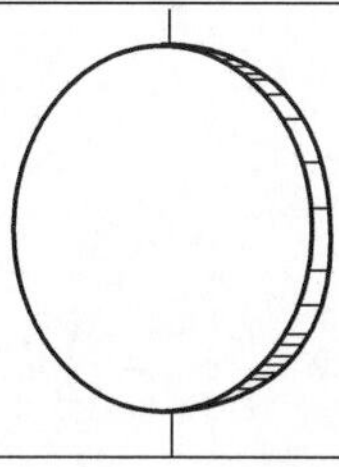 薄圆盘 $J=\frac{mr^2}{4}$
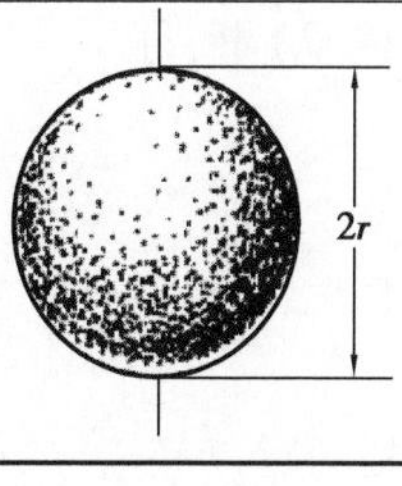 球体 $2r$ $J=\frac{2mr^2}{5}$	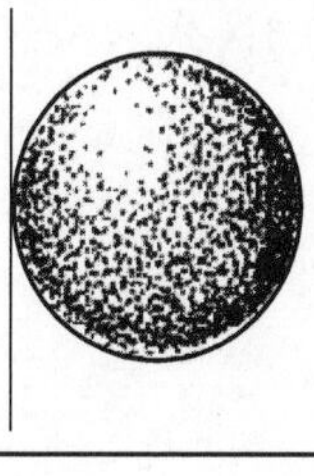 球体 $J=\frac{7mr^2}{5}$

由式(4.6)可知，决定刚体转动惯量大小的因素有三个：

(1)刚体的质量.形状、大小都相同的刚体，质量较大的转动惯量更大.

(2)质量的分布.质量和密度都相同的刚体,质量分布的距离转轴越远(即刚体的形状)不同,转动惯量越大.

(3)转轴的位置.转轴的位置不同,刚体的转动惯量也不同.

下面介绍两个有助于计算刚体转动惯量的定理.

1)平行轴定理

如果刚体对通过质心的轴的转动惯量为 J_C,那么对与此轴平行的任意轴的转动惯量可以表示为

$$J = J_C + md^2 \tag{4.7}$$

式中 m 是刚体的质量,d 是两平行轴之间的距离.由该定理可知,在刚体对各平行轴的转动惯量中,以对过质心轴的转动惯量为最小.

2)垂直轴定理

若 z 轴垂直于厚度为无限小的刚体薄板,xy 平面与板面重合,则此刚体薄板对三个坐标轴的转动惯量有如下关系:

$$J_z = J_x + J_y \tag{4.8}$$

值得注意的是,该定理只适用于厚度非常小的板.

例 4.1　一根长为 l、质量为 m 的均匀细棒,求对下面两种转轴的转动惯量:(1)转轴通过棒的中心并与棒垂直;(2)转轴通过棒的一端并和棒垂直.

解　(1)将棒的中点取为坐标原点,建立坐标系 Oxy,取 y 轴为转轴,如图 4.2 所示.在距离转轴为 x 处取线元 dx,其质量为

$$dm = \frac{m}{l}dx$$

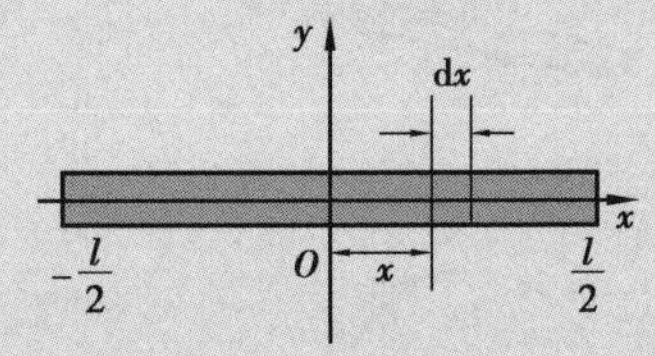

图 4.2　例 4.1 用图

根据式(4.6),应有

$$J = \int_{-\frac{l}{2}}^{\frac{l}{2}} x^2 \frac{m}{l}dx = \frac{1}{12}ml^2$$

(2)转轴通过棒的一端并和棒垂直时,代入平行轴定理的表达式(4.7)中,得

$$J = J_C + md^2 = \frac{1}{12}ml^2 + m\left(\frac{l}{2}\right)^2 = \frac{1}{3}ml^2$$

例 4.2　求质量为 m、半径为 R 的均质薄圆盘对通过盘心并处于盘面内的轴的转动惯量.

解　先根据式(4.6)求出薄圆盘对通过盘心并垂直于盘面的 Oz 轴的转动惯量 J_z.因为盘的质量分布均匀,所以盘的质量面密度 $\sigma = \dfrac{m}{\pi R^2}$ 为常量.将圆盘划分成许多圆环,其中任一圆环的半径为 r、宽为 dr,如图 4.3 所示,此圆环的质量为 $dm = \sigma 2\pi r dr$.则有

$$J_z = \int_0^R r^2 \mathrm{d}m = \int_0^R r^2 \sigma 2\pi r \mathrm{d}r = \frac{1}{2} m R^2$$

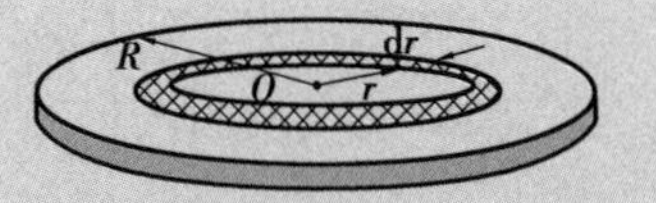

图4.3 例4.2用图

根据垂直轴定理的公式(4.8),有

$$J_z = J_x + J_y$$

由于对称性,$J_x = J_y$,所以薄圆盘对通过盘心并处于盘面内的轴的转动惯量为

$$J_x = \frac{J_z}{2} = \frac{1}{4} m R^2$$

4.2.3 定轴转动的动能定理

在质点力学中,如果质点在外力作用下沿力的方向发生位移,那么力就对质点做了功.在刚体转动时,作用力可以作用在刚体的不同质点上,各个质点的位移也不相同.只要将各个力对相应质点做的功加起来,就能求得力对刚体所做的功.由于在转动的研究中,使用角量比使用线量方便,因此在功的表达式中以力矩的形式出现,力做的功也就是力矩的功.

对定轴转动的刚体起作用的力矩,只有力矩沿转轴的分量,即若取转轴为 z 轴,则起作用的只有 M_z,而 M_z 又只是由 $\boldsymbol{F}$ 在 Oxy 平面(或任意一个转动平面)内的投影分量产生.所以在讨论刚体定轴转动时,只需考虑外力 $\boldsymbol{F}$ 在 Oxy 平面内的分力就可以了.为方便讨论,约定以下所提及的外力都只是处于转动平面内的力.

假定作用于以 z 轴为转轴的刚体上的多个外力分别为 $\boldsymbol{F}_1$, $\boldsymbol{F}_2$, $\cdots$, $\boldsymbol{F}_n$.先考虑其中的任一外力 $\boldsymbol{F}_i$ 对刚体的作用.如图4.4所示,外力 $\boldsymbol{F}_i$ 作用于刚体上的点 P,过点 P 作垂直于 z 轴的平面,交 z 轴于点 O,显然这个平面是刚体的一个转动平面.在此平面内,点 P 相对于点 O 的位置矢量为 $\boldsymbol{r}_i$,$\boldsymbol{r}_i$ 与 $\boldsymbol{F}_i$ 的夹角为 φ_i.在 $\mathrm{d}t$ 时间内,刚体转过了 $\mathrm{d}\theta$ 角度,点 P 对应的位移为 $\mathrm{d}\boldsymbol{r}_i$.在此过程中,外力 $\boldsymbol{F}_i$ 所做的元功为

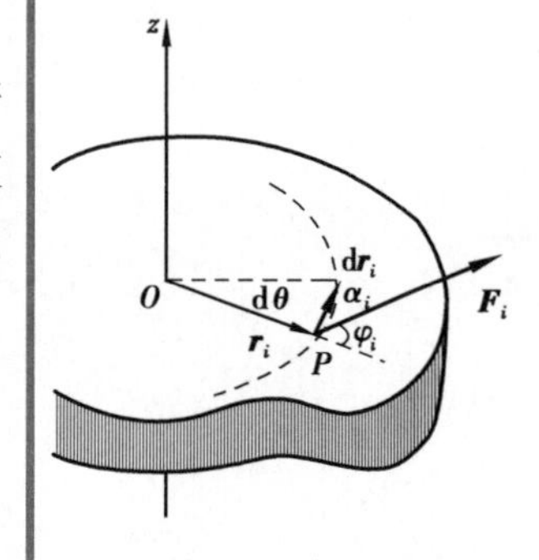

图4.4 力矩的功

$$\mathrm{d}W_i = \boldsymbol{F}_i \cdot \mathrm{d}\boldsymbol{r}_i = F_i \mathrm{d}s_i \cos\alpha_i = F_i r_i \sin\varphi_i \mathrm{d}\theta = M_{zi} \mathrm{d}\theta \tag{4.9}$$

式中 $\mathrm{d}s_i = r_i \mathrm{d}\theta$,为点 P 在 $\mathrm{d}t$ 时间内通过的路程.α_i 为 $\boldsymbol{F}_i$ 与 $\mathrm{d}\boldsymbol{r}_i$ 的夹角,满足 $\cos\alpha_i = \sin\varphi_i$.$M_{zi}$ 为 $\boldsymbol{F}_i$ 对转轴 Oz 的力矩.

对于作用于刚体的其他外力,同样也可用上述方法进行分析,并得出与上式相似的结果.因此,在刚体转过 $\mathrm{d}\theta$ 角度的过程中,所有外力做的总功为

$$\mathrm{d}W = \sum_{i=1}^{n} \mathrm{d}W_i = \left(\sum_{i=1}^{n} M_{zi}\right) \mathrm{d}\theta = M_z \mathrm{d}\theta \tag{4.10}$$

式中 $M_z = \sum_{i=1}^{n} M_{zi}$ 是作用于刚体的所有外力对 Oz 轴的合力矩.

如果刚体在力矩 M_z 的作用下绕 Oz 轴从位置 θ_1 到 θ_2,那么,在此过程中力矩所做的总功为

$$W = \int_{\theta_1}^{\theta_2} M_z \mathrm{d}\theta \tag{4.11}$$

力矩的瞬时功率可以表示为

$$P = \frac{\mathrm{d}W}{\mathrm{d}t} = M_z \frac{\mathrm{d}\theta}{\mathrm{d}t} = M_z \omega \tag{4.12}$$

式中 ω 为刚体绕轴转动的角速度.

根据质点系的功能原理,外力和非保守内力对系统所做的功等于系统机械能的增量.这一原理对于刚体这一特殊质点系也是适用的.由于一切内力对刚体所做的功为零,所以与定轴转动刚体相对应的关系式为

$$\mathrm{d}W = \mathrm{d}E_k \tag{4.13}$$

式中 $\mathrm{d}W$ 为外力所做的元功,机械能表现为刚体的转动动能.代入刚体转动动能的具体形式,并积分,可得

$$W = \frac{1}{2}J\omega_2^2 - \frac{1}{2}J\omega_1^2 \tag{4.14}$$

上式表明,对于定轴转动的刚体,外力矩所做的功等于刚体转动动能的增量.该结论称为定轴转动刚体的动能定理.

4.2.4 转动定律

牛顿第二定律描述了力是质点运动状态变化的原因,可使质点获得加速度.在刚体转动中,力矩是引起刚体转动状态变化的原因,使刚体获得了角加速度.这一过程的规律由下面的刚体转动定律来描述.

根据上述的刚体定轴转动定理,可以得出下式

$$M_z \mathrm{d}\theta = \mathrm{d}\left(\frac{1}{2}J\omega^2\right) = J\omega \mathrm{d}\omega \tag{4.15}$$

以 $\mathrm{d}t$ 除上式等号两边,得

$$M_z \frac{\mathrm{d}\theta}{\mathrm{d}t} = J\omega \frac{\mathrm{d}\omega}{\mathrm{d}t} \tag{4.16}$$

或者写为

$$M_z = J\alpha \tag{4.17}$$

上式表明,在定轴转动过程中,刚体所获得的角加速度 α 与合外力矩 M_z 的大小成正比,与转动惯量成反比.这个关系称为刚体的定轴转动定律.

刚体的定轴转动定律和牛顿第二定律在数学形式上是相似的.合外力矩与合外力相对应,转动惯量与质量相对应,角加速度与线加速度相对应.在牛顿第二定律的讨论中已经知道,在相同外力作用下,质量较大的质点获得的加速度较小,即运动状态不容易改变,说明它的惯性较大;质量较小的质点获得的加速度较大,即运动状态容易改变,说明它的惯性较小.由转动定律也可以得出类似的结论:在相同外力矩作用下,转动惯量较大的刚体,获得的角加速度较小,即转动状态不容易改变,说明它的转动惯性较大;转动惯量较小的刚体,获得的角加速度较大,即转动状态容易改变,说明它的转动惯性较小.可见,转动惯量是量度刚体转动惯性大小的物理量.

例 4.3　一不可伸长的轻绳绕过一定滑轮,滑轮轴光滑,滑轮的质量为 $m/4$,均匀分布在其边缘上.绳子的一端有一质量为 m 的人 A 抓住了绳端,而在绳的另一端系了一质量也为 m 的重物 B,如图 4.5 所示.设人从静止开始相对于绳以匀速向上爬时,绳与滑轮间无相对滑动,求重物 B 上升的加速度.(已知滑轮对过滑轮中心且垂直于轮面的轴的转动惯量为 $J=mR^2/4$.)

解　由于轻绳与滑轮无相对滑动,对滑轮有力矩作用,因此两边轻绳的张力不相等.轻绳不可伸长使人和重物有大小相等的加速度,并与滑轮边缘点的切向加速度大小相等.

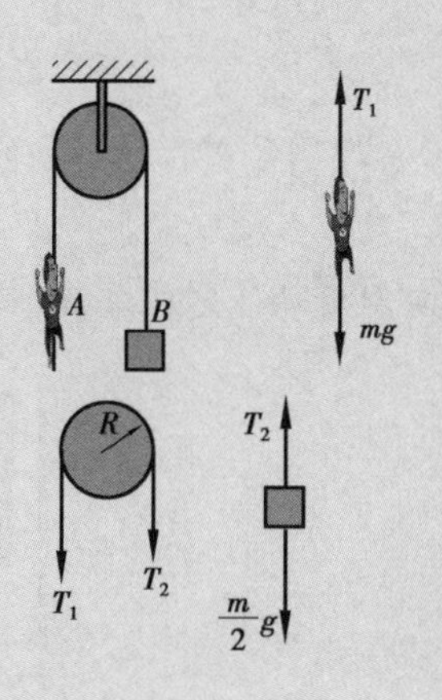

图 4.5　例 4.3 用图

设人的加速度大小为 a,方向向下,重物的加速度方向向上.设定滑轮的半径为 R,以逆时针为转动的正方向,角加速度为 α.两边轻绳的拉力大小分别为 T_1 和 T_2.人和重物的受力图、滑轮受力矩的隔离图如图 4.5 所示,则对人、重物和滑轮分别有

$$mg - T_1 = ma$$

$$T_2 - mg = ma$$

$$RT_1 - RT_2 = J\alpha\left(J = \frac{m}{4}R^2\right)$$

$$a = R\alpha$$

解上述方程可得　$a=\dfrac{2}{7}g$

例 4.4　如图 4.6 所示,一个转动惯量为 2.5 kg · m²、直径为 60 cm 的飞轮,正以 130 rad/s的角速度旋转.现用闸瓦将其制动,如果闸瓦对飞轮的正压力为 500 N,闸瓦与飞轮之间的摩擦系数为 0.5.求:(1)从开始制动到停止,飞轮转过的角度;(2)闸瓦对飞轮施加的摩擦力矩所做的功.

解　由图可知,飞轮的转轴垂直于纸面,角速度沿着转轴并指向读者.取角速度的方向为 z 轴的正方向.

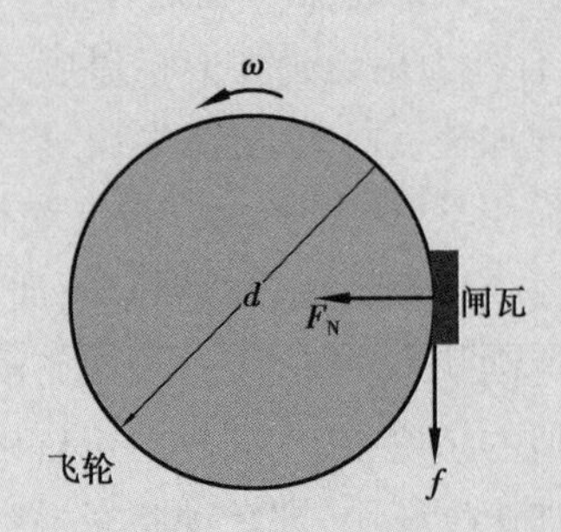

图 4.6　例 4.4 用图

闸瓦对飞轮施加的摩擦力为

$$f=\mu F_N=0.5\times 500=2.5\times 10^2\ \text{N}$$

方向如图 4.6 所示.f 相对 z 轴的摩擦力矩为

$$M_z=-f\frac{d}{2}=-2.5\times 10^2\times 0.30=-75\ \text{m}\cdot\text{N}$$

方向沿着 z 轴的负方向,故取负值.根据转动定律,可以求得飞轮受到摩擦力矩作用时的角加速度为

$$\alpha=\frac{M_z}{J}=-\frac{75}{2.5}=-30\ \text{rad/s}^2$$

负号表示角加速度沿着 z 轴的负方向.

(1)由于从开始制动到停止,飞轮做的是匀变速转动,所以飞轮转过的角度 θ 满足下式

$$\omega^2-\omega_0^2=2\alpha\theta$$

进而得

$$\theta=\frac{\omega^2-\omega_0^2}{2\alpha}=\frac{0-130^2}{-2\times 30}=2.8\times 10^2\ \text{rad}$$

(2)闸瓦对飞轮施加的摩擦力矩所做的功为

$$W=M_z\theta=-75\times 2.8\times 10^2=-2.1\times 10^4\text{J}$$

亦可利用动能定理求解.

4.3 刚体定轴转动的角动量定理和角动量守恒定律

4.3.1 刚体对转轴的角动量

设刚体绕 z 轴做定轴转动.过任一体元 Δm_i 作刚体的转动平面,交 z 轴于点 O,则体元 Δm_i 对 z 轴的角动量为

$$l_{zi}=r_i\Delta m_i v_i=r_i^2\Delta m_i\omega \tag{4.18}$$

式中 r_i 和 v_i 分别为体元 Δm_i 到转轴的距离和线速度,ω 为刚体作

定轴转动的角速度.因为所有转动平面都是等价的,组成刚体的每个体元对转轴的角动量都可以用上式表示,所以整个刚体对转轴的角动量为所有体元对转轴角动量的代数和,即

$$L_z = \sum l_{zi} = \left(\sum r_i^2 \Delta m_i \right) \omega = J\omega \tag{4.19}$$

4.3.2　刚体定轴转动的角动量定理

结合式(4.17)、式(4.19),可以将刚体的转动定律写成另一种形式

$$M_z = J\frac{\mathrm{d}\omega}{\mathrm{d}t} = \frac{\mathrm{d}}{\mathrm{d}t}(J\omega) = \frac{\mathrm{d}L_z}{\mathrm{d}t} \tag{4.20}$$

上式表明,做定轴转动刚体对转轴的角动量的时间变化率,等于刚体相对于同一转轴所受外力的合力矩.这一结论称为刚体定轴转动的角动量定理.上式也可改写为

$$M_z \mathrm{d}t = \mathrm{d}L_z \tag{4.21}$$

式中 $M_z \mathrm{d}t$ 称为冲量矩.

应当注意,刚体对给定转轴的转动惯量 J 是保持不变的,因此式(4.17)和式(4.20)的意义完全一样.但当物体的转动惯量不是常量(如转动中的刚体组或形变物体)时,只有式(4.20)仍然有效.此时有

$$M_z = \frac{\mathrm{d}L_z}{\mathrm{d}t} = \frac{\mathrm{d}}{\mathrm{d}t}\left(\sum_i J_i \omega_i \right) \tag{4.22}$$

物体对转轴的角动量定理也可用积分形式表示.如果在外力矩作用下,从 t_1 到 t_2 的一段时间内,物体对固定转轴的角动量由 $L_{z1}=(J\omega)_1$ 变为 $L_{z2}=(J\omega)_2$,则有

$$\int_{t_1}^{t_2} M_z \mathrm{d}t = J_2\omega_2 - J_1\omega_1 \tag{4.23}$$

式中 $\int_{t_1}^{t_2} M_z \mathrm{d}t$ 为 (t_2-t_1) 时间内的合冲量矩.上式表明,作用与定轴转动的物体上的外力对转轴的合冲量矩等于物体对同一转轴的角动量的增量.

4.3.3　刚体定轴转动的角动量守恒定律

由式(4.21)可以看出,当刚体所受外力对转轴的合力矩为零

图 4.7　角动量守恒现象

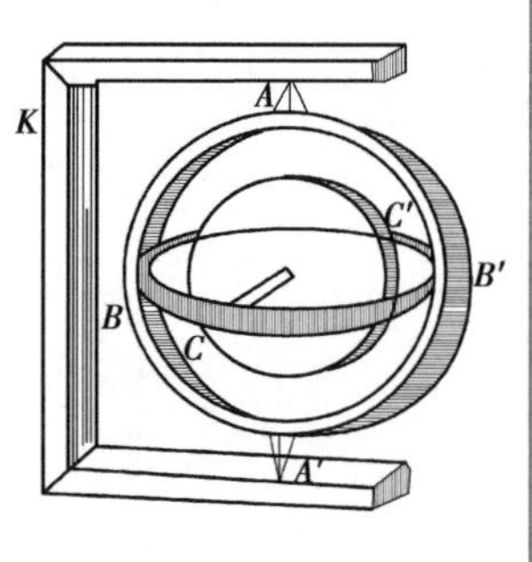

图 4.8　回转仪

时,即 $M_z=0$,可得

$$L_z = J\omega = 恒量 \tag{4.24}$$

这就是说,当定轴转动的刚体所受外力对转轴的合力矩为零时,刚体对同一转轴的角动量不随时间变化.这个结论称为刚体对转轴的角动量守恒定律.

当定轴转动系统由多个物体组成(如刚体组)时,角动量守恒定律仍然成立.例如由两个物体组成的转动系统,当系统所受外力对转轴的合力矩为零时,即 $M_z=0$,可得

$$L_z = J_1\omega_1 + J_2\omega_2 = 恒量 \tag{4.25}$$

亦即当系统内一个物体的角动量发生了变化,则另一个物体的角动量必然有个与之等值异号的改变,从而使总角动量保持不变.

有许多现象都可以用角动量守恒定律来说明.如图 4.7 所示,人手持哑铃坐在可绕竖直轴转动的凳上,开始时人将双臂伸开,并使人和凳以一定角速度转动.当人将双臂收拢,哑铃移到胸前时,转动惯量减小,人和凳的转动角速度会显著增大.若人重新将双臂伸开,转动惯量增大,人和凳的转动角速度又会减小了.

芭蕾舞演员和花样滑冰运动员,在做各种快速旋转动作时,也是利用了对转轴的角动量守恒定律的.开始他们总是先将臂、腿伸展开,以一定的角速度旋转,然后突然将臂、腿收拢,使转动惯量减小,转速则立即增大了.

刚体对转轴的角动量守恒定律在现代科学技术中也有重要应用.图 4.8 是一个装在常平架上的回转仪(也称陀螺仪).常平架是由支撑在框架 K 上的两个圆环组成,两圆环可分别绕其支点 A、A' 和 B、B' 所确定的轴自由转动.回转仪是一个具有较大转动惯量,并可绕安装在内环上的轴 CC' 高速旋转的厚重、对称的转子.AA'、BB' 和 CC' 三轴互相垂直,并且都通过回转仪的重心.当回转仪以高速旋转时,因为不受任何外力矩的作用,其转轴 CC' 在空间的取向将恒定不变.如果将这种装置安放在舰船、飞机或导弹上,与自控系统配合,可以随时矫正运行的方向,起导航作用.

例 4.5　工程上,常用摩擦啮合器使两飞轮以相同的转速一起转动.如图 4.9 所示,A 和 B 两飞轮的轴杆在同一中心线上,A 轮的转动惯量为 $J_A=10\ \text{kg}\cdot\text{m}^2$,$B$ 轮的转动惯量为 $J_B=20\ \text{kg}\cdot\text{m}^2$.开始时 A 轮的转速为 600 r/min,B 轮静止.C 为摩擦啮合器.求两轮啮合后的转速.在啮合过程中,两轮的机械能有何变化?

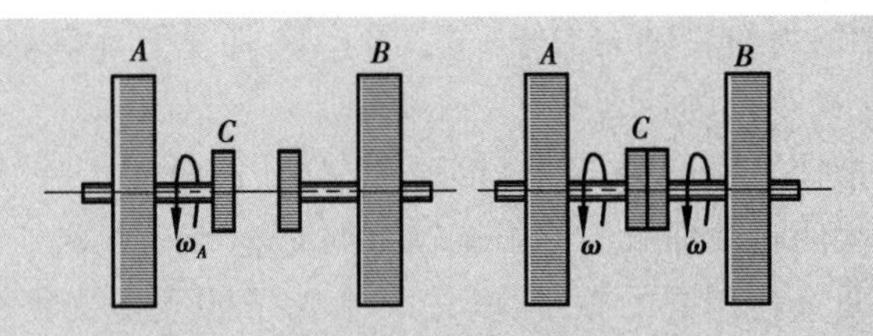

图4.9　例4.5用图

解　将两飞轮和啮合器作为一系统来考虑.在啮合过程中,系统受到轴向的正压力和啮合器间的切向摩擦力,前者对转轴的力矩为零,后者对转轴有力矩,但为系统的内力矩.可见系统的角动量守恒,满足

$$J_A\omega_A + J_B\omega_B = (J_A + J_B)\omega$$

ω 为两轮啮合后共同转动的角速度,于是有

$$\omega = \frac{J_A\omega_A + J_B\omega_B}{J_A + J_B} = 20.9\ \mathrm{rad/s}$$

或共同转速为　$n = 200\ \mathrm{r/min}$

在啮合过程中,摩擦力矩做功,所以机械能不守恒,部分机械能将转化为热量.损失的机械能为

$$\Delta E = \frac{1}{2}J_A\omega_A^2 + \frac{1}{2}J_B\omega_B^2 - \frac{1}{2}(J_A + J_B)\omega^2 = 1.32 \times 10^4\mathrm{J}$$

思考题

4.1　关于力矩有以下几种说法,哪个是正确的:

(1)内力矩不会改变刚体对某个定轴的角动量;

(2)作用力和反作用力对同一轴的力矩之和为零;

(3)大小相同、方向相反的两个力对同一轴的力矩之和一定为零;

(4)质量相等、形状和大小不同的刚体,在相同力矩作用下,它们的角加速度一定相等.

4.2　试判断下列说法正确与否.

(1)作用在定轴转动刚体上的力越大,刚体转动的角加速度应越大;

(2)作用在定轴转动刚体上的合力矩越大,刚体转动的角速度越大;

(3)作用在定轴转动刚体上的合力矩为零,刚体转动的角速度为零;

(4)作用在定轴转动刚体上合力矩越大,刚体转动的角加速度越大;

(5)作用在定轴转动刚体上的合力矩为零,刚体转动的角加速度为零.

4.3　为什么在研究刚体转动时,要研究力矩的作用?力矩和哪些因素有关?

4.4　对一个静止的质点施力,如果合外力(外力的矢量和)为零,此质点不会运动.如果是一个刚体,是否也有同样的规律?对于刚体,一个外力对它引起的影响,与质点相比有哪些不同?

4.5 “平行于转轴的力对转轴的力矩一定等于零,而垂直于转轴的力对转轴的力矩一定不为零.”这种说法正确吗?为什么?

4.6 假定时钟的指针是质量均匀的矩形薄片,分针长而细,时针短而粗,两者具有相等的质量.哪个指针有较大的转动惯量?哪个有较大的动能和角动量?

4.7 两个半径和质量均相同的轮子,其中一个轮子的质量聚集在轮子的边缘附近,而另一个轮子的质量分布比较均匀,试问:

(1)如果它们的角动量相同,哪个轮子转得较快?

(2)如果它们的角速度相同,哪个轮子角动量较大?

4.8 一个平台可绕中心轴无摩擦地转动,且开始时保持静止.一辆带有马达的玩具小汽车在平台上相对平台由静止开始绕中心轴做圆周运动,问这时小车相对于地面怎样运动?圆台将如何运动?经一段时间后,小车突然刹车,则圆台和小车又将怎样运动?在此过程中小车和圆台系统动量是否守恒?机械能是否守恒?角动量是否守恒?为什么?

习 题

4.1 分别求出质量为 $m=0.50$ kg、半径为 $r=36$ cm 的金属细圆环和薄圆盘相对于通过其中心并垂直于环面和盘面的轴的转动惯量;如果它们的转速都是 105 rad/s,它们的转动动能各为多少?

4.2 将一根均匀细杆等分为四段,每段的长度都为 l、质量都为 m_l,并在直杆内的三个等分点上分别放置一个质量为 m 的质点.现使此体系以角速度 ω 绕过其一端并与细杆垂直的轴转动,试求此体系相对该转轴的转动惯量和转动动能.

4.3 质量为 m_1 的物体置于完全光滑的水平桌面上,用一根不可伸长的细绳拉着,细绳跨过固定于桌子边缘的定滑轮后,在下端悬挂一个质量为 m_2 的物体,如题 4.3 图所示.已知滑轮是一个质量为 m_0、半径为 r 的圆盘,轴间的摩擦力忽略不计.求滑轮与 m_1 之间的绳子的张力 F_{T1}、滑轮与 m_2 之间的绳子的张力 F_{T2} 以及物体运动的加速度 a.

4.4 一轻绳跨过一定滑轮,滑轮视为圆盘,绳的两端分别悬有质量为 m_1 和 m_2 的物体 1 和 2,$m_1<m_2$,如题 4.4 图所示.设滑轮的质量为 m,半径为 r,所受的摩擦阻力矩为 M_r.绳与滑轮之间无相对滑动.试求物体的加速度和绳的张力.

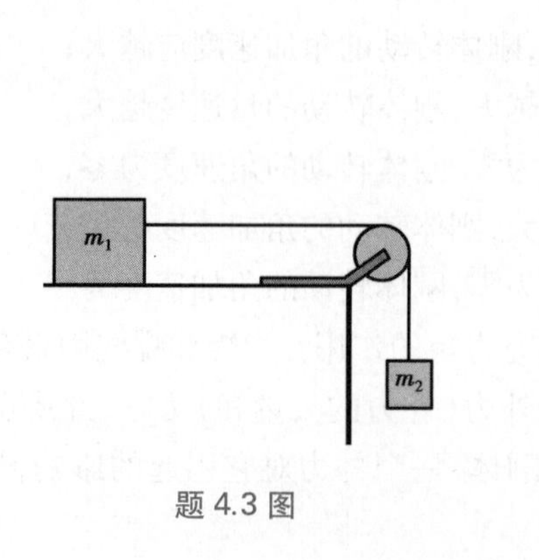

题 4.3 图

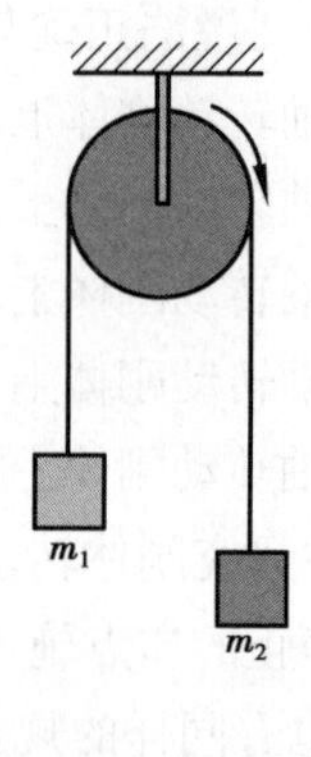

题 4.4 图

4.5　某冲床上飞轮的转动惯量为 4.00×10^3 kg · m^2，当它的转速达到 30 r/min 时，它的转动动能是多少？每冲一次，其转速降到 10 r/min.求每冲一次飞轮对外做的功.

4.6　有一质量为 m、长为 l 的均匀细直棒，其一端由桌子边缘支撑，另一端用手指托住，使它呈水平状.在某瞬间突然将手指抽回，求在此瞬间：(1) 直棒绕桌边支撑点的角加速度；(2) 直棒质心的竖直加速度；(3) 桌边支撑点作用于直棒的竖直方向的力的大小.

4.7　一根质量为 m、长为 l 的均匀细棒 OA，可绕通过其一端的光滑轴 O 在竖直平面内转动，如题 4.7 图所示.今使棒从水平位置开始自由下摆，求细棒摆到竖直位置时其中心点 C 和端点 A 的速度.

4.8　在自由旋转的水平圆盘边上，站一质量为 m 的人.圆盘的半径为 R，转动惯量为 J，角速度为 ω.如果这人由盘边走到盘心，求角速度的变化及此系统动能的变化.

4.9　一长 $l=0.4$ m 的均匀木棒，质量为 $m'=1.0$ kg，可绕水平轴 O 在竖直平面内转动，开始时棒自然地竖直悬垂.现有质量为 $m=8.0$ g 的子弹以 200 m/s 的速率从 A 点射入棒中，假定 A 点与 O 点的距离为 $\frac{3}{4}l$，如题 4.9 图所示.求：(1) 棒开始运动时的角速度；(2) 棒的最大偏转角.

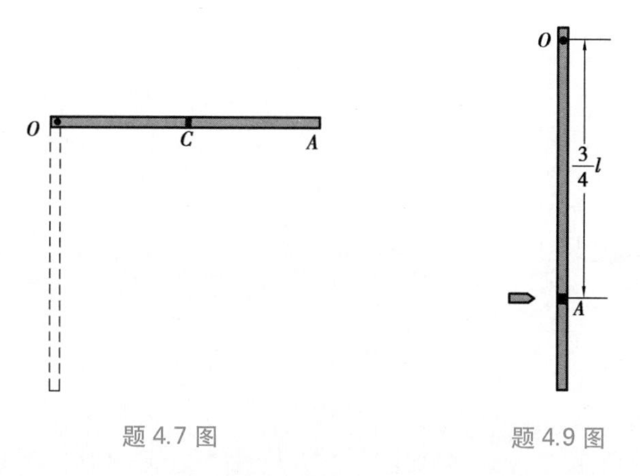

题 4.7 图　　　　题 4.9 图

4.10　一个质量为 m_0、半径为 R 的圆盘状平台，以角速度 ω 绕通过中心的竖直轴自由旋转.有一质量为 m 的小爬虫垂直地落在平台的边缘.问：(1) 小爬虫刚落到平台边缘时，平台的转速是多少？(2) 当小爬虫从平台边缘向平台中心爬到离中心的距离为 r 时，平台的转速是多少？

4.11　一均匀塑料棒质量为 $m_1=1.0$ kg、长为 $l=40$ cm，可绕通过其中心并与棒垂直的轴转动.一质量为 $m_2=10$ g 的子弹以 $v=200$ m/s 的速率射向棒端，并嵌入棒内.设子弹的运动方向与棒和转轴相垂直，求棒受子弹撞击后的角速度.

4.12　恒星晚期在一定条件下，会发生超新星爆发，这时星体中有大量物质喷入星际空间，同时星的内核却向内坍缩，成为体积很小的中子星.中子星是一种异常致密的星体，一汤勺中子星物质就有几亿吨质量！设某恒星绕自转轴每 45 天转一周，它的内核半径 R_0 约为 2×10^7m，坍缩成半径 R 仅为 6×10^3m 的中子星.试求中子星的角速度.坍缩前后的星体内核均看作匀质圆球.

4.13 两滑冰运动员,质量分别为 $m_A=60$ kg,$m_B=70$ kg,他们的速率 $v_A=7$ m/s,$v_B=6$ m/s,在相距1.5 m的两平行线上相向而行,当两者最接近时,便拉起手来,开始绕质心做圆周运动,并保持两者间的距离为1.5 m.求该瞬时:(1)系统的总角动量;(2)系统的角速度;(3)两人拉手前、后的总动能.

4.14 有一质量为 m_0 且分布均匀的飞轮,半径为 R,正在以角速度 ω 旋转着,突然有一质量为 m 的小碎块从飞轮边缘飞出,方向正好竖直向上.试求:(1)小碎块上升的高度;(2)余下部分的角速度、角动量和转动动能(忽略重力矩的影响).

第 5 章　机械振动

振动是自然界中最常见的运动形式之一.物体在一定位置附近所做的周期性往复运动叫做机械振动.例如,心脏的跳动、钟摆的摆动、琴弦的运动、发动机活塞的往复运动、机器开动时各部分的微小颤动、固体中原子的振动等都是机械振动.机械振动仅是振动的一种类型,广义上,凡描述物质运动状态的物理量,在某一数值附近做周期性的变化,都叫做振动.例如:交流电路中的电流在某一电流值附近做周期性的变化;光波、无线电波传播时,空间某点的电场强度和磁场强度随时间作周期性的变化等.这些振动虽然在本质上和机械振动不同,各自遵循不同的运动规律,但就其中的振动过程来说,对它们的描述却有着许多共同之处.振动是声学、地震学、建筑力学、机械原理、造船学等所必需的基础知识,也是光学、交流电工学、无线电技术以及原子物理学等所不可缺少的基础.

本章主要研究机械振动中的简谐运动及其合成,并简要介绍阻尼振动、受迫振动、共振现象等.简谐振动的基本规律也是研究其他振动基础,在科学和工程技术中有着广泛的应用.

5.1　简谐振动

简谐振动字面意思为简单和谐的振动,它是最简单、最基本的振动,任何复杂的振动都可由两个或多个简谐振动合成而得到.

5.1.1　简谐振动的特征和运动方程

如图 5.1 所示,在一个光滑的水平面上,质量为 m 的物体系于一端固定的轻弹簧(弹簧的质量相对于物体来说可以忽略不计)的自由端,这样的弹簧和物体组成的系统称为弹簧振子.如将弹簧振子水平放置,当弹簧为原长时,物体所受的合力为零,处于平衡状态,此时物体所在的位置就是平衡位置.如果把物体略加移动后释放,这时由于弹簧被拉长或被压缩,便有指向平衡位置的

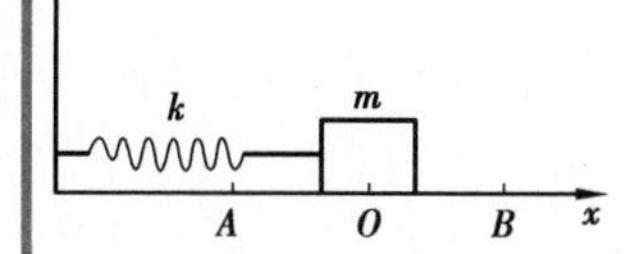

图 5.1　水平弹簧振子的振动

弹性力作用在物体上,迫使物体返回平衡位置.这样,在弹性力的作用下,物体就开始在其平衡位置附近作往复运动.取物体的平衡位置为坐标原点,物体的运动轨道为 x 轴,取向右为正方向.在小幅度振动情况,按照胡克定律,物体所受的弹性力 F 与弹簧的伸长即物体相对平衡位置的位移 x 成正比,即

$$F=-kx \tag{5.1}$$

式中 k 是弹簧的劲度系数,负号表示力的方向和位移的方向始终相反.

根据牛顿第二定律,物体的运动方程可以表示为

$$F=ma=m\frac{\mathrm{d}^2x}{\mathrm{d}t^2} \tag{5.2}$$

将式(5.1)代入式(5.2),得

$$m\frac{\mathrm{d}^2x}{\mathrm{d}t^2}=-kx \tag{5.3}$$

或者改写为

$$\frac{\mathrm{d}^2x}{\mathrm{d}t^2}+\omega^2x=0 \tag{5.4}$$

式中

$$\omega^2=\frac{k}{m} \tag{5.5}$$

式(5.4)显示了物体受力的基本特征,即在运动过程中,物体所受力的大小与它的位移的大小成正比,而力的方向与位移的方向相反.具有这种性质的力称为线性回复力.具有这种特征的振动称为简谐振动(简称"谐振动").弹簧振子的这种运动又可称为线性谐振子运动.式(5.4)就是简谐运动的运动微分方程,注意,方程中的 x 是关于时间的函数,因此,该方程的解并不是某几个特定的值,其解为

$$x=A\cos(\omega t+\varphi_0) \tag{5.6}$$

它是简谐运动的运动方程,简称简谐运动方程.式中 A 和 φ_0 是积分常量,它们的物理意义将在后面讨论.

弹簧振子的振动是典型的简谐振动,它表明了简谐振动的基本特征.从分析中可以看出,物体只要在形如 $F=-kx$ 的线性回复力的作用下,其位移必定满足微分方程式(5.4),而这个方程的解就一定是时间的余弦(或正弦)函数.

式(5.1)、式(5.4)和式(5.6)所表示的简谐振动的基本特征在机械运动范围内是等价的,其中的任何一项都可以作为判断物

体是否作简谐振动的依据.

振动的概念已经扩展到了物理学的各个领域,任何一个物理量在某定值附近作往返变化的过程,都属于振动,可以对简谐振动作如下的普遍定义:任何物理量 x 的变化规律若满足方程式 $\frac{d^2x}{dt^2}+\omega^2x=0$ 并且 ω 是决定系统自身的常量,则该物理量 x 的变化过程就是简谐振动.注意,这里的 x 表示非特定的某物理量,不是特指位移.

5.1.2　描述简谐振动的特征量

振幅、周期(或频率)和相位是描述简谐振动的三个重要物理量,若知道了某简谐振动的这三个量,该简谐振动就完全被确定了,故称描述简谐振动的特征量.

1)振幅

在简谐振动表达式中,因余弦(或正弦)函数的绝对值小于或等于1 ,所以物体的振动范围在 $+A$ 和 $-A$ 之间,于是将简谐振动的物体离开平衡位置的最大位移的绝对值 A 叫做振幅.

2)周期和频率

振动的特征之一是运动具有周期性,将振动物体完成一次完整振动所经历的时间称为周期,用 T 来表示.因此,每隔一个周期,振动状态就完全重复一次,即

$$x = A\cos[\omega(t + T) + \varphi_0] = A\cos(\omega t + \varphi_0) \tag{5.7}$$

比较可得

$$T = \frac{2\pi}{\omega} \tag{5.8}$$

则弹簧振子的周期为

$$T = 2\pi\sqrt{\frac{m}{k}} \tag{5.9}$$

单位时间内物体所做的完全振动的次数叫做频率,用希腊字母 ν 表示,单位是赫兹,符号为 Hz.频率与周期的关系为

$$\nu = \frac{1}{T} = \frac{\omega}{2\pi} \tag{5.10}$$

由上式可知

$$\omega = 2\pi\nu \tag{5.11}$$

即 ω 等于物体在单位时间内所做的完全振动次数的 2π 倍,称为

角频率(又称圆频率),单位是 rad · s^{-1}(弧度每秒).

由于弹簧振子的角频率是由弹簧振子的质量和劲度系数所决定的,所以周期和频率只和振动系统本身的物理性质有关.这种只由振动系统本身的固有属性所决定的周期和频率,叫做振动的固有周期和固有频率.周期和频率是反映物体周期性运动特征的物理量.

3)相位

相,有状态的意思,相位就是所处的状态.由式(5.6)可知,弹簧振子的运动状态由($\omega t+\varphi_0$)决定,($\omega t+\varphi_0$)称为简谐振动的相位,φ_0 是 $t=0$ 时的相位,称为初相位.相位的单位是 rad(弧度).在角频率 ω 和振幅 A 已知的谐振动中,振动物体在任一时刻 t 的运动状态(指位置和速度)都由相位($\omega t+\varphi_0$)决定.由下面的分析可清楚地表明这一点.将式两边对时间求一阶导数,可以得到物体振动的速度

$$v=\frac{\mathrm{d}x}{\mathrm{d}t}=-A\omega\sin(\omega t+\varphi_0) \tag{5.12}$$

由式(5.6)和式(5.12)可以看出,在角频率 ω 和振幅 A 已知的谐振动中,振动物体在任一时刻 t 的位置和速度完全由相位($\omega t+\varphi_0$)决定.物体的振动,在一个周期内,每一时刻的运动状态都不相同,这相当于相位经历着从 0 到 2π 的变化.凡是位移和速度都相同的运动状态,它们所对应的相位相差为 0 或 2π 的整数倍.由此可见,相位也能反映周期性的特点,是描述物体运动状态的重要物理量.

相位概念的重要性还在于比较两个谐振动之间在"步调"上的差异.设有两个同频率的谐振动,它们的振动表达式为

$$x=A_1\cos(\omega t+\varphi_{10}) \tag{5.13}$$

$$x=A_2\cos(\omega t+\varphi_{20}) \tag{5.14}$$

它们的相位差为

$$\Delta\varphi=(\omega t+\varphi_{20})-(\omega t+\varphi_{10})=\varphi_{20}-\varphi_{10} \tag{5.15}$$

即它们在任意时刻的相位差都等于它们的初相位差.当 $\Delta\varphi$ 等于 0 或 2π 的整数倍时,这时两振动物体将同时到达各自同方向的位移的最大值,同时通过平衡位置而且向同方向运动,它们的步调完全相同,称这样的两个振动为同相.当 $\Delta\varphi$ 等于 π 或 π 的奇数倍时,则一个物体到达正的最大位移时,另一个物体到达负的最大位移处,它们同时通过平衡位置但向相反方向运动,即两个振动的步调完全相反,称这样的两个振动为反相.

当 $\Delta\varphi$ 为其他值时,如果 $\varphi_{20}-\varphi_{10}>0$,称第二个简谐振动超前第一个振动 $\Delta\varphi$,或者说第一个振动落后于第二个振动 $\Delta\varphi$.图 5.2 画出了两个同频率、同振幅、不同初相的简谐振动的位移时间曲线.两简谐振动具有恒定的相位差($\varphi_{20}-\varphi_{10}$),它们的变化在步调上相差一段时间 $\Delta t=\frac{\varphi_{20}-\varphi_{10}}{\omega}$.

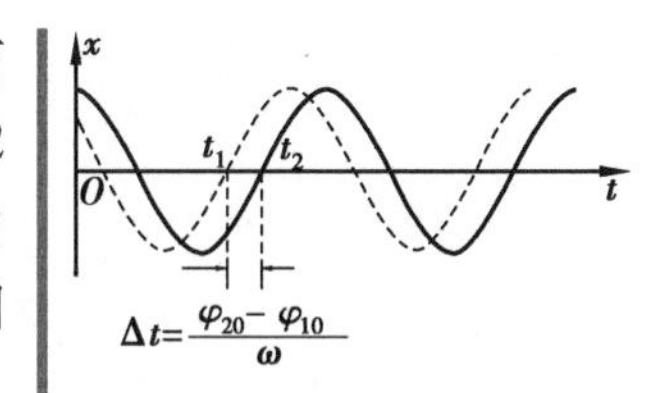

图 5.2　两个同振幅、同频率而不同初相位的谐振动的位移时间曲线

相位还可以比较不同物理量变化的步调.例如,比较物体作谐振动时的速度、加速度和位移变化的步调,其中速度和加速度的表达式可以写为

$$v=-A\omega\sin(\omega t+\varphi_0)=v_m\cos\left(\omega t+\varphi_0+\frac{\pi}{2}\right) \quad (5.16)$$

$$a=-A\omega^2\cos(\omega t+\varphi_0)=a_m\cos(\omega t+\varphi_0+\pi) \quad (5.17)$$

可以看出,除它们的幅值不同外,速度的相位比位移的相位超前$\frac{\pi}{2}$,加速度比位移的相位超前 π,也就是两者是反相的.

5.1.3　简谐振动的旋转矢量图解法

简谐振动可以用一个旋转矢量来描绘.如图 5.3 所示,在平面内画坐标轴 Ox,由原点 O 作一个矢量$\overrightarrow{OM}$,矢量的长度等于振幅 A,规定该矢量以数值等于角频率 ω 的角速度在平面内绕 O 点做逆时针方向的匀速转动,这个矢量称为**振幅矢量**,用 $\boldsymbol{A}$ 表示.设在 $t=0$ 时,振幅矢量 $\boldsymbol{A}$ 与 Ox 轴之间的夹角为 φ_0,等于简谐振动的初相位.经过时间 t,振幅矢量 $\boldsymbol{A}$ 转过角度 ωt,与 Ox 轴之间的夹角变为($\omega t+\varphi_0$),等于简谐振动在该时刻的相位.这时振幅矢量 $\boldsymbol{A}$ 的末端在 Ox 轴上的投影点 P 的位移是

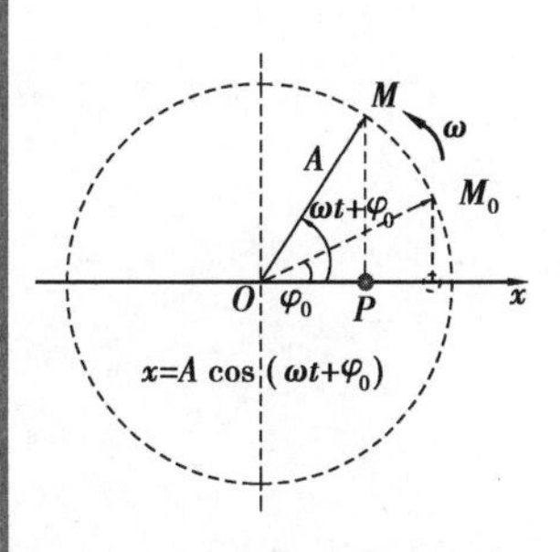

图 5.3　简谐振动的旋转矢量图解法

$$x=A\cos(\omega t+\varphi_0) \quad (5.18)$$

这正是简谐振动的表达式.可见,做匀速转动的矢量 $\boldsymbol{A}$,其端点 M 在 Ox 轴上的投影点 P 的运动是简谐振动.在矢量 $\boldsymbol{A}$ 的转动过程中,M 点作匀速圆周运动,通常把这个圆称为**参考圆**.矢量 $\boldsymbol{A}$ 转一周所需的时间就是简谐振动的周期.

由此可见,简谐振动的旋转矢量表示法把描述简谐振动的三个特征量非常直观地表示出来了.这种图示法的依据是充分利用匀速圆周运动是周期性运动的特性.该方法在电学和光学中都有应用.

利用旋转矢量可以比较两个同频率简谐运动的“步调”如何.设有下列两个简谐运动:

$$x_1 = A_1\cos(\omega t + \varphi_{10}) \tag{5.19}$$

$$x_2 = A_2\cos(\omega t + \varphi_{20}) \tag{5.20}$$

它们之间的相位差用 $\Delta\varphi$ 表示：

$$\Delta\varphi = (\omega t + \varphi_{20}) - (\omega t + \varphi_{10}) = \varphi_{20} - \varphi_{10} \tag{5.21}$$

即两个同频率的简谐运动在任意时刻的相位差，都等于其初相位差.

如果 $\Delta\varphi=\varphi_{20}-\varphi_{10}>0$，我们就说 x_2 振动超前 x_1 振动 $\Delta\varphi$ 相位，或者说 x_1 振动落后 x_2 振动 $\Delta\varphi$ 相位.如果 $\Delta\varphi=0$（或者 2π 的整数倍），我们就说这两个振动是同相的，即它们将同时到达正最大位移处，同时到达平衡位置，又同时到达负最大位移处，两个振动的“步调”完全一致.如果 $\Delta\varphi=\pi$（或者 π 的奇数倍），就说这两个振动是反相的，两个振动的“步调”完全相反.

例 5.1 有一弹簧振子按 $x=0.05\cos\left(8\pi t+\dfrac{\pi}{3}\right)$ (m) 的规律振动，式中 t 以 s 为单位，x 以 m 为单位.试求：

(1)振动的角频率、周期、振幅、初相位、速度及加速度的最大值；

(2) $t=1$ s，$t=5$ s 等时刻的相位；

解 根据题意可知，该弹簧振子作简谐振动.将题中给出的运动学方程与谐振动的一般形式

$$x = A\cos(\omega t + \varphi_0) \quad (\text{m})$$

比较可得

$$A = 0.05\ \text{m}, \omega = 8\pi, T = \frac{2\pi}{\omega} = 0.25\ \text{s}, \varphi_0 = \frac{\pi}{3}$$

振动的速度为

$$v = \frac{dx}{dt} = -A\omega\sin(\omega t + \varphi_0) = -0.4\pi\sin\left(8\pi t + \frac{\pi}{3}\right) \quad (\text{m/s})$$

速度的最大值为

$$v_m = 0.4\pi \quad (\text{m/s})$$

振动的加速度为

$$a = \frac{dv}{dt} = -A\omega^2\cos(\omega t + \varphi_0) = -3.2\pi^2\sin\left(8\pi t + \frac{\pi}{3}\right) \quad (\text{m/s}^2)$$

速度的最大值为

$$a_m = 3.2\pi^2 \quad (\text{m/s}^2)$$

(2) $t=1$ s 时的相位为 $\varphi|_{t=1}=(\omega t+\varphi_0)|_{t=1}=\dfrac{25\pi}{3}$

$t=5$ s 时的相位为$\varphi\big|_{t=5}=(\omega t+\varphi_0)\big|_{t=5}=\dfrac{121\pi}{3}$

例 5.2　一振动质点的振动曲线如图 5.4 所示，试求：

(1)运动学方程；

(2)点 P 对应的相位；

(3)从振动开始到达点 P 相应位置所需的时间.

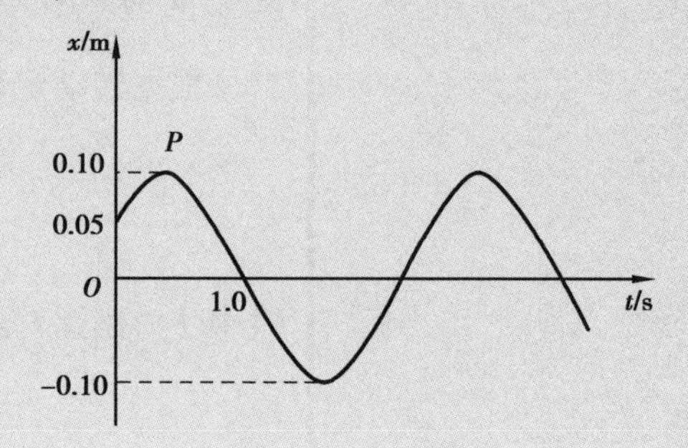

图 5.4　例 5.2 用图

解　设质点振动的运动学方程为

$$x=A\cos(\omega t+\varphi_0)\qquad(\text{m})$$

据题图可知，$A=0.10$ m，$x_0=\dfrac{A}{2}=0.05$ m，$v_0>0$.

根据旋转矢量图解法，得

$$\varphi_0=-\frac{\pi}{3}$$

据题图可知，$t=1$ s 时，$x_1=0$，有 $\omega t-\dfrac{\pi}{3}=\dfrac{\pi}{2}$，可得

$$\omega=\frac{5\pi}{6}$$

所以，该质点振动的运动学方程为

$$x=0.10\cos\left(\frac{5}{6}\pi t-\frac{\pi}{3}\right)\ (\text{m})$$

(2)根据该质点振动的运动学方程以及题图，可知点 P 对应的相位为零.

(3)从振动开始到达点 P 相应位置所需的时间为

$$t=\frac{\pi}{3}\Big/\frac{5\pi}{6}=0.4\ \text{s}$$

5.1.4　几种常见的简谐振动

1)单摆

一根不可伸缩的轻质细线，上端固定(或一根刚性轻杆，上端与无摩擦的铰链相连)，下端悬挂一个很小的重物，把重物略加移动后就可在竖直平面内来回摆动，这种装置称为单摆，如图 5.5 所示.静止时，细线沿竖直方向，物体处于点 O.此时，作用在重物上的合外力为零，位置 O 即为振动系统的平衡位置.

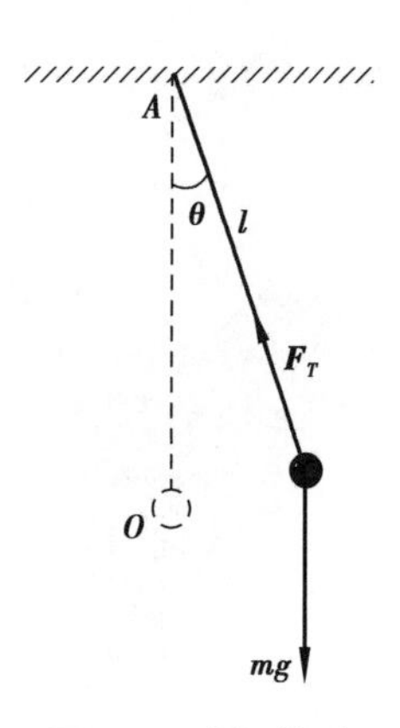

图 5.5　单摆模型

设在某一时刻，单摆的摆线偏离沿垂线的角位移为 θ，并规定摆锤在平衡位置的右方时，θ 为正；在左方时，θ 为负.若悬线长为 l，则重力 G 对点 A 的力矩为 $M=-mgl\sin\theta$，负号表示力矩方向与角位移 θ 的方向相反.拉力 F_T 对该点的力矩为零.当角位移 θ 很

小时(小于 5°),$\sin\theta\approx\theta$,则摆锤所受的力矩为

$$M=-mgl\theta \tag{5.22}$$

式中 M 与 θ 的关系,恰似弹性力 F 与位移 x 的关系.

根据转动定律 $M=J\dfrac{\mathrm{d}^2\theta}{\mathrm{d}t^2}$,单摆的角加速度为

$$\frac{\mathrm{d}^2\theta}{\mathrm{d}t^2}+\frac{mgl}{J}\theta=0 \tag{5.23}$$

式中 J 为摆锤对悬挂点 A 的转动惯量($J=ml^2$).因此,上式可写成

$$\frac{\mathrm{d}^2\theta}{\mathrm{d}t^2}+\frac{g}{l}\theta=0 \tag{5.24}$$

上式表明,在 θ 很小时,单摆的角加速度与角位移成正比但方向相反,这与式(5.4)的形式完全相同.可见,单摆的运动具有简谐运动的特征,因而也是简谐运动.

把式(5.24)与式(5.4)比较可知,单摆在摆角很小时,在平衡位置附近作角谐振动,其角频率和周期分别为

$$\omega=\sqrt{\frac{g}{l}},T=2\pi\sqrt{\frac{l}{g}} \tag{5.25}$$

其振动表达式为

$$\theta=\theta_m\cos(\omega t+\varphi_0) \tag{5.26}$$

θ_m 是最大角位移,即角振幅,φ_0 为初相位,它们均由初始条件决定.

在单摆中,物体所受的回复力不是弹性力,而是重力的切向分力.在 θ 很小时,此力与角位移 θ 成正比,方向指向平衡位置,虽然本质上不是弹性力,但其作用完全与弹性力一样,所以是一种**准弹性力**.

当 θ 不是很小时,物体所受的回复力与 $\sin\theta$ 成正比,物体不再做谐振动.由于 $\sin\theta$ 总是小于 θ,所以,当摆动幅角较大时,单摆的振动周期将增大,单摆的周期 T 与角振幅 θ_m 的关系为

$$T=T_0\left(1+\frac{1}{2^2}\sin^2\frac{\theta_m}{2}+\frac{1}{2^2}\frac{3^2}{4^2}\sin^4\frac{\theta_m}{2}+\cdots\right) \tag{5.27}$$

2)复摆

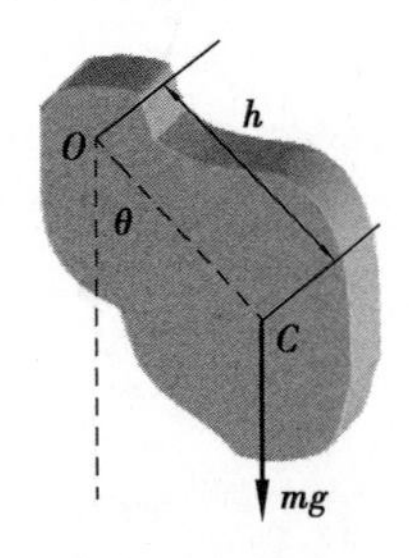

图 5.6 复摆模型

如图 5.6 所示,一个可绕固定轴摆动的刚体称为**复摆**,也称**物理摆**.平衡时,摆的重心在轴 O 的正下方.摆动时,重心与轴的连线偏离平衡时的竖直位置.设在任一时刻 t,其间的夹角为 θ.规定:重心处于平衡位置右方时对应的角位移为正.此时,复摆受到的对于

O 轴的力矩为

$$M = -mgh\sin\theta \tag{5.28}$$

式中负号表示力矩与角位移的方向相反,h 为重心 C 到转轴 O 的距离.

当摆角很小时,有 $\sin\theta \approx \theta$,则上式变为 $M=-mgh\theta$,根据转动定律,得

$$J\frac{d^2\theta}{dt^2} = -mgh\theta \tag{5.29}$$

整理得

$$\frac{d^2\theta}{dt^2} = -\frac{mgh}{J}\theta = -\omega^2\theta \tag{5.30}$$

式中 J 为复摆对转轴 O 的转动惯量.上式与式(5.4)相比较,可知复摆在摆角很小的情况下也在其平衡位置附近作简谐振动,其周期为

$$T = \frac{2\pi}{\omega} = 2\pi\sqrt{\frac{J}{mgh}} \tag{5.31}$$

上式表明复摆的周期也完全决定于振动系统本身的性质.由上式可知,如果测出复摆的质量 m,重心到转轴的距离 h,以及复摆的周期 T,就可以求得此复摆绕该轴的转动惯量.有些形状复杂物体的转动惯量,用数学方法进行计算比较困难,有时甚至是不可能的,但用上述的振动方法就可以测定.

5.1.5 简谐振动的能量

这里仍以弹簧振子为例,讨论简谐振动系统能量的转换和守恒问题.系统除了具有动能以外,还具有势能.振动物体的动能为

$$E_k = \frac{1}{2}mv^2 = \frac{1}{2}m\omega^2A^2\sin^2(\omega t + \varphi_0) \tag{5.32}$$

如果取物体在平衡位置的势能为零,则弹性势能为

$$E_p = \frac{1}{2}kx^2 = \frac{1}{2}kA^2\cos^2(\omega t + \varphi_0) \tag{5.33}$$

以上两式说明,弹簧振子的动能和势能都随时间作周期性变化.当位移最大时,速度为零,动能也为零,而势能达到最大值 $\frac{1}{2}kA^2$;当在平衡位置时,势能为零,而速度为最大值,所以动能也

达到最大值$\frac{1}{2}m\omega^2A^2$.

弹簧振子的总能量为动能和势能之和,即

$$E = E_k + E_p = \frac{1}{2}m\omega^2A^2\sin^2(\omega t + \varphi_0) + \frac{1}{2}kA^2\cos^2(\omega t + \varphi_0) \tag{5.34}$$

因为$\omega^2=\frac{k}{m}$,所以上式可化为

$$E = \frac{1}{2}m\omega^2A^2 = \frac{1}{2}kA^2 \tag{5.35}$$

由上式可见,尽管在振动中弹簧振子的动能和势能都在随时间作周期性变化,但总能量是恒定不变的,并与振幅的平方成正比.

由公式$E=\frac{1}{2}mv^2+\frac{1}{2}kx^2=\frac{1}{2}kA^2$ 可以得到

$$v = \pm\sqrt{\frac{k}{m}(A^2 - x^2)} = \pm\omega\sqrt{A^2 - x^2} \tag{5.36}$$

上式明确地表示了弹簧振子中物体的速度与位移的关系:在平衡位置处,$x=0$,速度为最大;在最大位移处,$x=\pm A$,速度为零.

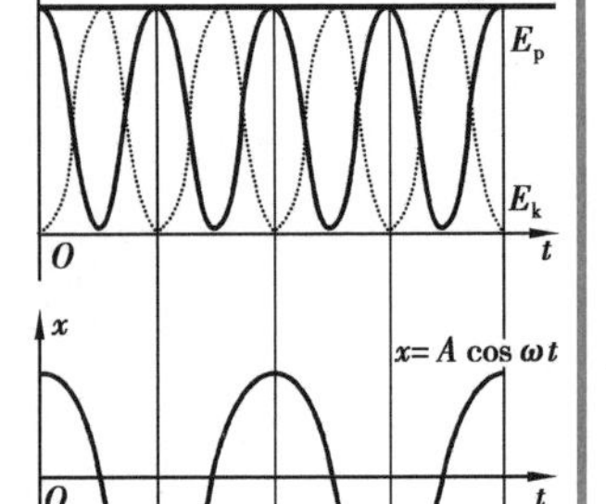

图 5.7　谐振动的动能、势能和总能量随时间的变化

图 5.7 表示了弹簧振子的动能、势能随时间的变化(图中设$\varphi_0=0$),并将这个变化与位移随时间的变化进行了比较.从图中可以看出,动能和势能的变化频率是弹簧振子频率的 2 倍,总能量并不改变.

5.2 简谐振动的合成

在处理实际问题中常会遇到一个质点同时参与几个振动的情况.例如,当两个声波同时传到某一点时,该点处的空气质点就同时参与两个振动.前面曾经提到过,简谐振动是最简单也是最基本的振动形式,任何一个复杂的振动都可以由多个简谐振动叠加而成.那么多个简谐振动是如何叠加成一个复杂振动的呢? 一般的振动合成问题是比较复杂的,在这里只讨论简谐振动合成的几个简单情况.

5.2.1 振动方向相同的两个同频率简谐振动的合成

设一物体同时参与了两个振动方向(如 x 轴)和频率都相同

的简谐振动.以物体的平衡位置为原点,在任一时刻,这两个振动可以分别表示为

$$x_1 = A_1\cos(\omega t + \varphi_{10}),x_2 = A_2\cos(\omega t + \varphi_{20}) \tag{5.37}$$

既然两个简谐振动处于同一条直线上,可以认为 x_1 和 x_2 是相对同一平衡位置的位移,于是,物体所参与的合振动就一定也处于这同一条直线上,合位移应等于两个分位移的代数和,即

$$x = x_1 + x_2 = A_1\cos(\omega t + \varphi_{10}) + A_2\cos(\omega t + \varphi_{20}) \tag{5.38}$$

根据简谐振动的旋转矢量图解法,可以求出物体所参与的合振动.如图 5.8 所示,两个振动的合成反映在矢量图上应该是两个旋转矢量的合成.所以,合成的振动应该是矢量 $\boldsymbol{A}_1$ 和 $\boldsymbol{A}_2$ 的合矢量 $\boldsymbol{A}$ 的末端在 x 轴上的投影点沿 x 轴的振动.因为矢量 $\boldsymbol{A}_1$ 和 $\boldsymbol{A}_2$ 都以角速度 ω 绕点作逆时针旋转,因此它们的夹角是不变的,始终等于$(\varphi_{20}-\varphi_{10})$,则合矢量 $\boldsymbol{A}$ 的长度也必定是恒定的,并以同样的角速度 ω 绕点 O 作逆时针旋转.

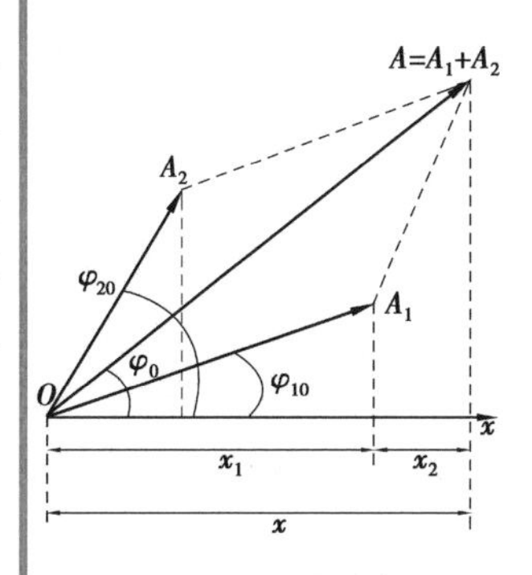

图 5.8　同一直线上两个同频率的谐振动合成的矢量图

合振动的振幅为

$$A = \sqrt{A_1^2 + A_2^2 + 2A_1A_2\cos(\varphi_{20} - \varphi_{10})} \tag{5.39}$$

合振动的初相位为

$$\varphi = \arctan\frac{A_1\sin\varphi_1 + A_2\sin\varphi_2}{A_1\cos\varphi_1 + A_2\cos\varphi_2} \tag{5.40}$$

下面根据相位差不同,讨论两种特殊情况:

(1)如果分振动的相位差 $\varphi_{20}-\varphi_{10}=\pm 2k\pi,k=0,1,2,\cdots$,那么从式(5.39)可得

$$A = \sqrt{A_1^2 + A_2^2 + 2A_1A_2} = A_1 + A_2 \tag{5.41}$$

这表示,当两个分振动相位相等或相位差为 π 的偶数倍时,合振动的振幅等于两个分振动的振幅之和,这种情形称为振动互相加强,如图 5.9(a)所示.

(2)如果分振动的相位差 $\varphi_{20}-\varphi_{10}=\pm(2k+1)\pi,k=0,1,2,\cdots$,那么从式(5.39)可得

$$A = \sqrt{A_1^2 + A_2^2 - 2A_1A_2} = |A_1 - A_2| \tag{5.42}$$

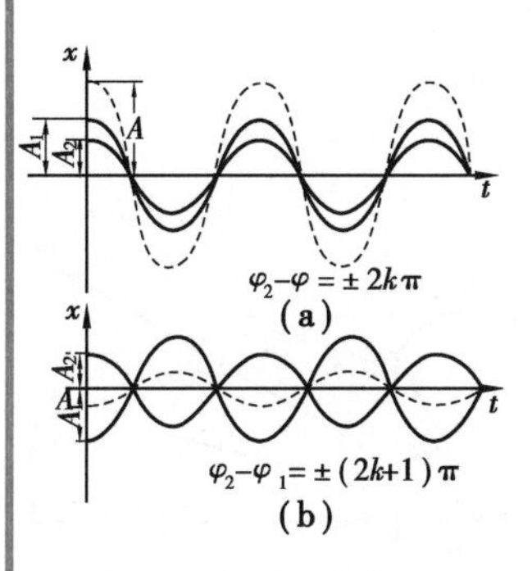

图 5.9　振动互相加强

这表示,当两个分振动相位相反或相位差为 π 的奇数倍时,合振动的振幅等于两个分振动振幅之差的绝对值,这种情形称为振动互相减弱,如图 5.9(b)所示.如果 $A_1=A_2$,则 $A=0$,即振动合成的结果使物体处于静止状态.

在一般情况下,相位差$(\varphi_{20}-\varphi_{10})$不一定是 π 的整数倍,合振

动的振幅则处于 A_1+A_2 和 $|A_1-A_2|$ 之间的某一确定值.

上述结果表明,两个振动的相位差对合振动起着重要作用.

例 5.3 一个质点同时参与两个同方向同频率的简谐运动,其振动方程分别为

$$x_1 = 0.3\cos\left(0.5\pi t - \frac{5\pi}{6}\right)$$

$$x_2 = 0.4\cos(0.5\pi t + \varphi_{20})$$

试问:

(1) φ_{20} 为何值时合振动的振幅最大?其值为多少?

(2)若合振动的初相位 $\varphi_0=\frac{\pi}{6}$,则 φ_{20} 为何值?合振动的振幅为多少?

解 (1)当两个振动同相时,合振动的振幅最大,即 $\varphi_{20}=-\frac{5\pi}{6}$.此时,合振动的振幅为

$$A = A_1 + A_2 = 0.7\ \text{m}$$

(2)根据旋转矢量图解法可知,只有当 $\varphi_{20}=\frac{\pi}{6}$ 时,合振动的初相位才为 $\frac{\pi}{6}$.此时,合振动的振幅为

$$A = |A_1 - A_2| = 0.1\ \text{m}$$

5.2.2 振动方向相同的两个频率相近的简谐振动的合成

设某物体同时参与了两个振动方向(如 x 轴)相同、频率相近的简谐振动,以物体的平衡位置为原点,在任一时刻这两个振动可以分别表示为

$$x_1 = A_1\cos(\omega_1 t + \varphi_{10}),x_2 = A_2\cos(\omega_2 t + \varphi_{20}) \qquad (5.43)$$

与上一种情况相同,物体所参与的合振动就一定也处于这同一条直线上,合位移应等于两个分位移的代数和,即

$$x = x_1 + x_2 = A_1\cos(\omega_1 t + \varphi_{10}) + A_2\cos(\omega_2 t + \varphi_{20}) \qquad (5.44)$$

但是与上一种情况不同的是,这时的合振动不再是简谐振动,而是一种复杂的振动.

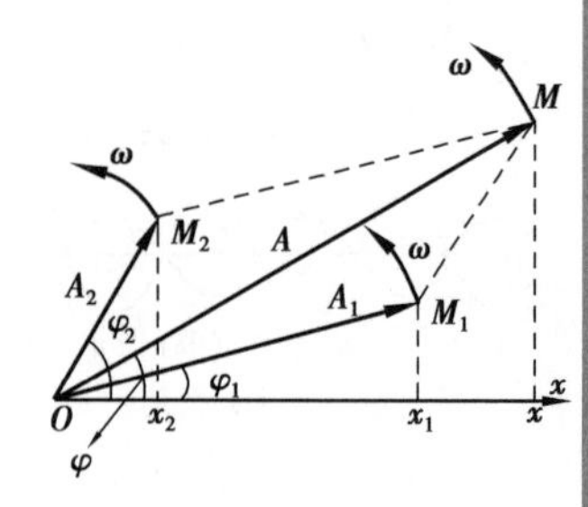

图 5.10 两个同方向、同频率简谐运动合成的旋转矢量图

我们用简谐振动的矢量图解法看一下这种振动的大致情况.如图 5.10 所示,两个分振动分别对应于旋转矢量 $\boldsymbol{A}_1$ 和 $\boldsymbol{A}_2$.由于这两个旋转矢量绕点 O 转动的角速度不同,所以它们之间的夹角随时间而变化.假如在某一瞬间,旋转矢量 $\boldsymbol{A}_1$、$\boldsymbol{A}_2$ 和它们的合矢量

$\boldsymbol{A}'$处于图 5.10 中所示位置，而在以后的某一瞬间，旋转矢量 $\boldsymbol{A}_1$ 和 $\boldsymbol{A}_2$ 分别达到 $\boldsymbol{A}'_1$ 和 $\boldsymbol{A}'_2$ 的位置，它们的合矢量变为 $\boldsymbol{A}'$. 在这两个任意时刻，由于两个分振动所对应的旋转矢量的夹角不同，合矢量 $\boldsymbol{A}$ 和 $\boldsymbol{A}'$的长度也不同，所以，合振动的振幅不再是定值，而是随时间变化.

在 t 时刻，旋转矢量 $\boldsymbol{A}_1$ 和 $\boldsymbol{A}_2$ 之间的夹角为$[(\omega_2-\omega_1)t+(\varphi_{20}-\varphi_{10})]$，合矢量 $\boldsymbol{A}$ 的长度即为合振动的振幅，可以表示为

$$A=\sqrt{A_1^2+A_2^2+2A_1A_2\cos[(\omega_2-\omega_1)t+(\varphi_{20}-\varphi_{10})]} \tag{5.45}$$

由上式可见，合振动的振幅随时间在最大值 A_1+A_2 和最小值 $|A_1-A_2|$之间变化.

如果 $\omega_2>\omega_1$，或者分振动的频率 $\nu_2>\nu_1$，那么每秒钟旋转矢量 $\boldsymbol{A}_2$ 绕点 O 转 ν_2 圈，旋转矢量 $\boldsymbol{A}_1$ 绕点 O 转 ν_1 圈，$\boldsymbol{A}_2$ 比 $\boldsymbol{A}_1$ 多转$(\nu_2-\nu_1)$圈. $\boldsymbol{A}_2$ 比 $\boldsymbol{A}_1$ 多转一圈，就会出现一次两者方向相同的机会和一次方向相反的机会，所以在 1 s 内应出现$(\nu_2-\nu_1)$次同方向的机会和$(\nu_2-\nu_1)$次反方向的机会. 两者同方向时，合振动的振幅为 A_1+A_2；两者反方向时，合振动的振幅为 $|A_1-A_2|$. 这样，当两个分振动的频率存在微小差异时就形成了合振动振幅时而加强、时而减弱的所谓的**拍现象**. 合振动在一秒内加强或减弱的次数称为**拍频**，存在关系

$$\nu=\nu_2-\nu_1 \tag{5.46}$$

另外还可以利用三角函数运算求拍频. 为简便起见，假定两个简谐振动的振幅和初相位分别相同，为 $\boldsymbol{A}$ 和 φ_0，则式(5.44)可整理成

$$x=2A\cos\left(\frac{\omega_2-\omega_1}{2}t\right)\cos\left(\frac{\omega_2+\omega_1}{2}t+\varphi\right) \tag{5.47}$$

在上式中，当 ω_1 和 ω_2 相差很小时，$(\omega_2-\omega_1)$比 ω_1 和 ω_2 都小得多，因而 $2A\cos\left(\frac{\omega_2-\omega_1}{2}t\right)$是随时间缓慢变化的量，可以把它的绝对值看作合振动的振幅. 此合振动的振幅是时间的周期性函数. 由于余弦函数的绝对值以 π 为周期，即存在

$$\left|\cos\left(\frac{\omega_2-\omega_1}{2}t\right)\right|=\left|\cos\left[\frac{\omega_2-\omega_1}{2}(t+T)\right]\right| \tag{5.48}$$

进而有$\frac{\omega_2-\omega_1}{2}T=\pi$.

所以,振幅的周期是

$$T=\frac{2\pi}{\omega_2-\omega_1} \tag{5.49}$$

故拍频为

$$\nu=\frac{1}{T}=\frac{\omega_2-\omega_1}{2\pi}=\nu_2-\nu_1 \tag{5.50}$$

图 5.11 为两个分振动及合振动的图形.

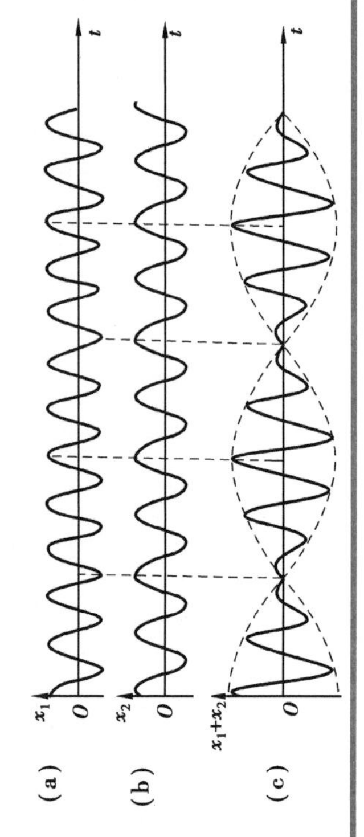

图 5.11　两个分振动及合振动的图形

拍现象可以通过如下演示实验验证.取两个频率相同的音叉,在其中一个音叉上套上一个小铁圈或粘贴上一块橡皮泥,使这个音叉的频率发生很小的改变.当同时敲击这两个音叉时,除了音叉的振声以外,还会听到另一种"嗡嗡嗡……"的声音,反映出合振动的振幅存在时强时弱的周期性变化,这就是拍的现象.

拍现象在技术上有重要应用.例如,管乐器中的双簧管就是利用两个簧片振动频率的微小差别产生颤动的拍音;调整乐器时,使它和标准音叉出现的拍现象消失来校准乐器.拍现象还可以用来测量频率:如果已知一个高频振动频率,使它和另一频率相近但未知的振动叠加,测量合成振动的拍频,就可以求出未知的频率.超外差收音机是利用拍现象的另一个典型例子,它将被接收信号与本机振荡所产生的拍频信号进行放大、检波,从而提高整机灵敏度.拍现象常用于汽车速度监视器、地面卫星跟踪等.此外,在各种电子学测量仪器中,也常常用到拍现象.

*5.2.3　两个相互垂直的简谐振动的合成

当质点同时参与两个不同方向的振动时,质点的位移是这两个振动的位移的矢量和.在一般情形下,质点将在平面上做曲线运动,质点的轨道有各种形状.轨道的形状由两个振动的周期、振幅和相位差来决定.

为简单起见,先讨论两个相互垂直的、同频率的简谐振动的合成.

设两个简谐振动分别在 x 轴和 y 轴上进行,振动表达式分别为

$$x=A_1\cos(\omega t+\varphi_{10}),\ y=A_2\cos(\omega t+\varphi_{20}) \tag{5.51}$$

在任一时刻 t,质点的位置是 (x,y).t 改变时,(x,y) 也改变.

由以上两式把参量 t 消去，就得到合振动轨迹的直角坐标方程

$$\frac{x^2}{A_1^2}+\frac{y^2}{A_2^2}-2\frac{xy}{A_1A_2}\cos(\varphi_{20}-\varphi_{10})=\sin^2(\varphi_{20}-\varphi_{10}) \tag{5.52}$$

一般地说，上述方程是椭圆方程.因为质点的位移 x 和 y 在有限范围内变动，所以椭圆轨道不会超出以 $2A_1$ 和 $2A_2$ 为边的矩形范围.椭圆的性质（即长短轴的大小和方位），由相位差（$\varphi_{20}-\varphi_{10}$）来决定.下面分析几种特殊情形：

（1）$\varphi_{20}-\varphi_{10}=0$，即两振动同相.在这种情况下，式（5.52）变为

$$\left(\frac{x}{A_1}-\frac{y}{A_2}\right)^2=0$$

即

$$\frac{x}{A_1}=\frac{y}{A_2} \tag{5.53}$$

质点的轨道是一条直线.这直线通过坐标原点，斜率为这两个振动振幅之比 $\dfrac{A_2}{A_1}$，如图 5.12（a）所示.在任一时刻 t，质点离开平衡位置的位移

$$s=x^2+y^2=\sqrt{A_1^2+A_2^2}\cos(\omega t+\varphi_0) \tag{5.54}$$

所以合运动也是谐振动，周期等于原来的周期，振幅为

$$A=\sqrt{A_1^2+A_2^2} \tag{5.55}$$

如果两个振动的相位差为 $\varphi_{20}-\varphi_{10}=\pi$，即两振动反相，则质点在另一条直线 $\dfrac{x}{A_1}=\dfrac{y}{A_2}$ 上做同频率的谐振动，其振幅也等于 $A=\sqrt{A_1^2+A_2^2}$，如图 5.12（b）所示.

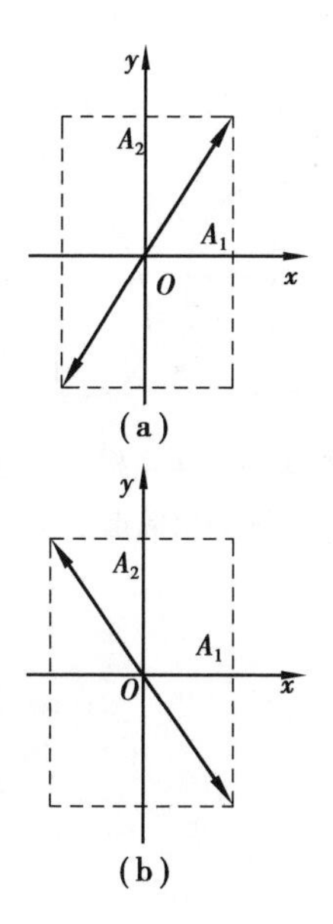

图 5.12　合振动情况一

（2）$\varphi_{20}-\varphi_{10}=\dfrac{\pi}{2}$，在这种情况下，式（5.52）变为

$$\frac{x^2}{A_1^2}+\frac{y^2}{A_2^2}=1 \tag{5.56}$$

即质点运动的轨道是以坐标轴为主轴的椭圆，振动沿顺时针方向进行，如图 5.13 所示.

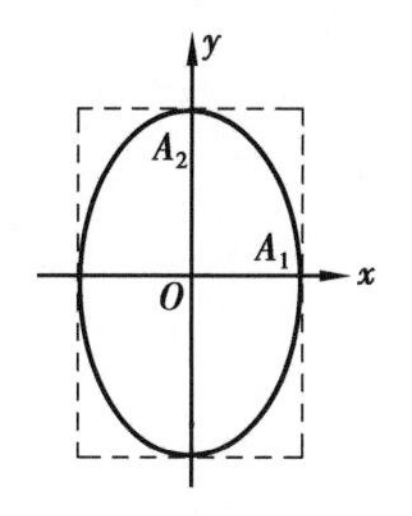

图 5.13　合振动情况二

如果 $\varphi_{20}-\varphi_{10}=-\dfrac{\pi}{2}$，这时运动方向与上例相反.

当两个等幅($A_1=A_2$)的振动相位差为 $\varphi_{20}-\varphi_{10}=\pm\dfrac{\pi}{2}$,椭圆将变为圆.

总之,两个相互垂直的同频率简谐振动合成时,合运动的轨道是椭圆.椭圆的性质视两个振动的相位差而定.

以上讨论也说明:一个沿直线的简谐振动、匀速圆周运动和某些椭圆运动都可以分解成为两个相互垂直的简谐振动.

现在来讨论两个相互垂直但具有不同频率的简谐振动的合成.如果两个振动的频率有很小差异,相位差就不是定值,合运动的轨道将不断地按照图 5.14 所示的顺序在上述的矩形范围内由直线逐渐变成椭圆,又由椭圆逐渐变成直线,并重复进行.

如果两个振动的频率相差很大,但有简单的整数比值的关系,也可得到稳定的封闭的合成运动轨道.图 5.14 表示两个相互垂直、具有不同频率比的简谐振动的合成的几个简单例子.两振动的频率为其他比值的类似曲线,种类很多,这里不一一绘出.这些曲线称为**利萨如图形**.利用这些图形,可由一已知频率求得另一个振动的未知频率;若频率比已知,则可利用这种图形确定相位关系,这是无线电技术中常用的测定频率、确定相位关系的方法.

如果两个互相垂直的简谐振动的频率之比为无理数,那么合振动的轨迹将不重复地扫过整个所限定的矩形范围.这种非周期性运动称为**准周期运动**.

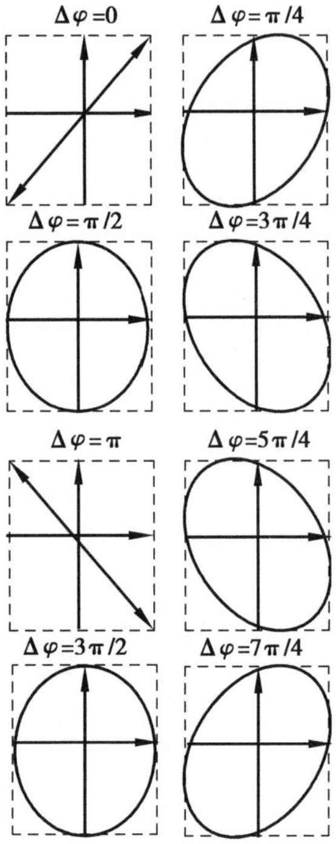

$\Delta\varphi=0$　$\Delta\varphi=\pi/4$　$\Delta\varphi=\pi/2$　$\Delta\varphi=3\pi/4$　$\Delta\varphi=\pi$　$\Delta\varphi=5\pi/4$　$\Delta\varphi=3\pi/2$　$\Delta\varphi=7\pi/4$

图 5.14　两个相互垂直的同频率简谐运动

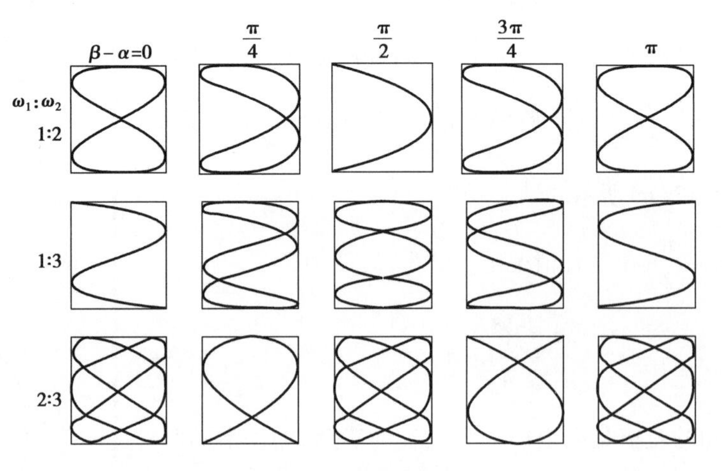

图 5.15　利萨如图形

5.3 阻尼振动与受迫振动

5.3.1 阻尼振动

前面所讨论的简谐振动,振动系统都是在没有阻力作用下振动的,振幅不随时间变化,这种振动一经发生,就能够永不停止地以不变的振幅振动下去.一个振动物体不受任何阻力的影响,只在回复力作用下所作的振动,称为无阻尼自由振动.这是一种理想的情况.

实际上,振动物体总是要受到阻力作用的.以弹簧振子为例,由于受到空气阻力等的作用,它围绕平衡位置振动的振幅将逐渐减小,最后终将停止.如果把弹簧振子浸在液体里,它在振动时受到的阻力就更大,这时可以观察到它的振幅急剧减小,振动几次以后,很快就会停止.当阻力足够大时,振动物体甚至来不及完成一次全振动就停止在平衡位置上了.在回复力和阻力作用下的振动称为阻尼振动.

在阻尼振动中,振动系统所具有的能量将在振动过程中逐渐减少.能量损失的原因通常有两种:一种是由于介质对振动物体的摩擦阻力使振动系统的能量逐渐转变为热运动的能量,称为摩擦阻尼;另一种是由于振动物体引起邻近质点的振动,使系统的能量逐渐向四周辐射出去,转变为波动的能量,称为辐射阻尼.例如音叉振动时,不仅因为摩擦而消耗能量,同时也因辐射声波而减少能量.在振动的研究中,常把辐射阻尼当作某种等效的摩擦阻尼来处理.下面仅考虑摩擦阻尼这一种简单情况.

流体对运动物体的阻力与物体的运动速度有关,但在物体速度不太大时,阻力与速度大小成正比,方向总是和速度相反,即

$$F_f=-\gamma v=-\gamma\frac{\mathrm{d}x}{\mathrm{d}t} \tag{5.57}$$

式中的 γ 称为阻力系数,它的大小由物体的形状、大小和介质的性质来决定.

设振动物体的质量为 m,在弹性力(或准弹性力)和阻力作用下运动,则物体的运动方程为

$$m\frac{\mathrm{d}^2x}{\mathrm{d}t^2}=-kx-\gamma\frac{\mathrm{d}x}{\mathrm{d}t} \tag{5.58}$$

令 $\frac{k}{m}=\omega_0^2$,$\frac{\gamma}{m}=2\delta$,其中 ω_0 为无阻尼时振子的固有角频率,δ

称为阻尼系数,代入式(5.58)后运动方程可改写成

$$\frac{d^2x}{dt^2}+2\delta\frac{dx}{dt}+\omega_0^2x=0 \tag{5.59}$$

在 $\delta<\omega_0$ 的条件下,即阻尼较小的情况,这个微分方程的解为

$$x=A_0e^{-\delta t}\cos(\omega't+\varphi'_0) \tag{5.60}$$

式中

$$\omega'=\sqrt{\omega_0^2-\delta^2} \tag{5.61}$$

A_0 和 φ'_0 为积分常数,可由初始条件决定.式(5.60)说明阻尼振动的位移和时间的关系为两项的乘积,其中 $\cos(\omega't+\varphi'_0)$ 表示弹性力和阻力作用下的周期运动;而 $A_0e^{-\delta t}$ 则表示阻尼对振幅的影响.

图 5.16 表示阻尼振动的位移时间曲线.从图中可以看出,在一个位移极大值之后,隔一段固定的时间,就出现下一个较小的极大值,因为位移不能在每一周期后恢复原值,所以严格来说,阻尼振动不是周期运动,常把它称为准周期性运动.

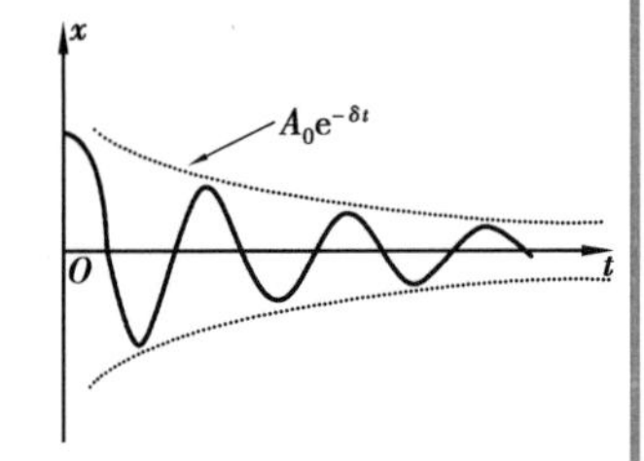

图 5.16　阻尼振动的位移与时间

如果将振动物体相继两次通过极大(或极小)位移所经历的时间称为阻尼振动的周期 T',那么

$$T'=\frac{2\pi}{\omega'}=\frac{2\pi}{\sqrt{\omega_0^2-\delta^2}} \tag{5.62}$$

可见,由于阻尼的存在,周期变长,频率变小,即振动变慢.

式(5.60)中的 $A=A_0e^{-\delta t}$ 称为阻尼振动的振幅,它随着时间的增加而减小,因此阻尼振动也叫减幅振动.阻尼越小,振幅减弱越慢,每个周期内损失的能量也越少,周期也越接近无阻尼自由振动的周期,运动越接近于简谐振动;阻尼越大,振幅的减小越快,周期比无阻尼时长得越多.

若阻尼过大,即 $\delta>\omega_0$ 时,式(5.60)不再是式(5.59)的解,此时物体以非周期运动的方式慢慢回到平衡位置,如图 5.17 所示,这种情况称为过阻尼.若阻尼作用满足 $\delta=\omega_0$ 时,则振动物体将刚好能平滑地回到平衡位置,这种情况称为临界阻尼.在过阻尼状态和减幅振动状态,振动物体从运动到静止都需要较长的时间,而在临界阻尼状态,振动物体从静止开始运动回复到平衡位置需要的时间却是最短的.因此当物体偏离平衡位置时,如果要它不发生振动的情况下最快地恢复到平衡位置,常用施加临界阻尼的方法.

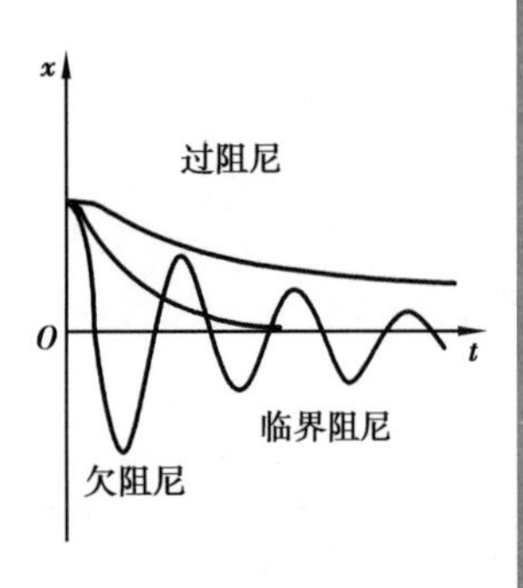

图 5.17　三种阻尼振动比较

在生产实际中,可以根据不同的要求,用不同的方法来控制阻尼的大小.例如,各类机器,为了减振、防振,都要加大振动时的摩擦阻尼.各种声源、乐器,总希望它辐射足够大的声能,这就要加

大它的辐射阻尼.各种弦乐器上的空气箱就能起到这种作用.有时还需要利用临界阻尼.在灵敏电流计等精密仪表中,为能较快和较准确地进行读数测量,常使电流计的偏转系统处在临界阻尼状态下工作.

5.3.2　受迫振动

摩擦阻尼总是客观存在的,只能减小而不能完全消除它.所以实际的振动物体如果没有能量的不断补充,振动最后总要停止.为了获得稳定的振动,通常对振动系统作用一周期性的外力.物体在周期性外力的持续作用下发生的振动称为受迫振动.这种周期性的外力称为驱动力.许多实际的振动属于受迫振动,例如,声波引起耳膜的振动、电机转动导致基座的振动等.

为简单起见,假设驱动力有如下的形式

$$F = F_0\cos\omega_d t \tag{5.63}$$

式中 F_0 为驱动力的幅值,ω_d 为驱动力的角频率.物体在弹性力、阻力和驱动力的作用下,其运动方程为

$$m\frac{d^2x}{dt^2} = -kx - \gamma\frac{dx}{dt} + F_0\cos\omega_d t \tag{5.64}$$

仍令 $\frac{k}{m}=\omega_0^2,\frac{\gamma}{m}=2\delta$,则上式可写成

$$\frac{d^2x}{dt^2} + 2\delta\frac{dx}{dt} + \omega_0^2 x = \frac{F_0}{m}\cos\omega_d t \tag{5.65}$$

在阻尼较小的情况下,上述方程的解为

$$x = A_0 e^{-\delta t}\cos(\sqrt{\omega_0^2 - \delta^2 t} + \varphi'_0) + A\cos(\omega_d t + \varphi_0) \tag{5.66}$$

此解表示,在驱动力开始作用的阶段,系统的振动是非常复杂的(图 5.18),可以看成两个振动合成的,其中一个振动由式(5.66)中的第一项表示,它是一个减幅振动;另一个振动由式(5.66)中的第二项表示,它是一个振幅不变的振动.经过一段时间之后,第一项分振动将减弱到可以忽略不计的程度,余下的就是受迫振动达到稳定状态后的等幅振动,其振动表式为

$$x = A\cos(\omega_d t + \varphi_0) \tag{5.67}$$

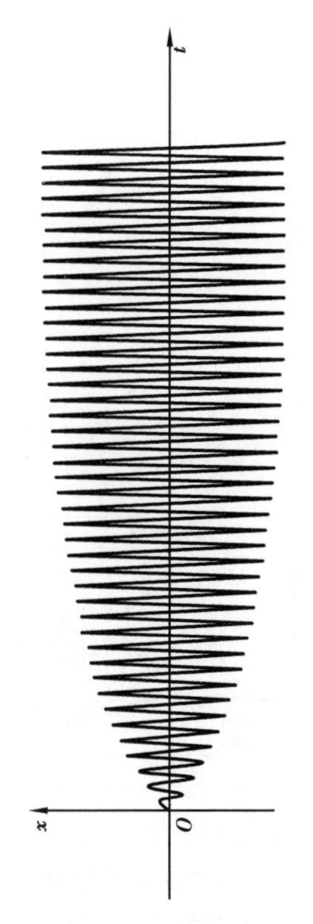

图 5.18　受迫振动的位移时间曲线

应该指出,稳态时的受迫振动的表达式虽然和无阻尼自由振动的表达式相同,都是简谐振动,但它的实质已有所不同.首先,受迫振动的角频率不是振子的固有角频率,而是驱动力的角频率;

其次,受迫振动的振幅和初相位不是决定于振子的初始状态,而是依赖于振子的性质、阻尼的大小和驱动力的特征.根据理论计算可得

$$A = \frac{F_0}{m\sqrt{(\omega_0^2 - \omega_d^2)^2 + 4\delta^2\omega_d^2}} \tag{5.68}$$

$$\tan\varphi = -\frac{2\delta\omega_d}{\omega_0^2 - \omega_d^2} \tag{5.69}$$

在稳态时,振动物体的速度

$$v = \frac{\mathrm{d}x}{\mathrm{d}t} = v_m\cos\left(\omega_d t + \varphi_0 + \frac{\pi}{2}\right) \tag{5.70}$$

式中

$$v_m = \frac{\omega_d F_0}{m\sqrt{(\omega_0^2 - \omega_d^2)^2 + 4\delta^2\omega_d^2}} \tag{5.71}$$

从能量角度来看,在受迫振动中,振动物体因驱动力做功而获得能量(实际上在一个周期内驱动力有时做正功,有时做负功,但总效果还是做正功),同时又因阻尼作用而消耗能量.受迫振动开始时,驱动力所做的功往往大于阻尼消耗的能量,所以总的趋势是能量逐渐增大.由于阻尼力一般随速度的增大而增大,当振动加强时,因阻尼而消耗的能量也要增多.在稳态振动的情况下,一个周期内,外力所做的功恰好补偿因阻尼而消耗的能量,因此系统维持等幅振动.如果撤去驱动力,振动能量又将逐渐减小而成为减幅振动.

5.3.3 共振

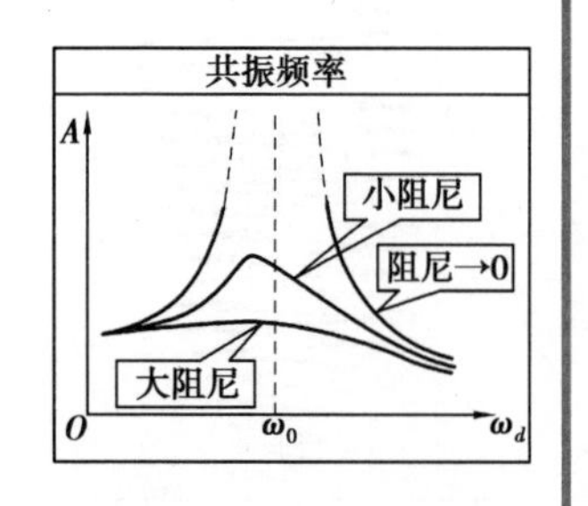

图 5.19 不同阻尼时驱动力振幅和外力频率之间的关系曲线

对于一定的振动系统,如果驱动力的幅值一定,则受迫振动达到稳定状态时的位移振幅随驱动力的频率而改变.按式(5.68)可以画出不同阻尼时位移振幅和外力频率之间的关系曲线(图5.19).从图中可以看出,当驱动力的角频率为某个特定值时,位移振幅达到最大值,这种现象称为位移共振.如果将式(5.68)对 ω_d 求导数,并令$\frac{\mathrm{d}A}{\mathrm{d}\omega_d}=0$,就可以得到共振角频率

$$\omega_{共振} = \sqrt{\omega_0^2 - 2\delta^2} \tag{5.72}$$

可见位移共振时,驱动力的角频率略小于系统的固有角频率 ω_0.阻尼越小,$\omega_{共振}$越接近 ω_0,共振位移振幅也就越大.

受迫振动的速度在一定的条件下也可以发生共振，这称为**速度共振**. 如果将式(5.71)对 ω_d 求导数，并令$\dfrac{\mathrm{d}v_m}{\mathrm{d}\omega_d}=0$，就可以得到共振角频率为 $\omega_{共振}=\omega_0$.

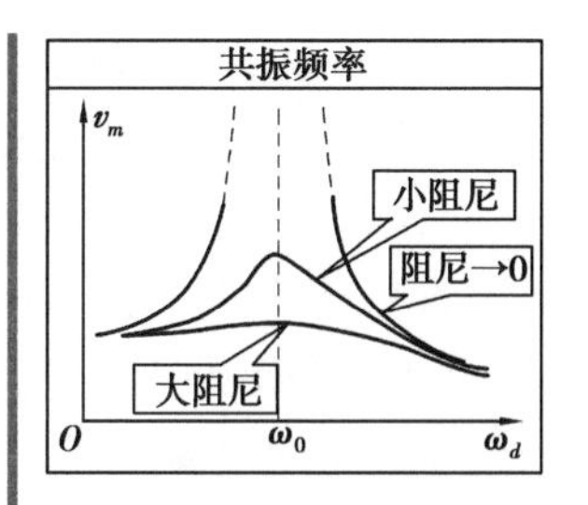

图 5.20　不同阻尼时驱动力频率和外力频率之间的关系曲线

这表明，当驱动力的频率等于系统固有频率 ω_0 时，速度幅值达到最大值. 在给定幅值的周期性外力作用下，振动时的阻尼越小，速度幅值的极大值也越大，共振曲线越尖锐(图 5.20). 由此可见，通常所说的"驱动力的频率等于系统的固有频率时发生共振"，严格地讲这是指速度共振，但是在阻尼很小的情况，速度共振和位移共振可以不加区分.

共振现象的研究，无论在理论上还是在实践上都有重要意义. 构成物质的分子、原子和原子核，都具有一定的电结构，并存在振动现象. 外加交变电磁场作用于这些微观结构并恰好引起共振时，物质将表现出对交变电磁场能量的强烈吸收. 从不同方面研究这种共振吸收，如顺磁共振、核磁共振和铁磁共振等，已经成为现今研究物质结构的重要手段. 收音机、电视接收机的调谐，也是利用共振来接收空间某一频率的电磁波的. 但共振现象也可引起损害. 例如，各种机器的转动部分都不可能制造得完全平衡，机器工作时会产生与转动同频率的周期性力，如果力的频率接近于机器某部分的固有频率，将引起机器部件共振，影响加工精度，甚至可能发生损坏事故. 因此，各种机器的转动部件都必须做动平衡试验进行调整. 某些精密机床或精密仪器(如摄制全息照片)的工作台，为了避免外来机械干扰所引起的振动，通常筑有较大的混凝土基础，以增大质量，并铺设弹性垫层，减小劲度系数，从而降低固有频率，使它远小于外来干扰力的频率，有效地避免了外来干扰的影响. 在设计桥梁和其他建筑物时，必须避免由于车辆行驶、风浪袭击等周期性力的冲击而引起的共振现象. 当这种共振现象发生时，振幅可能达到使桥梁和建筑物破坏的程度.

思考题

5.1　判断下列运动哪些是简谐运动.

(1)小球在地面上的上下跳动(设小球与地面间是完全弹性碰撞)；

(2)小球在光滑的球形凹槽内的小幅度摆动(凹槽半径远大于小球半径)；

(3)将细线上端固定，下端悬挂一小球，令小球在水平面内做匀速圆周运动；

(4)小朋友在荡秋千时的运动.

5.2　将弹簧振子的弹簧截去一部分，其振动周期如何变化？任何一个实际的弹簧总是有质量的,如果考虑弹簧的质量,弹簧振子的振动周期将是变大还是变小?

5.3 振动的初相位 φ 有没有绝对的意义?

5.4 如果已知振幅 A 和某时刻的位移 x,能否确定该时刻振动的相位?

5.5 弹簧振子的振幅增大一倍,则振动的最大速度、最大加速度和强度怎样变化?

5.6 振幅为 A 的弹簧振子,当位移是振幅的一半时,它的动能和势能各占总能量的多少? 当动能和势能相等时,振子的位移为多少?

5.7 简谐运动的频率为 ν,它的动能变化的频率是多少?

*5.8 如果将单摆拉开一小角度 φ 后放手任其自由摆动.若以放手时为计时起点,试问:

(1)此 φ 角是否为摆动的初相位?

(2)单摆绕悬点转动的角速度是否为振动的角频率?

(3)我们说单摆做简谐运动是指单摆的什么在做简谐运动?

*5.9 两个摆长不同的单摆 A、B 各自做简谐运动,若 $l_A=2l_B$,将两单摆向右拉开一个相同的小角度 θ,然后释放任其自由摆动.问:

(1)这两个单摆在刚释放时相位是否相同?

(2)当单摆 B 达到平衡位置并向左运动时,单摆 A 大致在什么位置和向什么方向运动? A 比 B 相位是超前还是落后? 超前或落后多少?

*5.10 我们知道,简谐运动是周期性振动,那么阻尼振动和受迫振动还是周期性振动吗?

*5.11 弹簧振子的无阻尼自由振动是简谐运动,同一弹簧振子在简谐驱动力持续作用下的稳态受迫振动也是简谐运动,这两种简谐运动有什么不同?

*5.12 “受迫振动达到稳定状态时,其运动方程可以写为:$x=A\cos(\omega t+\varphi)$,其中 A 和 φ 由初始条件决定,ω 是驱动力的频率.”这句话对吗?

5.13 两个同振动方向、同频率、振幅均为 A 的简谐运动合成后,振幅仍为 A,则这两个简谐运动的相位差为多少?

习 题

5.1 一个物体放在一块水平木板上,此板在竖直方向上以频率 ν 做简谐振动.试求物体和木板一起振动的最大振幅.

5.2 一小球与轻弹簧组成的系统,按 $x=0.10\cos\left(2\pi t+\dfrac{\pi}{3}\right)$ 的规律振动,式中 t 以 s 为单位,x 以 m 为单位.试求:(1)振动的角频率、周期、振幅、初相位、速度及加速度的最大值;(2)$t=1$ s,2 s,10 s 等时刻的相位;(3)分别画出位移、速度、加速度与时间的关系曲线.

5.3 长度为 l 的弹簧,上端被固定,下端挂一重物后长度变为 $l+s$,并仍在弹性限度之内.若将重物向上托起,使弹簧缩回到原来的长度,然后放手,重物将作上下运动.(1)证明重物的运动是简谐振动;(2)求此简谐振动的振幅、角频率和频率;(3)若从放手时开始计时,求此振动的位移与时间的关系(向下为正).

5.4 有一劲度系数为32.0 N/m的轻弹簧，放置在光滑的水平面上，其一端被固定，另一端系一质量为500 g的物体.将物体沿弹簧长度方向拉伸至距平衡位置10.0 cm处，然后将物体由静止释放，物体将在水平面上沿一条直线做简谐振动.分别写出振动的位移、速度和加速度与时间的关系.

5.5 已知某简谐振动的振动曲线如题5.5图所示，试写出该振动的位移与时间的关系.

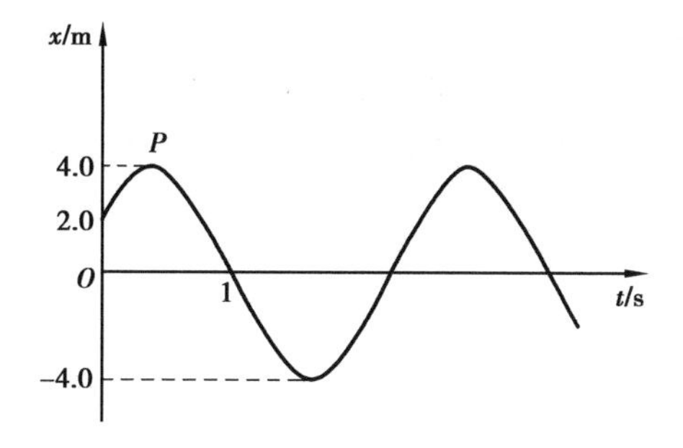

题5.5图

5.6 一物体沿 Ox 轴作谐振动，振幅 $A=0.12$ m，周期 $T=2$ s.当 $t=0$ 时，物体的位移 $x=0.06$ m，且向 Ox 轴正方向运动.求：

(1)此谐振动的表达式；

(2) $t=T/4$ 时物体的位置、速度和加速度；

(3)物体从 $x=-0.06$ m向 Ox 轴负方向运动，第一次回到平衡位置所需要的时间.

5.7 质量为10 g的物体沿 x 轴做简谐运动，振幅 $A=10$ cm，周期 $T=4.0$ s，$t=0$ 时物体的位移为 $x_0=-5.0$ cm，且物体朝 x 轴负方向，求：(1) $t=1.0$ s时物体的位移；(2) $t=1.0$ s时物体受到的力；(3) $t=0$ 之后何时物体第一次到达 $x=5.0$ cm处；(4)第二次和第一次经过 $x=5.0$ cm处的时间间隔.

5.8 一质量为10 g的物体做简谐振动，其振幅为24 cm，周期为4.0 s.当 $t=0$ 时，位移为+24 cm.求：(1) $t=0.5$ s时，物体所在的位置；(2) $t=0.5$ s时，物体所受力的大小与方向；(3)由起始位置运动到 $x=12$ cm处所需的最少时间；(4)在 $x=12$ cm处，物体的速度、动能以及系统的势能和总能量.

5.9 质量为0.10 kg的物体，以振幅 1.0×10^{-2}m做简谐运动，其最大加速度为4.0 m/s^2，求：(1)振动的周期；(2)通过平衡位置时的动能；(3)总能量；(4)物体在何处其动能和势能相等？

5.10 同一方向上的三个同频率的谐振动为

$$x_1=0.1\cos\left(10t+\frac{\pi}{6}\right)$$

$$x_2=0.1\cos\left(10t+\frac{\pi}{2}\right)$$

$$x_3=0.1\cos\left(10t+\frac{5\pi}{6}\right)$$

试利用旋转矢量法求这三个振动的合振动的表达式.

5.11 有两个在同一直线上的简谐振动：$x_1=0.05\cos\left(10t+\frac{3\pi}{4}\right)$和 $x_2=0.06\cos\left(10t-\frac{\pi}{4}\right)$，各式中，位移和时间的单位分别为m和s.试问：

(1)它们的合振动的振幅和初相位各为多少？

(2)若另一个简谐振动 $x_3=0.07\cos(10t+\varphi_{30})$，分别与上两个振动叠加，$\varphi_{30}$为何值时，$x_1+x_3$ 的振幅为最大？φ_{30}为何值时，x_2+x_3 的振幅为最小？

5.12 当两个同方向的谐振动合成为一个振动时,其振动表达式为 $x=A\cos(2.1t)\cos(50.0t)$,式中 t 以 s 为单位.求合振动的拍的周期.

5.13 一个质量为 5.00 kg 的物体悬挂在弹簧下端,让它在竖直方向上自由振动.在无阻尼的情况下,其振动周期为 $T_1=\frac{\pi}{3}$ s;在阻尼振动的情况下,其振动周期为 $T_2=\frac{\pi}{2}$ s.求阻力系数.

5.14 一摆在空中振动,某时刻,振幅为 $A_0=0.03$ m,经 $t_1=10$ s 后,振幅变为 $A_1=0.01$ m.问:由振幅为 A_0 时起,经多长时间,其振幅减为 $A_0=0.003$ m?

第 6 章 机械波

本章将进一步研究振动在空间的传播过程——波动,简称波.波动是一种常见的物质运动形式.激发波动的振动系统称为波源.波大致可分为两类:一类是机械振动在介质中的传播,称为机械波.例如声波、水波等.另一类是变化的电场和变化的磁场在空间的传播,称为电磁波.例如光波、无线电波等.机械波和电磁波在本质上虽然不同,但具有波动的共同特征.例如,两类波都具有一定的传播速度,都伴随着能量的传播,都能产生干涉和衍射现象,而且有相似的数学表述形式等.

本章以平面简谐波为重点,讨论机械波的产生、分类以及机械波的一些基本规律和描述方法,此外还将介绍波在传播过程中的一些重要现象,如波的衍射、干涉等.

6.1 机械波的产生和传播

6.1.1 机械波的产生

机械振动在弹性介质(固体、液体或气体)内传播就形成了机械波.组成弹性介质的各质点之间都以弹性力相联系.一旦某质点离开其平衡位置开始振动,则这个质点与邻近质点之间必然产生弹性力的作用.此弹性力迫使这个质点返回其平衡位置,同时也迫使其邻近质点偏离各自平衡位置而参与振动.另外,组成弹性介质的质点都具有一定的惯性,当质点在弹性力的作用下返回平衡位置时,质点不可能突然停止在平衡位置上,而是要越过平衡位置继续运动.所以说,弹性介质的弹性和惯性决定了机械波的产生和传播过程.

在波的传播过程中,虽然振动形式沿介质由近及远地传播着,而参与波动的质点并没有随之传播,只是在自己的平衡位置附近振动.波动是介质整体所表现的运动状态,对于介质的任何单个质点,只能说它是否振动,而无波动而言.

综上所述,产生机械波需要两个条件:一是要有做机械振动的物体,即波源;二是要有能够传播机械振动的弹性介质.二者缺一不可.但应注意,机械波只是振动状态在弹性介质中的传播,而不是物质随波向前运动.例如风吹过广阔的麦田所产生的麦浪也是一种机械波,当麦浪传播过去后,小麦仍在原地,并没有随麦浪前行.

6.1.2 横波与纵波

如果在波动中,质点的振动方向和波的传播方向垂直,这种波称为横波.如图 6.1(a)所示,绳子的一端固定,另一端在手中并不停地上下抖动,绳子各部分质点就依次上下振动,形成一个接一个的凸起(称为波峰)和凹陷(波谷),并由近及远地沿着绳子传播开去,形成绳子上的横波.如果在波动中,质点的振动方向和波的传播方向平行,这种波称为纵波.如图 6.1(b)所示,将一根长弹簧水平放置,在其一端用手压缩或拉伸一下,使其端部沿弹簧的长度方向振动.由于弹簧之间弹性力的作用,端部的振动带动了其相邻部分的振动,而相邻部分又带动它附近部分的振动,因此弹簧各部分将相继振动起来,表现为弹簧圈的稠密和稀疏变化,形成弹簧上的纵波.对于纵波,除了质点的振动方向平行于波的传播方向这一点与横波不同,其他性质与横波无根本性差异,所以对横波的讨论也适用于纵波.

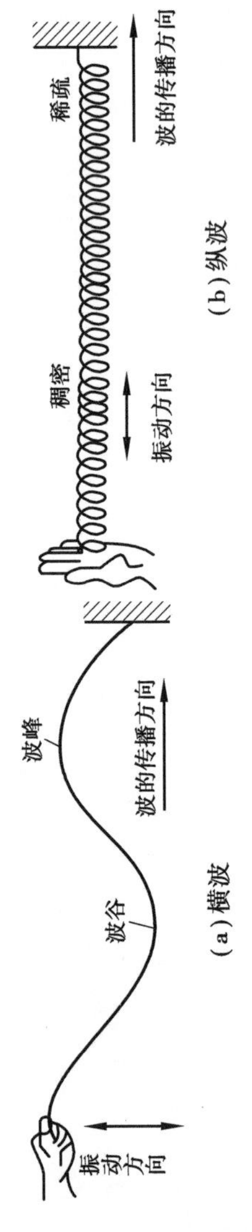

图 6.1 横波与纵波

固体的弹性既表现在当固体发生长度变化或体积变化时能够产生相应的压应力和张应力,也表现在当固体发生剪切时能够产生相应剪应力.所以,在固体中,无论质点之间相对疏远或靠近,还是相邻两层之间发生相对错动,都能产生相应的弹性力使质点返回平衡位置.这样,固体既能够产生和传播纵波,也能够产生和传播横波.流体的弹性只表现在当流体发生体积变化时能够产生相应的压应力和张应力,而当流体发生剪切时却不能产生相应的剪应力.这样,流体只能产生和传播纵波.

有些波既不是纯粹的横波,也不是纯粹的纵波,例如地震波.在地震时,既有上下振动的横波也有左右振动的纵波.另外,对于液体的表面波而言,当波通过液体表面时,液体质元既有与波传播方向垂直的上下振动,又有与波传播方向平行的运动.

横波和纵波是机械波中两种最基本、最简单的波动形式,任何复杂的机械波都可以看作若干个横波或纵波的合成.

6.1.3　波阵面和波射线

为形象地描述波在空间中的传播,引入波线和波面的概念.从波源沿各传播方向所画的带箭头的线,称为波线,用以表示波的传播路径和传播方向.波在传播过程中,所有振动相位相同的点连成的面,称为波阵面或波面,把最前面的那个波面称为波前.在任一时刻,只有一个波前.波面有不同的形状.点波源在各向同性的均匀介质中激发的波,其波面是一系列以波源为球心的同心球面.波面为球面的波,称为球面波(图 6.2(a)所示);波面为平面的波,称为平面波(图 6.2(b)所示).当球面波传播到足够远处,若观察的范围不大,波面近似为平面,可以认为是平面波.

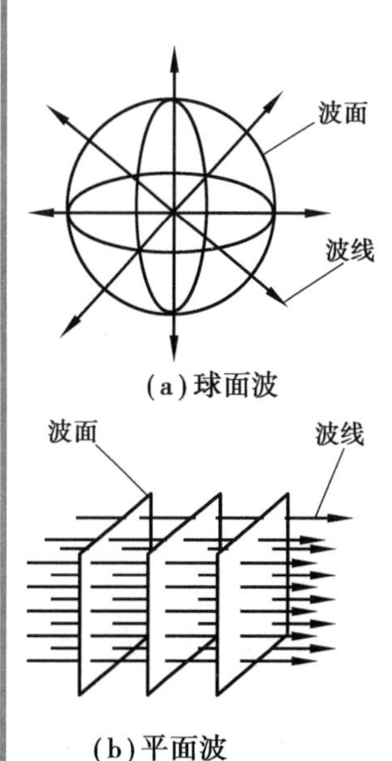

图 6.2　球面波、平面波

6.1.4　波长、波速以及波的周期和频率

波速 u、波长 λ、波的周期 T 和频率 ν 是描述波动的四个重要物理量.这四个物理量之间存在一定的联系.简谐波动传播时,不但具有时间周期性,还具有空间周期性.时间周期性用周期、频率和角频率来描述,空间周期性用波长来描述.

波速是单位时间内振动状态传播的距离.波速也是波面向前推进的速率.由于振动状态由相位确定,所以波速也是波的相位的传播速度,又称为相速.

固体中横波的波速为

$$u=\sqrt{\frac{G}{\rho}} \tag{6.1}$$

式中 G 为固体的切变模量(剪切模量),ρ 为固体的密度.

在固体中纵波的波速为

$$u=\sqrt{\frac{E}{\rho}} \tag{6.2}$$

式中 E 为固体的弹性模量(杨氏模量),ρ 为固体的密度.

在流体中只能产生和传播纵波,其传播速度为

$$u=\sqrt{\frac{K}{\rho}} \tag{6.3}$$

式中 K 为流体的体积模量,ρ 为流体的密度.

理想气体中的声速为

$$u=\sqrt{\frac{K}{\rho}}=\sqrt{\frac{\gamma p}{\rho}}=\sqrt{\frac{\gamma RT}{M}} \tag{6.4}$$

声波在空气中传播可以视为绝热过程.式中 M 是气体的摩尔质量,γ 是气体的热容比,p 是气体的压强,T 是气体的温度,R 是摩尔气体常量.

以上各式表明,波在弹性介质中的传播速度取决于弹性介质的弹性和惯性.弹性模量是介质弹性的反映,密度是介质质点惯性的反映.

同一波线上两个相邻的振动状态相同的质点,即振动相位相差 2π 的两质点之间的距离,为一个完整波的长度,称为波长.在横波的情况下,波长等于两相邻波峰之间或两相邻波谷之间的距离,如图 6.3(a)所示;在纵波情形下,波长等于两相邻密集部分的中心之间或两相邻稀疏部分的中心之间的距离,如图 6.3(b)所示.

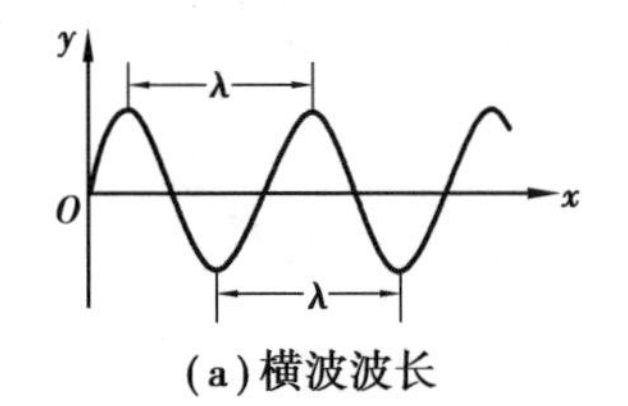

(a)横波波长

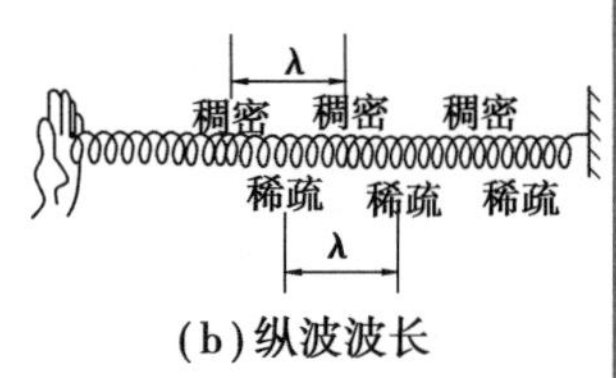

(b)纵波波长

图 6.3 简谐波的波长

一个完整的波(即一个波长的波)通过波线上某点所需要的时间,称为波的周期.波长、波速与周期的关系为

$$u = \frac{\lambda}{T} \tag{6.5}$$

周期的倒数称为频率.存在关系

$$u = \nu\lambda \tag{6.6}$$

波的频率表示在单位时间内通过波线上某点的完整波的数目.

由于波源做一次完全振动,波就前进一个波长的距离,所以波的周期(或频率)等于波源的振动周期(或频率),与介质无关.

在讨论弹性波的传播时,介质连续与否是相对的.当波长远大于介质分子之间的距离时,介质中一波长的距离内有无数个分子在陆续振动,宏观上可以把介质看作连续的.如果波长接近或小于分子间距离时,就不能再认为介质是连续的,此时介质不能传播弹性波.例如在极度稀薄的空气中,分子间的距离极大,分子之间几乎没有力的作用,某些分子的振动无法引起周围分子参与振动,以至于不能传播声波.

6.2 平面简谐波的波函数

6.2.1 波函数

为了定量地描述波在空间的传播,需要用数学函数式表示介质中各质点的振动状态随时间变化的关系,这样的关系式称为波

函数,一般写为

$$\xi(\boldsymbol{r},t)=f(\boldsymbol{r},t)=f(x,y,z,t) \tag{6.7}$$

ξ 可以表示各种各样的物理量.例如质点的位移、弹性介质的形变、气体的压强等.它反映了任一时刻振动着的物理量在空间的分布情况.

6.2.2　平面简谐波的波函数

一般情况下的波是很复杂的,下面只讨论一种最简单、最基本的波,即在均匀、无能量吸收的介质中,当波源作简谐振动时,在介质中所形成的波.这种波称为简谐波.如果简谐波的波面是平面,则这样的波称为平面简谐波.平面简谐波传播时,在任一时刻处在同一波面上的各点具有相同的振动状态.因此,只要知道了与波面垂直的任意一条波线上波的传播规律,就可以知道整个平面波的传播规律.

严格的简谐波只是一种理想的模型.它不仅具有单一的频率和振幅,而且必须在空间和时间上都是无限延展的.严格的简谐波并不存在.对于做简谐运动的波源在均匀、无能吸收的介质中所形成的波,可近似地看成简谐波.可以证明,任何非简谐的复杂波,都可以看成若干个频率不同的简谐波叠加而成的.因此,研究简谐波具有十分重要的意义.

如图6.4所示,设在各向同性、无能量吸收的均匀介质中,一列平面简谐波沿 x 轴的正方向传播,波速为 u.在波线上取一点 O 作为坐标原点,该波线就是 x 轴.假定 O 点处质点的振动方程为

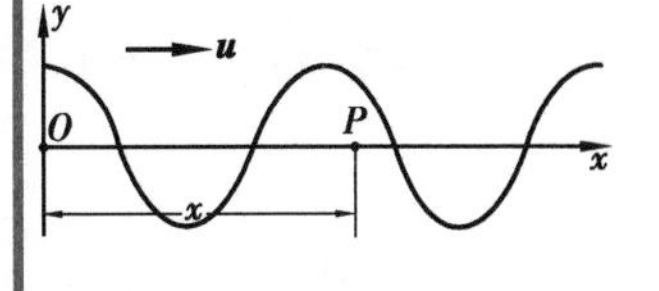

图6.4　振动波形图

$$y_0=A\cos(\omega t+\varphi_0) \tag{6.8}$$

式中 A 为振幅,ω 为角频率,φ_0 为初相位.现在考察波线上另一任意点 P 的振动情况,点 P 离点 O 的距离为 x.振动从原点 O 传播到点 P 所需要的时间为 Δt,在这段时间内点 O 振动了 $\nu\Delta t$ 次,每振动一次相位改变 2π,所以点 O 的振动相位在这段时间内改变了 $2\pi\nu\Delta t$.因为振动是从点 O 传播过来的,所以可以说,点 P 的振动比点 O 的振动落后了 $2\pi\nu\Delta t$ 的相位.于是,点 P 的相位应为$(\omega t-2\pi\nu\Delta t)$,进而点 P 的振动方程可写为

$$y_P=A\cos(\omega t-2\pi\nu\Delta t+\varphi_0)=A\cos[\omega(t-\Delta t)+\varphi_0] \tag{6.9}$$

考虑 $\Delta t=\dfrac{x}{u}$,代入式(6.9)并将 y 的下角标 P 省去,则上式变为

$$y=A\cos\left[\omega\left(t-\frac{x}{u}\right)+\varphi_0\right] \tag{6.10}$$

上式表明,波线上任一点(相对原点的距离为 x)处的质点的振动方程,也就是沿 x 轴的正方向传播的平面简谐波的波函数.

类似上述分析,我们很容易就可以得出沿 x 轴的负方向传播的平面简谐波的波函数为

$$y=A\cos\left[\omega\left(t+\frac{x}{u}\right)+\varphi_0\right] \tag{6.11}$$

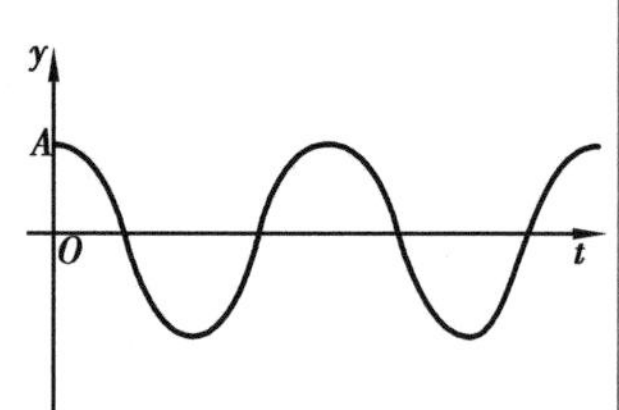

图 6.5 考察质点 P 的振动曲线

注意:式(6.10)和式(6.11)中的 x 应理解为波线上任一点的坐标,应代入坐标的正负号.

下面对波函数的物理意义做以下分析:

(1)如果考察质点 P 是确定的,即 x 给定,那么 y 就只是 t 的函数(好似用摄像机对着各特定点连续拍摄).此时波函数表示距离原点为 x 处的质点 P 在各个时刻的位移.对应的函数曲线如图 6.5 所示,为质点 P 的振动曲线.

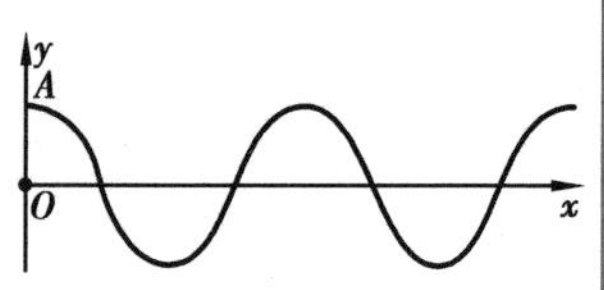

图 6.6 给定时刻的波形图

(2)如果 t 是确定的,那么 y 就只是 x 的函数(好似用照相机对着一组质点在 t 时刻拍一张照片).此时波函数表示在给定时刻波线上各个质点的位移.对应的函数曲线如图 6.6 所示,为给定时刻的波形图.

(3)如果 x 和 t 都在变化,那么此时波函数表示波线上不同质点在不同时刻的位移(好似用摄像机对着一组质点不间断拍摄).图 6.7 分别画出了 t 时刻和 $t+\Delta t$ 的两个波形图.

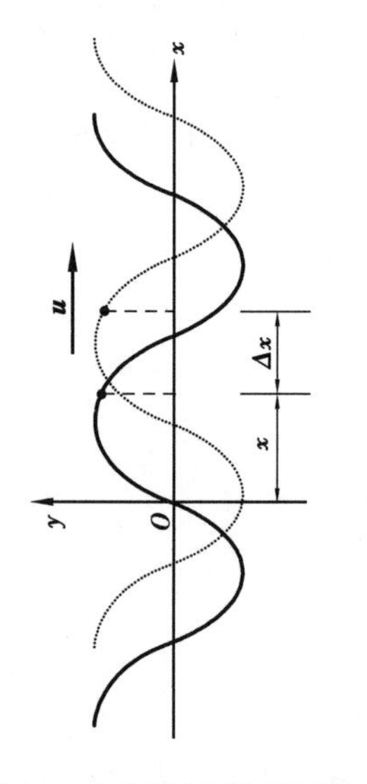

图 6.7 不同时刻的波形图

由图 6.7 可见,在 Δt 时间内,波形曲线沿波的传播方向移动了 Δx 的距离.进一步分析,我们可以看出,假定在 t 时刻,x 处质点的位移 y 经过 Δt 的时间出现在了($x+\Delta x$)处,根据式(6.10)有

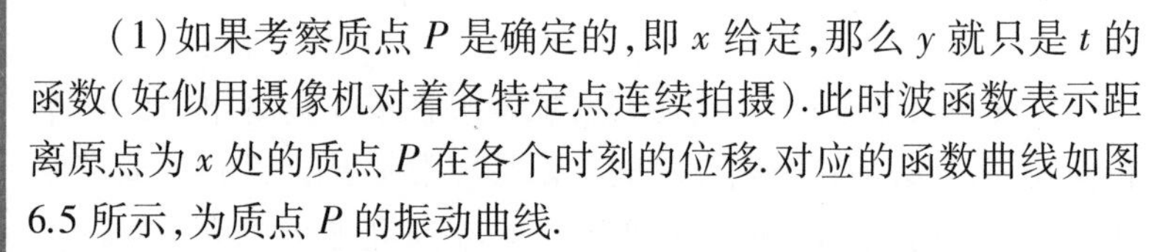

$$A\cos\left[\omega\left(t-\frac{x}{u}\right)+\varphi_0\right]=A\cos\left[\omega\left(t+\Delta t-\frac{x+\Delta x}{u}\right)+\varphi_0\right] \tag{6.12}$$

进而得

$$\Delta x=u\Delta t \tag{6.13}$$

这表示,振动状态以波速 u 沿波的传播方向传播.因此,当 x 和 t 都在变化的时候,这个波函数反映了波形的传播,看起来好像是波形在沿波的传播方向行进,称为行波.

平面简谐波函数还可以表示成以下形式:

$$
\left.\begin{aligned}
y &= A\cos(\omega t \pm kx + \varphi_0)\\
y &= A\cos\left(\omega t \pm \frac{2\pi}{\lambda}x + \varphi_0\right)\\
y &= A\cos\left[2\pi\left(\frac{t}{T} \pm \frac{x}{\lambda}\right) + \varphi_0\right]\\
y &= A\cos\left[2\pi\left(\nu t \pm \frac{x}{\lambda}\right) + \varphi_0\right]
\end{aligned}\right\}\tag{6.14}
$$

式中$k=\dfrac{2\pi}{\lambda}$称为角波数,表示在2π米内所包含的完整波的数目.式中负号表示波沿Ox轴正方向传播,正号表示沿Ox轴负方向传播.

与谐振动可以用复数表示一样,平面简谐波的波函数也可以用复数来表示

$$\tilde{y} = Ae^{i\left[\omega\left(t \pm \frac{x}{u}\right) + \varphi_0\right]}\tag{6.15}$$

该复数的实部才是平面简谐波的波函数.在量子力学中的波函数一般是复数函数,常用上式的形式表示.

例6.1　频率为$\nu=12.5$ kHz的平面余弦纵波沿细长的金属棒传播,波速为5.0×10^3m/s,如以棒上某点取为坐标原点,已知原点处质点振动的振幅为$A=0.1$ mm,试求:(1)原点处质点的振动表达式;(2)波函数;(3)离原点10 cm处质点的振动表达式;(4)离原点20 cm和30 cm两点处质点振动的相位差.

解　$\lambda=\dfrac{u}{\nu}=0.4$ m,$T=\dfrac{1}{\nu}=8\times10^{-5}$s

(1)原点处质点的振动表达式为

$$y_0 = A\cos\omega t = 0.1\times10^{-3}\cos\,(25\times10^3\pi t)\ \text{m}$$

(2)波函数为

$$y = A\cos\omega\left(t - \frac{x}{u}\right) = 0.1\times10^{-3}\cos\left[25\times10^3\pi\left(t - \frac{x}{5\times10^3}\right)\right]\ \text{m}$$

式中x以m计,t以s计.

(3)离原点10 cm处质点的振动表达式为

$$y = 0.1\times10^{-3}\cos\left[25\times10^3\pi\left(t - \frac{1}{5\times10^4}\right)\right] = 0.1\times10^{-3}\cos\left(25\times10^3\pi t - \frac{\pi}{2}\right)\ \text{m}$$

(4)离原点20 cm和30 cm两点处质点振动的相位差为

$$\Delta\varphi = \omega\Delta t = \omega\frac{\Delta x}{u} = \frac{\pi}{2}$$

例6.2　频率为3 000 Hz的声波,以1 560 m/s的传播速度沿一波线传播,经过波线上的A点后,再经13 cm而传到B点.求:

(1)B 点的振动比 A 点落后的时间;

(2)波在 A、B 两点振动时相位差是多少?

(3)设波源做简谐运动,振幅为 1 mm,求振动速度的幅值,是否与波的传播速度相等?

解 (1)因为波的周期为

$$T=\frac{1}{\nu}=\frac{1}{3\ 000}\ \text{s}$$

波长为

$$\lambda=uT=1\ 560\times\frac{1}{3\ 000}\ \text{m}=0.52\ \text{m}$$

所以 B 点的振动比 A 点落后的时间为

$$\Delta t=\frac{\Delta x}{u}=\frac{0.13}{1\ 560}\ \text{s}=\frac{1}{12\ 000}\ \text{s},\text{即}\frac{1}{4}T$$

(2)由于 A、B 两点距离相差 $\Delta x=13\ \text{cm}=\frac{1}{4}\lambda$,所以波在 A、B 两点振动时的相位差为

$$\Delta\varphi=\frac{2\pi}{\lambda}\Delta x=\frac{2\pi}{\lambda}\times\frac{\lambda}{4}=\frac{\pi}{2}$$

(3)如果振幅 $A=1$ mm,则振动速度的幅值为

$$v_{\text{m}}=A\omega=A\times 2\pi\nu=0.001\times 2\pi\times 3\ 000\ \text{m/s}\approx 18.8\ \text{m/s}$$

振动速度随时间按余弦函数形式做周期变化,幅值为 18.8 m/s,远小于波动的传播速度 1 560 m/s.

6.3 波的能量和强度

6.3.1 波的能量

在波动传播过程中,波源的振动通过弹性介质由近及远地传播出去,使介质中各个质点依次在各自的平衡位置附近振动,因此具有动能,同时该处的介质也发生弹性形变,因此也具有了势能.此能量显然来自波源.可见,波动过程也是能量的传播过程,这是波动的重要特征.

在介质中任取体积为 ΔV、质量为 $\Delta m=\rho\Delta V$(ρ 为介质的体密度)的质量元.如果介质中平面简谐波的波函数为

$$y=A\cos\left[\omega\left(t-\frac{x}{u}\right)+\varphi_0\right]\tag{6.16}$$

可以证明,当波动传播到该质量元时,这个质量元获得的动能 ΔE_k 和势能 ΔE_p 为

$$\Delta E_k = \Delta E_p = \frac{1}{2}\rho A^2\omega^2(\Delta V)\sin^2\left[\omega\left(t - \frac{x}{u}\right) + \varphi_0\right] \quad (6.17)$$

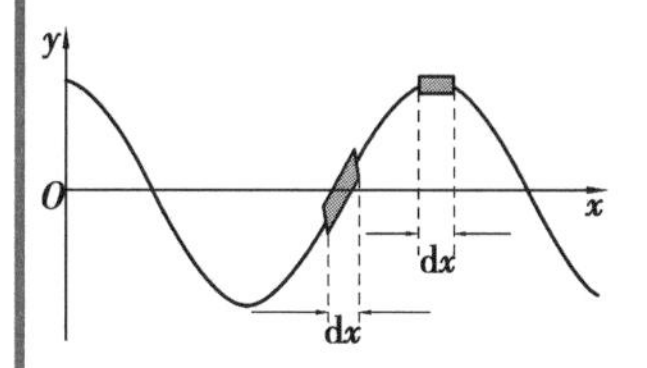

图 6.8　势能与质量元间相对位移的关系图

可见,势能与动能的表示式是完全相同的,都是时间的周期函数,并且大小相等,相位相同.这种情况与单个简谐振子完全不同.在波动中与势能相联系的是质量元间的相对位移 $\Delta y/\Delta x$.如图 6.8 所示,质量元在平衡位置时,速度最大,动能最大,同时波形曲线最陡峭,$\Delta y/\Delta x$ 有最大值,该处形变最大,所以弹性势能也最大.质量元处于最大位移处时,速度为零,动能为零,$\Delta y/\Delta x$ 也为零,该处无形变,所以弹性势能为零.

进一步我们可以得出质量元获得的总机械能为

$$\Delta E = \Delta E_k + \Delta E_p = \rho A^2\omega^2(\Delta V)\sin^2\left[\omega\left(t - \frac{x}{u}\right) + \varphi_0\right] \quad (6.18)$$

由此可知,在波动过程中,介质中给定质点的总能量不是常量,而是随时间作周期性变化的量.这表明,介质中所有参与波动的质点都在不断地接受来自波源的能量,又不断把能量释放出去,这一点与振动的情况是完全不同的.对于振动系统,总能量是恒定的,不传播能量.振动能量的辐射,实际上是依靠波动传播出去的.

介质中单位体积的波动能量,称为波的能量密度,用 w 表示,即

$$w = \frac{\Delta E}{\Delta V} = \rho A^2\omega^2\sin^2\left[\omega\left(t - \frac{x}{u}\right) + \varphi_0\right] \quad (6.19)$$

上式表明,波的能量密度是随时间作周期性变化的,通常取其在一个周期内的平均值,这个平均值称为平均能量密度,可以表示为

$$\overline{w} = \frac{1}{2}\rho A^2\omega^2 \quad (6.20)$$

上式表明,波的平均能量密度与振幅的平方、频率的平方和介质密度的乘积成正比.这个公式虽然是从平面简谐波的特殊情况导出的,但是对于所有机械波都适用.

6.3.2　波的强度

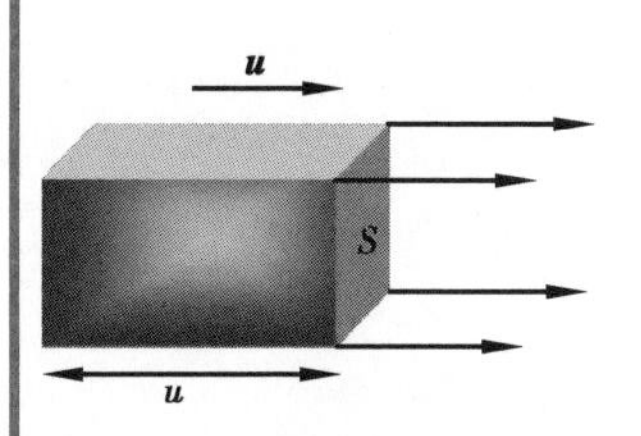

图 6.9　波的能流

能量随着波的传播在介质中流动,可以引入能流的概念进行描述.单位时间内通过介质中某面积的能量,称为通过该面积的能流.在介质中取垂直于波线的面积 S,则在单位时间内通过 S 面的

能量等于体积 uS 内的能量,如图 6.9 所示.这能量是随时间周期性变化的,通常也取其在一个周期内的平均值,这个平均值称为通过 S 面的平均能流,并表示为

$$\overline{P} = \overline{w}uS = \frac{1}{2}\rho A^2\omega^2 uS \tag{6.21}$$

通过垂直于波线的单位面积的平均能流,称为平均能流密度,也称波的强度,由下式表示

$$I = \frac{\overline{P}}{S} = \overline{w}u = \frac{1}{2}\rho A^2\omega^2 u = \frac{1}{2}ZA^2\omega^2 \tag{6.22}$$

式中 $Z=\rho u$,称为介质的特性阻抗,是表征介质特性的一个常量.在国际单位制中,波的强度的单位为 W/m^2(瓦特/米^2).

利用能流的概念,我们简单讨论在均匀介质中传播的球面波.在距离波源为 r_1 和 r_2 处取两个球面,对应的面积分别为 $S_1=4\pi r_1^2$ 和 $S_2=4\pi r_2^2$.在介质不吸收波的能量的情况下,通过这两个球面的总的能流应该相等,即

$$\frac{1}{2}\rho A_1^2\omega^2 u4\pi r_1^2 = \frac{1}{2}\rho A_2^2\omega^2 u4\pi r_2^2 \tag{6.23}$$

式中 A_1 和 A_2 分别为该波在两个球面处的振幅.由上式得

$$\frac{A_1}{A_2} = \frac{r_2}{r_1} \tag{6.24}$$

即振幅与离开波源的距离成反比.因此相应的球面简谐波的波函数为

$$\xi = \frac{A_0 r_0}{r}\cos\left[\omega\left(t - \frac{r}{u}\right) + \varphi_0\right] \tag{6.25}$$

式中 A_0 为波在离波源 r_0 处振幅的数值.

6.4 惠更斯原理　波的衍射和干涉

6.4.1 惠更斯原理

在波动中,波源的振动是通过介质中的质点依次传播出去的,因此每个质点都可看作新的波源.如图 6.10 所示,水面波在传播时遇到一障碍物,当障碍物上小孔的尺寸与水面波的波长差不多时,就可以看到穿过小孔的波是圆形的,与原来波的形状无关.这说明障碍物上的小孔可以看作新的波源.

在总结这类现象的基础上，荷兰物理学家惠更斯（C. Huygens，1629—1695）于 1678 年提出了波的传播规律：在波的传播过程中，波阵面上的每一点都可看作发射子波的波源，在其后的任一时刻，这些子波的包迹就成为新的波阵面．这就是惠更斯原理．如图 6.11（a）所示，设 S_1 为某一时刻 t 的波阵面，根据惠更斯原理，S_1 上的每一点发出的球面子波，经 Δt 时间后形成半径为 $u\Delta t$ 的球面，在波的前进方向上，这些子波的包迹 S_2 就成为 $t+\Delta t$ 时刻的新波阵面．

图 6.10　水波通过小孔

对任何波动过程（机械波或电磁波），不论其传播波动的介质是均匀的还是非均匀的，是各向同性的还是各向异性的，惠更斯原理都适用．若已知某一时刻波前的位置，根据这一原理，利用几何作图的方法，就可以确定出下一时刻波前的位置，从而确定波传播的方向．可见，惠更斯原理在很广泛的范围内解决了波的传播问题．图 6.11（b）中的球面波的传播就是利用惠更斯原理描绘出来的．

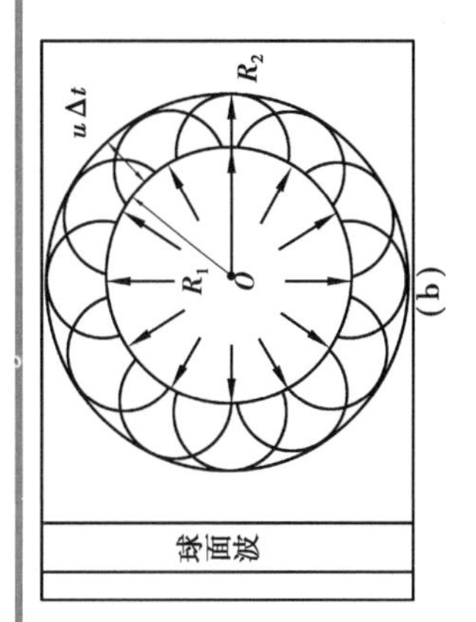

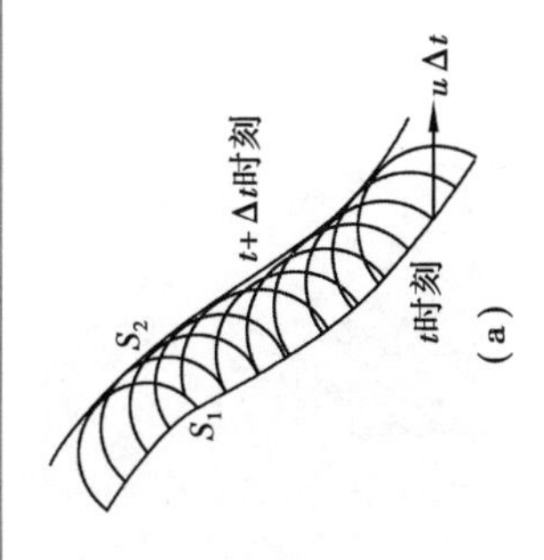

图 6.11　用惠更斯原理求波面

6.4.2　波的衍射

用惠更斯原理能够定性地说明波在传播中发生的衍射、散射、反射和折射．下面以波的衍射为例说明．

当波在传播过程中遇到障碍物时，其传播方向发生改变，并能绕过障碍物的边缘，继续向前传播．这种现象称为波的衍射．如图 6.12 所示，平面波到达一宽度与波长相近的缝时，缝上各点都可看作子波的波源．作出这些子波的包迹，就得出了新的波阵面．我们明显发现，此时波前与原来的波阵面略有不同，靠近缝的边缘处，波前弯曲，即波绕过障碍物而继续传播．

机械波和电磁波都会产生衍射现象．衍射现象是波动的重要特征之一．例如，坐在教室里的同学能听到外面其他同学说话的声音，隔了山岭或建筑物能收听到无线电广播．实验表明，当障碍物的线度越接近或小于波长时，衍射现象越明显．

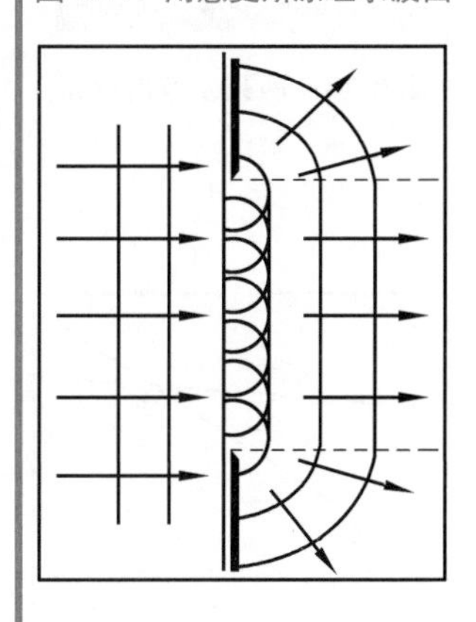

图 6.12　波的衍射

6.4.3　波的干涉

下面我们研究波的一类常见而重要的问题，即几列波同时在介质中传播并相遇时，介质中质点的运动情况及波的传播规律．

1）波的叠加原理

听乐队演奏或几个人同时讲话时，我们能从中辨别出每种乐器或每个人的声音．这表明某种乐器或某个人发出的声波，并不因为其他乐器或其他人同时发出声波而受到影响.又如在水面上有两列水波相遇时,或者几束灯在空间相遇时,都有类似的情况发生.通过对这些现象的观察和研究,可总结出如下的规律:

(1)几列波相遇之后,仍然保持它们各自原有的特征(频率、波长、振动方向等)不变,并按照原来的方向继续前进,好像没有遇到过其他波一样.

(2)在相遇区域内任一点的振动,为各列波单独存在时在该点所引起的振动位移的矢量和.

上述规律称为**波的叠加原理**.应该明确,该原理只对各向同性的线性介质适用.

2)波的干涉

一般地说,振幅、频率、相位等都不相同的几列波在某点叠加时,情形是很复杂的.这里只讨论一种最简单而又最重要的情形,即两列**频率相同**、**振动方向相同**、**相位相同或相位差恒定**的简谐波的叠加.满足这些条件的两列波在空间任一点相遇时,该点的两个分振动也有恒定相位差.但是对于空间不同的点,有着不同的恒定相位差.因此在空间某些点处,振动始终加强,而在另一些点处,振动始终减弱或完全抵消.这种现象称为**波的干涉**.能产生干涉现象的波称为**相干波**,相应的波源称为**相干波源**.

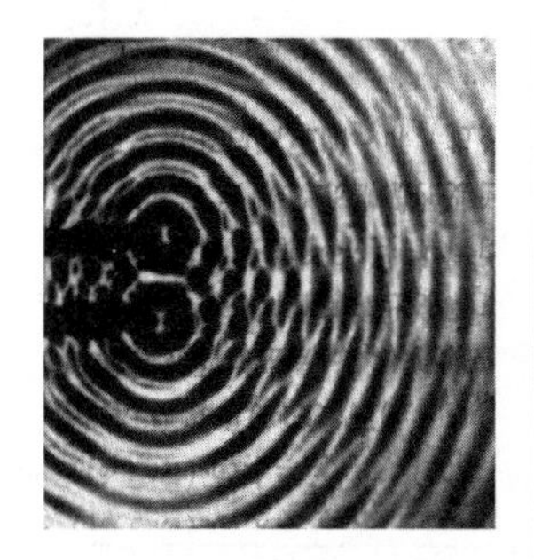

图 6.13 两列水波的叠加

先观察水波的干涉现象.把两个小球连接在同一个弹簧片上,使小球的下端仅靠水面.当弹簧片沿垂直方向以一定的频率振动时,两小球和水面的接触点就成了两个相干波源,各自发出一列圆形的水面波.在它们相遇的水面上,呈现出如图 6.13 所示的干涉现象.由图可以看出,有些地方水面起伏很大(图中亮处),说明这些地方振动加强了;而有些地方水面只有微弱的起伏,甚至平静不动(图中暗处),说明这些地方振动减弱,甚至完全抵消.

干涉现象是波动形式所独具的重要特征之一.因为只有波动的合成,才能产生干涉现象.干涉现象对于光学、声学等都非常重要,对于近代物理学的发展也有重大的作用.下面用波的叠加原理定量分析干涉加强和减弱的条件及强度分布.

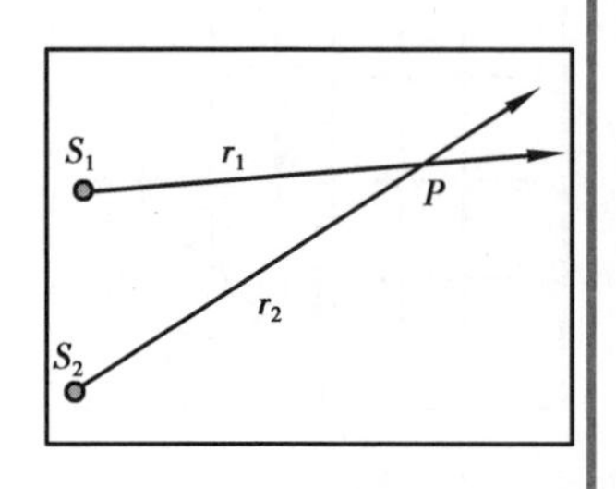

图 6.14 两列相干波在 P 点的叠加图

如图 6.14 所示,设有两相干波源 S_1 和 S_2,它们发出的两列相干波在空间点 P 相遇.点 P 到波源 S_1 和 S_2 的距离分别为 r_1 和 r_2.波源的振动方向垂直于 S_1、S_2 和点 P 所在的平面.两个波源的简谐振动方程分别为

$$y_{10} = A_{10}\cos(\omega t + \varphi_1) \tag{6.26}$$

$$y_{20} = A_{20}\cos(\omega t + \varphi_2) \tag{6.27}$$

式中 ω 为两个波源的振动角频率,A_{10} 和 A_{20} 分别是它们的振幅,φ_1

和 φ_2 是它们的初相位，并且$(\varphi_2-\varphi_1)$是恒定的. 波到达点 P 时引起振动的振幅若分别为 A_1 和 A_2，则点 P 对应的两个振动可写为

$$y_1 = A_1\cos\left(\omega t + \varphi_1 - \frac{2\pi r_1}{\lambda}\right) \tag{6.28}$$

$$y_2 = A_2\cos\left(\omega t + \varphi_2 - \frac{2\pi r_2}{\lambda}\right) \tag{6.29}$$

根据叠加原理，点 P 的合振动为

$$y = y_1 + y_2 = A\cos(\omega t + \varphi) \tag{6.30}$$

式中 A 是合振动的振幅，满足关系

$$A = \sqrt{A_1^2 + A_2^2 + 2A_1A_2\cos\left(\varphi_2 - \varphi_1 - 2\pi\frac{r_2 - r_1}{\lambda}\right)} \tag{6.31}$$

式中 φ 是合振动的初相位，满足关系

$$\tan\varphi = \frac{A_1\sin\left(\varphi_1 - \frac{2\pi r_1}{\lambda}\right) + A_2\sin\left(\varphi_2 - \frac{2\pi r_2}{\lambda}\right)}{A_1\cos\left(\varphi_1 - \frac{2\pi r_1}{\lambda}\right) + A_2\cos\left(\varphi_2 - \frac{2\pi r_2}{\lambda}\right)} \tag{6.32}$$

因为这两列相干波在空间任一点所引起的两个振动的相位差 $\Delta\varphi=\varphi_2-\varphi_1-2\pi\frac{r_2-r_1}{\lambda}$是一个恒量，所以根据式(6.31)可知，任一点合振动的振幅 A 也是不随时间变化的恒量，但是随着空间各点位置发生改变.

当 $\Delta\varphi=\varphi_2-\varphi_1-2\pi\frac{r_2-r_1}{\lambda}=2k\pi, k=0,\pm1,\pm2,\cdots$时，合振动的振幅具有最大值，即 $A=A_1+A_2$，这表示点 P 的振动是加强的，称为**干涉加强**，或**干涉相长**.

当 $\Delta\varphi=\varphi_2-\varphi_1-2\pi\frac{r_2-r_1}{\lambda}=(2k+1)\pi, k=0,\pm1,\pm2,\cdots$时，合振动的振幅具有最小值，即 $A=|A_1-A_2|$，这表示点 P 的振动是减弱的，称为**干涉减弱**，如果减弱到使振动完全消失，则称为**干涉相消**. 对于相位差 $\Delta\varphi$ 介于以上两种情况之间的点来说，其合振动的振幅将介于上述振幅最大值和最小值之间.

由于波的强度正比于振幅的平方，所以两列波叠加后的强度为

$$I = I_1 + I_2 + 2\sqrt{I_1I_2}\cos\Delta\varphi \tag{6.33}$$

由此可见，叠加后波的强度随着两列相干波在空间各点引起的振动相位差不同而不同，也就是说，空间各点的强度发生了重

新分布,有些地方加强,有些地方减弱.图 6.15 为 $I_1=I_2$ 时对应的干涉现象的强度分布曲线.图为两个相位相同的相干波源 S_1 和 S_2 发出的波在空间相遇并发生干涉的示意图.图中实线表示波峰.在两波的波峰与波峰相交处或波谷与波谷相交处,合振动的振幅为最大,在波峰与波谷相交处,合振动的振幅为最小.

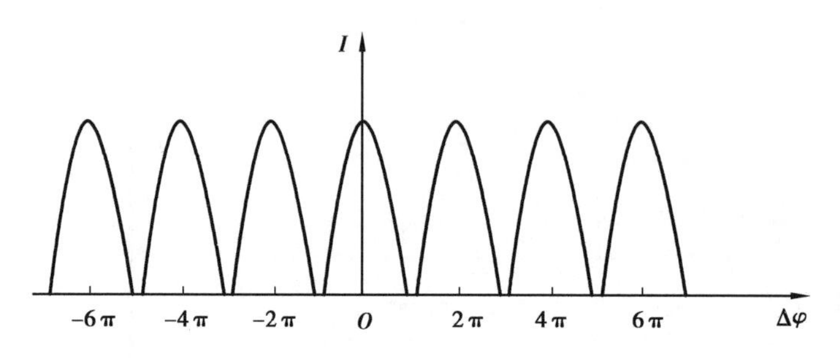

图 6.15　$I_1=I_2$ 时对应的干涉现象的强度分布曲线

例 6.3　如图 6.16 所示,两相干波源 A、B 间距离为 30 m ,这两列相干波振幅相同,初相位差为 π,波速均为 $u=400$ m/s,频率均为 $\nu=100$ Hz .求 A、B 连线上因干涉而静止的各点位置。

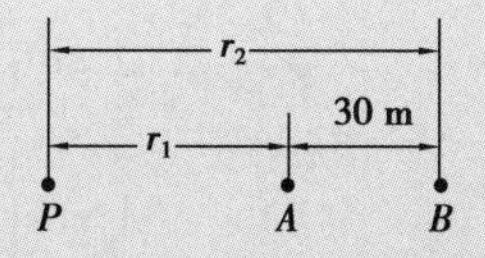

图 6.16　例 6.3 用图

解　这两列相干波波长相等,均为

$$\lambda=\frac{u}{\nu}=\frac{400}{100}\text{m}=4\text{ m}$$

对于 A、B 连线上任一点 P,当 P 在 A 左侧时,波程差

$$\delta=r_2-r_1=30\text{ m}$$

相位差

$$\Delta\varphi=\pi-\frac{2\pi}{\lambda}\delta=\pi-\frac{2\pi}{4}\times30=-14\pi\qquad\text{干涉相长}$$

同理,当 P 在 B 右侧时,解得

$$\Delta\varphi=\pi-\frac{2\pi}{\lambda}\delta=\pi-\frac{2\pi}{4}\times(-30)=16\pi\qquad\text{干涉相长}$$

当 P 在 A、B 中间时

$$\delta=r_2-r_1=r_1+r_2-2r_1=30-2r_1$$

则

$$\Delta\varphi=\pi-\frac{2\pi}{\lambda}\delta=-14\pi+\pi r_1$$

若出现干涉相消,应使

$$\Delta\varphi=-14\pi+\pi r_1=(2k+1)\pi,k=0,\ \pm1,\ \pm2,\cdots$$

又因 $0\leqslant r_1\leqslant30$ m,所以由上式可解得

$$r_1=14+(2k+1),k=0,\ \pm1,\ \pm2,\cdots,\ \pm7$$

即:在 A、B 之间距离 A 点为 $r_1=1,3,5,\cdots,29$ m 处出现静止点.

6.5 驻 波

上一节讨论的是沿任意方向传播的两列相干波的合成情况.本节将要讨论的是沿同一直线传播方向相反的两列相干波合成的特殊情况.合成的结果会出现所谓的“驻波”.

6.5.1 驻波的产生

驻波是干涉的特例.图 6.17 是用弦线作驻波实验的示意图.弦线的一端系在音叉上,另一端系着砝码使弦线拉紧.当音叉振动时,在弦线上激发了自左向右传播的波,此波传播到固定点 B 时被反射,因此弦线上又出现了一列自右向左传播的反射波.这两列波是相干波,必定发生干涉.调解劈尖至适当的位置,可以看到弦线被分割成几段长度相等的作稳定振动的部分.在一般情况下,当两列振幅相同的相干波沿同一直线相向传播时,合成的波是一种波形不随时间变化的波,称为驻波.驻波中始终静止不动的那些点称为波节,振幅始终最大的那些点称为波腹.

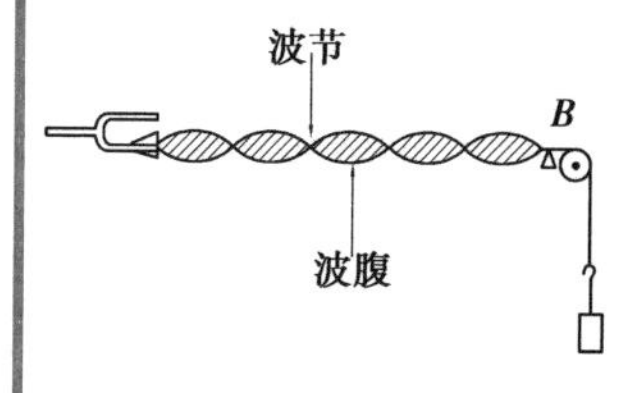

图 6.17 弦线驻波实验示意图

图 6.18 表示两列同频率、同振幅的简谐波分别沿 x 轴正方向(长虚线)和 x 轴负方向(短虚线)传播,在不同时刻的波形以及它们的合成波(实线),即驻波.

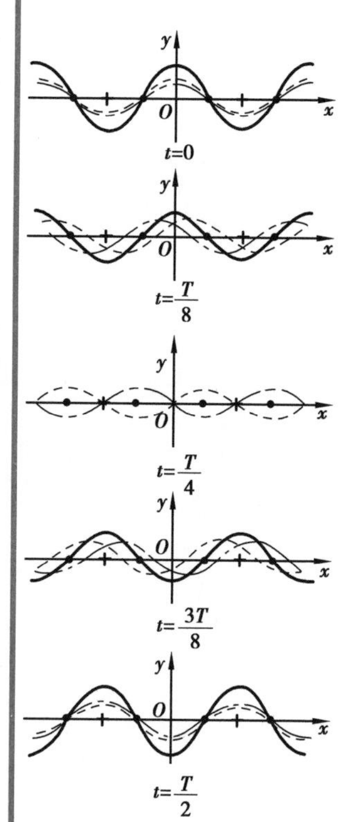

图 6.18 驻波的形成

6.5.2 驻波方程

下面以图 6.17 所示的弦线驻波为例,推出驻波的波函数表达式,对驻波进行定量描述.两个振幅相同、频率相同、初相位都为零且分别沿 Ox 轴正、负方向传播的简谐波的振动方程为

$$y_1 = A\cos\left(\omega t - \frac{2\pi}{\lambda}x\right) \tag{6.34}$$

$$y_2 = A\cos\left(\omega t + \frac{2\pi}{\lambda}x\right) \tag{6.35}$$

式中 A 为波的振幅,ω 为角频率,λ 为波长.两波在任意点处在任意时刻叠加产生的合位移为 $y = y_1 + y_2 = A\cos\left(\omega t-\frac{2\pi}{\lambda}x\right) + A\cos\left(\omega t+\frac{2\pi}{\lambda}x\right)$ 应用三角函数,上式可化为

$$y = \left(2A\cos\frac{2\pi}{\lambda}x\right)\cos\omega t \tag{6.36}$$

上式就是驻波的波函数,常称为**驻波方程**.该方程表明,驻波形成以后,弦线上各点都在作同频率的简谐振动,但各点的振幅为 $\left|2A\cos\frac{2\pi}{\lambda}x\right|$,即驻波的振幅与位置有关(与时间无关).其中振幅为零的位置称为**波节**,振幅最大的位置称为**波腹**.由驻波方程,可以求得波节和波腹的位置.

波节是静止不动的位置,振幅为零,应满足 $\cos\frac{2\pi}{\lambda}x=0$,即

$$\frac{2\pi}{\lambda}x=\left(k+\frac{1}{2}\right)\pi,k=0,\ \pm1,\ \pm2,\cdots \tag{6.37}$$

所以,波节位于

$$x=(2k+1)\frac{\lambda}{4},k=0,\ \pm1,\ \pm2,\cdots \tag{6.38}$$

波腹是振幅最大的位置,应满足 $\left|\cos\frac{2\pi}{\lambda}x\right|=1$,即

$$\frac{2\pi}{\lambda}x=k\pi,k=0,\ \pm1,\ \pm2,\cdots \tag{6.39}$$

所以,波腹位于

$$x=2k\frac{\lambda}{4},k=0,\ \pm1,\ \pm2,\cdots \tag{6.40}$$

由式(6.38)和式(6.40)可知,相邻波节或相邻波腹的距离都等于半波长.

6.5.3 相位跃变

从驻波方程出发,可以分析出驻波相位分布的特点.设在某一时刻 t,$\cos\omega t$ 为正.此时,在 $x=\pm\frac{\lambda}{4}$的两个波节之间,$\cos\frac{2\pi}{\lambda}x$ 取正值,这表示这一分段(把两个相邻波节之间的所有点称为一个分段)中所有点都在平衡位置上方.在同一时刻,对在 $x=\frac{\lambda}{4}$和$x=\frac{3\lambda}{4}$两个波节之间的各点,$\cos\frac{2\pi}{\lambda}x$ 取负值,这表示这一分段中所有点都在平衡位置下方.可见,在驻波中,两波节之间各点的振动相位相同,波节两边各点的相位相反.也就是说,形成驻波以后,没有振动状态或相位的逐点传播,只有段与段之间的相位突变,与行波完全不同.由图 6.18 亦可得出上述相位分布特点.

在图 6.17 的实验中，波在固定点 B 反射，并形成了波节.实验还表明，如果波是在自由端被反射的，则反射处是波腹.一般情况下，在两种介质的分界处形成波节还是形成波腹，与波的种类、两介质的性质等有关.定量研究表明，对机械波而言，它由介质的密度和波速的乘积 ρu（称为波阻抗）所决定.ρu 较大的称为波密介质，ρu 较小的称为波疏介质.波从波疏介质垂直入射到波密介质，并被反射回到波疏介质中时，在反射处形成波节；反之，则在反射处形成波腹.

在两种介质的分界面上若形成波节，说明入射波与反射波在此处的相位总是相反的，即反射波在分界处的相位和入射波比较发生了跃变，跃变量为 π，相当于出现了半个波长的波程差.通常把这种现象称为相位跃变 π，或者形象地称为半波损失.

6.5.4　驻波的能量

当驻波形成时，介质各点必定同时达到最大位移，又同时通过平衡位置.下面就分析这两个状态的情形.当介质质点达到最大位移时，各质点的速度为零，即动能为零，而介质各处却出现了不同程度的形变，越靠近波节处，形变量越大.所以在此状态下，驻波的能量以弹性势能的形式集中于波节附近.当介质质点通过平衡位置时，各处的形变都随之消失，弹性势能为零，而各质点的速度都达到了自身的最大值，以波腹处为最大.所以在这种状态下，驻波的能量以动能的形式集中于波腹附近.于是可以得出这样的结论：在驻波中，波腹附近的动能与波节附近的势能之间不断进行着相互转换和转移，却没有能量的定向传播.驻有停留的意思，因为这种波没有能量的定向传播，因而被形象地称为驻波.

例 6.4　两个波在一很长的弦线上传播，设其波动表达式为

$$y_1 = 0.06\cos\frac{\pi}{2}(0.02x - 8.0t)$$

$$y_2 = 0.06\cos\frac{\pi}{2}(0.02x + 8.0t)$$

各物理量均用 SI 单位.求：(1) 合成波的表达式；(2) 波节和波腹的位置.

解　(1) 这两个波在弦线上的传播方向相反，表达式可改写为

$$y_1 = 0.06\cos\left(4\pi t - \frac{2\pi}{200}x\right)$$

$$y_2 = 0.06\cos\left(4\pi t + \frac{2\pi}{200}x\right)$$

合成波为

$$y = y_1 + y_2 = 0.12 \cos 0.01\pi x \cos 4\pi t$$

这是驻波.

(2)驻波的波节和波腹的位置由$|0.12 \cos 0.01\pi x|$确定.在波节处有$\cos 0.01\pi x=0$,即$0.01\pi x=(2k+1)\dfrac{\pi}{2}$.所以波节的位置为

$$x = 50(2k + 1)\mathrm{m}, k = 0, \ \pm 1, \ \pm 2\cdots$$

在波腹处有$|\cos 0.01\pi x|=1$,即$0.01\pi x=k\pi$.所以波节的位置为

$$x = 100k \ \mathrm{m}, k = 0, \ \pm 1, \ \pm 2\cdots$$

6.6 多普勒效应

前面所讨论的都是波源和观察者相对于介质静止的情况,所以观察者接收到的波的频率与波源发出的波的频率是相同的.但是日常生活和科学观测中,经常会遇到波源或观察者或两者都相对于介质运动.例如,当高速行驶的火车鸣笛而来时,人们听到的汽笛声调变高,即频率变大;反之,当火车鸣笛离去时,人们听到的音调变低,即频率变小.这种因为波源或观察着相对于介质的运动,而使观察者接收到的波的频率有所变化.这一现象是多普勒在1842年首先发现的,称为多普勒效应.

首先要把波源的频率ν_S、观察者接收到的ν_R和波的频率ν区分清楚:ν_S是波源在单位时间内振动的次数,或在单位时间内发出完整波的数目;ν_R是观察者在单位时间内实际接收到的振动次数或完整波数;ν是介质内质点在单位时间内振动的次数,或单位时间内通过介质中某点的完整波数,并且有$\nu=u/\lambda$,其中u为介质中的波速,λ为介质中的波长.这三个频率可能互不相同,下面分几种情况讨论发生在波源和观察者连线上的多普勒效应.

6.6.1 波源不动,观察者以速度 v_R 相对于介质运动

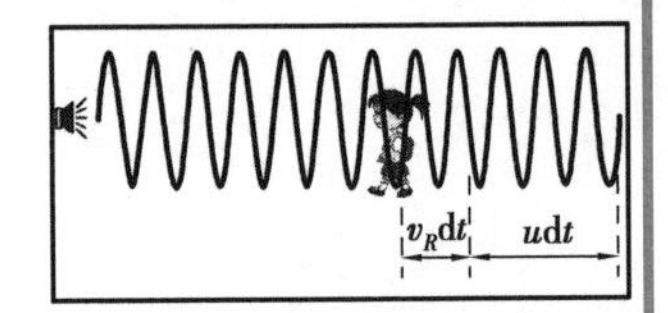

图 6.19 波源不动,观察者动的情况

如图6.19所示,先假定观察者不动,波以速度u向观察者传播.波在$\mathrm{d}t$时间内传播的距离为$u\mathrm{d}t$.观察者接收到的完整波数,即为分布在距离$u\mathrm{d}t$中的波数.现在观察者以速度v_R迎着波的传播方向运动,$\mathrm{d}t$时间内移动的距离为$v_R\mathrm{d}t$,因此分布在距离$u\mathrm{d}t$内的波也应被观察者接收到.总体来说,在$(u+v_R)\mathrm{d}t$距离内的波都被观察者接收到了.所以,观察者接收到的频率(即完整

波数)为

$$\nu_R = \frac{u + v_R}{\lambda} \tag{6.41}$$

由于此时波源在介质中是静止的,波的频率等于波源的频率,即 $\nu=\nu_S$,所以上式可变为

$$\nu_R = \frac{u + v_R}{u}\nu = \frac{u + v_R}{u}\nu_S \tag{6.42}$$

上式表明,当观察者向着波源运动时,观察者接收到的频率为波源频率的$\left(1+\frac{v_R}{u}\right)$倍,即 $\nu_R>\nu_S$.

当观察者远离波源时,按类似的分析,可得观察者接收到的频率为

$$\nu_R = \frac{u - v_R}{u}\nu = \frac{u - v_R}{u}\nu_S \tag{6.43}$$

即此时观察者接收到的频率低于波源的频率.

6.6.2　观察者不动,波源以速度 v_S 相对于介质运动

波长是介质中相位差为 2π 的两个振动状态之间的距离.而由于波源是运动的,它所发出的这两个相位差为 2π 的振动状态,是在不同地点发出的.如图 6.20(b)所示,假设波源以速度 v_S 向着观察者运动,则当波源从 S_1 点发出的某种振动状态经过一个周期 T 的时间传到 A 点时,波源已经运动到了 S_2 点,此时才发出与该振动状态相位差为 2π 的下一个振动状态.可见 S_2 与 A 点之间的距离为此情形下的实际波长 λ',即

$$\lambda' = \lambda - v_S T \tag{6.44}$$

式中 $\lambda=uT$,为波源静止时的波长.进而可得波在介质中的频率为

$$\nu = \frac{u}{\lambda'} = \frac{u}{u - v_S}\nu_S \tag{6.45}$$

由于观察者静止,所以他接收到的频率就是波在介质中的频率,即

$$\nu_R = \nu = \frac{u}{u - v_S}\nu_S \tag{6.46}$$

上式表明,当波源向着静止的观察者运动时,观察者接收到的频率高于波源的频率.

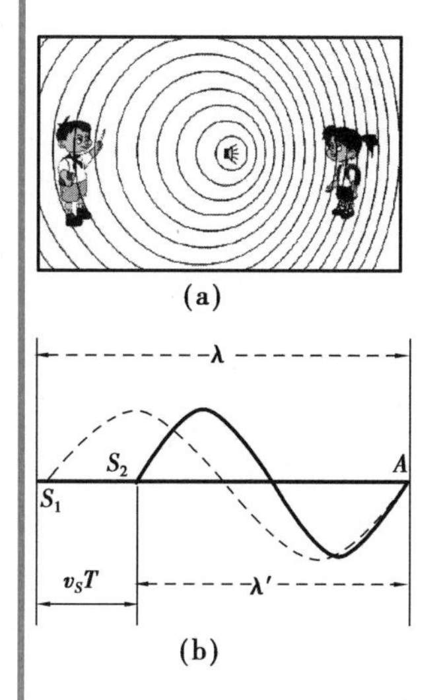

图 6.20　观察者不动,波源不动的情况

如果波源远离观察者运动,通过类似的分析,可求得观察者接收到的频率为

$$\nu_R = \nu = \frac{u}{u + v_S}\nu_S \tag{6.47}$$

此时观察者接收到的频率低于波源的频率.

图 6.20(a)表示,波源在移动时每个波动形成的波阵面,其球面不是同心的,相邻波阵面的距离为一个波长.从图中可以清楚地看出,在波源运动的前方波长变短,后方波长变长.

6.6.3 波源与观察者同时相对介质运动

综合以上两种情况,可得到波源与观察者同时相对介质运动时,观察者所接收到的频率为

$$\nu_R = \frac{u \pm v_R}{u \mp v_S}\nu_S \tag{6.48}$$

上式中,观察者向着波源运动时,v_R取正号,远离时取负号;波源向着观察者运动时,v_S 取负号,远离时取正号.

综上可知,只要波源和观察者互相接近,接收到的频率就高于原来波源的频率;两者互相远离,接收到的频率就低于原来波源的频率.

以上关于弹性波多普勒效应的频率改变公式,都是在波源和观察者的运动发生在沿两者连线的方向(即纵向)上推得的,为纵向多普勒效应.如果运动方向不沿两者的连线,则在上述公式中的波源和观察者的速度是沿两者连线方向的速度分量.这是因为弹性波不存在横向多普勒效应.光波不仅存在纵向多普勒效应,而且存在横向多普勒效应.

多普勒效应现已在科学研究、空间技术、医疗诊断等方面都有着广泛的应用.分子、原子或离子由于热运动而使它们发射或吸收的光谱线频率范围变宽,这称为**谱线多普勒增宽**.谱线多普勒增宽的测定已经成为分析恒星大气、等离子体和受控热核聚变的物理状态的重要手段.根据多普勒效应制成的雷达系统可以十分准确而有效地跟踪运动目标.利用超声波的多普勒效应可以对人体心脏的跳动以及其他内脏的活动进行检查,对血液流动情况进行测定.

光的多普勒效应在天体物理学中有许多重要应用.例如用这种效应可以确定发光天体是向着地球还是背离地球而运动,运动速率有多大.通过对多普勒效应所引起的天体光波波长偏移的测

定,发现所有被测定的星系的光波波长都向长波方向偏移,这就是光谱线的多普勒红移,从而确定所有星系都在背离地球运动.这一结果成为宇宙演变的所谓“宇宙大爆炸”理论的基础.“宇宙大爆炸”理论认为,现在的宇宙是从大约 150 亿年以前发生的一次剧烈的爆发活动演变而来的,此爆发活动就称为“宇宙大爆炸”.“大爆炸”以其巨大的力量使宇宙中的物质彼此远离,它们之间的空间在不断增大,因此原来占据的空间在膨胀,也就是整个宇宙在膨胀,并且现在还在继续膨胀着.

例 6.5　一警报器发射频率为 1 000 Hz 的声波,离观察者向一固定的目的物运动,其速度为 10 m/s,试问:

(1)观察者直接听到从警报器传来声音的频率为多少?(2)观察者听到从目的物反射回来的声音频率为多少?(3)听到的拍频是多少?(空气中的声速为 330 m/s).

解　已知 $\nu_s=1\ 000$ Hz,$v_S=10$ m/s,$u=330$ m/s.

(1)观察者直接听到从警报器传来声音的频率为

$$\nu_1=\frac{u}{u+v_S}\nu_S=970.6\ \text{Hz}$$

(2)目的物接收到的声音频率为

$$\nu'_2=\frac{u}{u-v_S}\nu_S=1\ 031.3\ \text{Hz}$$

目的物反射的声音频率等于入射声音的频率 ν'_2,静止观察者听到反射声音的频率为

$$\nu_2=\nu'_2=1\ 031.3\ \text{Hz}$$

(3)观察者听到的两波合成的拍频是

$$\nu=\nu_2-\nu_1=60.7\ \text{Hz}$$

* 6.7　声　波

在弹性介质中传播的机械波,能引起人听觉的频率范围为 20 Hz~20 kHz,通常将此范围内的机械波称为可闻声波,简称声波.频率高于 20 kHz 的机械波通称为超声波,低于 20 Hz 的机械波通称为次声波.超声波、声波、次声波都是机械波,在物理本质上并无区别,因此有时广义上将以上三种波都称为声波.

6.7.1　声强级

声波是人类生活中接触最多的一种机械波.它可以在气体和液体中传播,也可以在固体中传播.在空气等流体中传播的声波都是纵波,而固体中的声波既可以是纵波,也可以是横波.

声波的强度称为声强,用 I 表示.由式(6.22)可知,声强为

$$I=\bar{w}u=\frac{1}{2}\rho A^2\omega^2u \tag{6.49}$$

即声强与频率的平方、振幅的平方成正比,其单位是 W/m^2.频率在 20 Hz~20 kHz 的声波,也不一定能引起人的听觉,因为声音还有强弱之分.声音太小,人耳感觉不到;声音太大,又会引起人的痛觉.因此要引起正常的听觉,就要求有一定的声强范围.例如爆炸声、炮声等声波由于振幅大、声强也可以很大.实验表明,能够引起人的听觉的声强范围约为 10^{-12}~1 W/m^2.

由于引起人耳听觉的声强范围太大,数量级相差也太大,使用时很不方便,此外,人耳对声音强弱的主观感觉——响度,也不与声强成正比,而是与声强的对数成正比,因此在声学中常用声强级来描述声波在介质中各点的强弱.通常规定:以声强 $I_0=10^{-12}\,W/m^2$(即相当于频率为 1 000 Hz 的声波能够引起听觉的最弱的声强)为测定声强的标准,如果某一声波的声强为 I,则比值 I/I_0 的对数,称为声强 I 的声强级,用 L_I 表示,即

$$L_I=\lg\frac{I}{I_0}\quad(\mathrm{B}) \tag{6.50}$$

式中,B 是声强级的单位贝尔的国际符号.但贝尔这一单位太大,实际应用时通常采用贝尔的 1/10,即分贝(dB)为单位,则上式又可表示为

$$L_I=10\lg\frac{I}{I_0}\quad(\mathrm{dB}) \tag{6.51}$$

通常,人们谈话时声音的声强约为 10^{-7}~$10^{-6}\,W/m^2$,相应的声强级为 60~70 dB.一般而言,室内噪声在 80 dB 以上时,人们就会感到不舒服,从而影响工作与休息.如果长期在高噪声的环境下工作或生活,就会损害健康,因此必须采取有效措施控制噪声.

表 6.1 列出一些常遇到的声音的声强、声强级和响度.

表 6.1　一些声音的声强、声强级和响度

声　源	声强/($W\cdot m^{-2}$)	声强级/dB	响度
会聚超声波	10^9	210	
引起痛觉的声音	1	120	震耳
钻岩机或铆钉机	10^{-2}	100	震耳

续表

声　源	声强/(W·m^{-2})	声强级/dB	响度
交通繁忙的街道	10^{-5}	70	响
通常的谈话	10^{-6}	60	正常
耳语	10^{-10}	20	轻
树叶沙沙声	10^{-11}	10	极轻
引起听觉的最弱声音	10^{-12}	0	

例6.6　一面向街道的窗口，面积约为3 m^2，街道上的噪声在窗口的声强级为70 dB，问传入室内的声功率多大？

解　按声强级的定义式(6.49)计算声强为

$$I = I_0 10^{\frac{L_I}{10}} = 10^{-12} \times 10^7 \text{ W/m}^2 = 10^{-5} \text{ W/m}^2$$

由式(6.21)知，传入室内的声功率，即声的平均能流为

$$\overline{P} = IS = 10^{-5} \times 3 \text{ W} = 3 \times 10^{-5} \text{ W}$$

6.7.2　超声波

超声波在介质中的传播规律与声波大体相同，也具有波动的一般特性，能产生反射、折射、干涉和衍射等现象.但由于超声波频率高、波长短，因此又产生了一系列与声波不同的特点，以及由此而带来的多种应用.但是由于气体对超声波的吸收能力很强，液体和固体对超声波的吸收能力较弱，因此超声波主要应用于液体和固体中.

由于超声波的波长比在同种介质中的声波的波长短得多，衍射现象不明显，所以可以像光一样沿直线传播，具有很好的定向性；超声波在传播过程中遇到两种介质分界面时会有强度明显的反射；由于波的强度与频率平方成正比，所以在振幅相同时，超声波比普通声波具有大得多的能量；超声波在固体和液体中具有很强的穿透能力，在不透明的固体中，超声波可以穿透几十米的厚度，在水中超声波可以传播几千米，甚至几百万米的距离.利用上述特点，可以采用超声波进行水下探测.例如用超声波制成的“声波雷达”(又称为声呐)可以用来探测鱼群、潜艇的位置以及测量海水的深度等；利用超声波发生器发出的超声波束，可以探测待测物质中有无障碍物以及它的位置、大小和特征等，这就是超声检测.它是一种无损检测，可以用来检查固体材料中的缺陷(如气

泡、裂缝、砂眼等),也可以用来显示人体内脏病变图像.如医学上常用的B超,就是把超声波发生器(俗称超声探头)在人体表面扫动或在一处转动,使超声波束在体内做线状或扇形扫描,再配合电子仪器,从而显示出人体内部与波束方向平行的断层上的超声图像.

当强超声波在液体中传播时,声压振幅可达几十个大气压,因此在短距离内就可以产生很大的压强差,液体在这样的巨力作用下发生剧烈的摩擦,产生局部的高温、高压以及放电现象,从而破坏物质结构,也能加速化学反应的进行.利用超声波的这种性质可以进行粉碎、焊接、钻孔、清洗、除尘等.

由于声波只在高频情况下才能与物质相互作用,而超声波的频率很高,所以它可以与物质相互作用,产生一些物理效应、化学效应或生物效应等.例如超声波可以刺激调节细胞膜,增加表皮通透性,使营养和药物更快吸收,加速新陈代谢,增强组织的再生过程,从而达到美容或治疗创伤的目的.

近年来,由于超声表面技术的发展,以及更高频率超声波发生器的产生,超声波的用途越来越广,不仅涉及生产和生活的很多方面,也为科学研究提供了有效手段和途径.例如超声已与电磁波和粒子轰击一样,并列为研究物质微观过程的三大重要手段.运用超声技术制成的高频信号振荡器、谐振器、滤波器也被广泛应用于电视、通信、雷达等方面.随着科学技术的发展,超声波将会发挥越来越多的作用.

6.7.3 次声波

次声波又称亚声波,频率通常为10^{-4}~20 Hz.自然界中的很多现象都会产生次声波.例如在大气湍流、火山爆发、地震、陨石落地、雷暴、磁暴等大规模自然活动中,都有次声波产生;另外一些人为的活动,例如工业和交通工具所产生的次声波段噪声,超音速喷气机起飞、降落,以及各种爆炸,尤其是核爆炸、火箭发射等都能产生强度很大的次声波.

次声波虽然不能引起人的听觉,但一定强度的次声波会对人的平衡系统产生干扰,因为人的内脏和躯体的固有频率一般在几赫兹范围内,易与次声波发生共振,从而使人的生理或心理产生不适的感觉,如恶心、头晕或精神沮丧等,严重时会使人体器官受到损伤,甚至会导致死亡.次声波对其他动物的影响甚至更大.例如大地震前经常会出现动物的反常行为,就是由于震源发出的次声波作用于动物身体使其产生不适的结果.

次声波的波长很长，只有遇到巨大障碍物或介质的分界面时才会发生明显的反射和折射，并且在传播过程中衰减极小，因此具有远距离传播的突出特点.如今次声波已成为研究地球、海洋、大气等大规模运动的有力工具，并已形成现代声学的一个新的分支——次声学.

思考题

6.1　简谐波与简谐运动有何区别和联系？

6.2　关于波长的概念有三种说法，分析它们是否一致：

(1) 同一波线上，相位差为 2π 的两个振动质元之间的距离；

(2) 在一个周期内，振动所传播的距离；

(3) 横波的两个相邻波峰(或波谷)之间的距离；纵波的两个相邻密部(或疏部)对应点之间的距离.

6.3　在同一种介质中传播着两列不同频率的简谐波，它们的波长是否可能相等？为什么？如果这两列波分别在两种介质中传播，它们的波长是否可能相等？为什么？

6.4　平面简谐波的波函数 $y(x,t)=A\cos\left[\omega\left(t-\frac{x}{u}\right)+\varphi\right]$ 中的 $\frac{x}{u}$ 表示什么？φ 表示什么？如果把它写成 $y(x,t)=A\cos\left[\left(\omega t-\frac{\omega x}{u}\right)+\varphi\right]$，那么 $\frac{\omega x}{u}$ 又表示什么？

6.5　在波传播方向上的任一质元振动相位总是比波源的相位落后，这一说法正确吗？

6.6　在相同温度下氢气和氦气中的声速哪个大？

6.7　一平面简谐波沿一拉紧的弦线传播，波速 $u=\nu\lambda$，有人说可以利用提高弦的振动频率来提高波的传播速度，这一说法正确吗？如何才能提高波速呢？

6.8　从能量的观点看，谐振子与传播介质中的体积元有何不同？

6.9　我们知道机械波可以传送能量，那么机械波能传送动量吗？

6.10　波从一种介质进入另一种介质，波长、频率、波速、能量等各物理量中，哪些量会变化？哪些量不变化？

6.11　一平面简谐波在弹性介质中传播，在某一瞬时，介质中某质元正处于平衡位置，此时它的动能和势能如何？若该质元处于位移最大处时，情况又如何？

*6.12　两列振幅相等的相干波在空间相遇，由加强和减弱的条件可得出相互加强处，合强度是一列波强度的 4 倍；相互减弱处，合强度为零.试问加强处的能量是哪来的？减弱处的能量去了哪里？

*6.13　驻波和行波有什么区别？驻波中各质元的相位有什么关系？为什么说相位没有传播？驻波中各质元的能量如何变化？为什么说能量没有传播？驻波的波形有何特点？

习 题

6.1 一波源作简谐振动,位移与时间的关系为 $y=4.00\times10^{-3}\cos 240\pi t$(式中长度的单位为 m,$t$ 的单位为 s),它所激发的波以 30.0m/s 的速率沿一直线传播.求波的周期和波长,并写出波函数.

6.2 一横波沿绳子传播时的波动表达式为 $y=0.05\cos(10\pi t-4\pi x)$,$x$,$y$ 的单位为 m,t 的单位为 s.试求:(1)此波的振幅、波速、频率和波长;(2)绳子上各质点振动的最大速度和最大加速度;(3)$x=0.2$ m 处的质点在 $t=1$ s 时的相位,它是原点处质点在哪一时刻的相位?(4)分别画出 $t=1$ s、$t=1.25$ s、$t=1.50$ s 各时刻的波形.

6.3 频率为 $\nu=12.5$ kHz 的平面余弦纵波沿细长的金属棒传播,波速为 5.0×10^3 m/s.如以棒上某点取为坐标原点,已知原点处质点振动的振幅为 $A=0.1$ mm,试求:(1)原点处质点的振动表达式;(2)波函数;(3)离原点 10 cm 处质点的振动表达式;(4)离原点 20 cm 和 30 cm两点振动的相位差;(5)在原点振动 0.002 1 s 时的波形.

6.4 在平面简谐波传播的波线上有相距 3.5 cm 的 A、B 两点,B 点的相位比 A 点落后 $\pi/4$.已知波速为 15 cm/s,试求此波的频率和波长.

6.5 一平面简谐波沿 x 轴正向传播,振幅 $A=0.1$ m,频率 $\nu=10$ Hz,当 $t=1.0$ s 时,$x=0.1$ m处的质点 P 的振动状态为 $y_P=0$,$v_P=\left(\dfrac{\mathrm{d}y}{\mathrm{d}t}\right)_P<0$;此时 $x=0.2$ m 处的质点 Q 的振动状态为 $y_Q=5.0$ cm,$v_Q>0$.P、Q 两质点的间距小于一个波长.求波的表达式.

6.6 有一平面简谐波沿 x 轴正向传播,已知振幅 $A=1.0$ m,周期 $T=2.0$ s,波长 $\lambda=2.0$ m.在 $t=0$ 时,坐标原点处的质点位于平衡位置沿 y 轴的正方向运动.求:(1)波动方程;(2)$t=1.0$ s 时各质点的位移分布,并画出该时刻的波形图;(3)$x=0.5$ m 处质点的振动规律,并画出该质点的位移与时间的关系曲线.

6.7 一平面波在介质中以速度 $u=20$ m/s 沿 x 轴负方向传播,已知 P 点的振动表达式为 $y_P=2\cos 4\pi t$,t 的单位为 s,y 的单位为 m.(1)以 P 为坐标原点写出波动表达式;(2)以距 P 点 10 m 处的 Q 点位坐标原点,写出波动表达式.

6.8 已知一沿 x 轴负方向传播的平面余弦波,在 $t=1/3$ s 时的波形如题 6.8 图所示,且周期 $T=2$ s.(1)写出 O 点的振动表达式;(2)写出此波的波动表达式;(3)写出 Q 点的振动表达式;(4)Q 点离 O 点的距离多大?

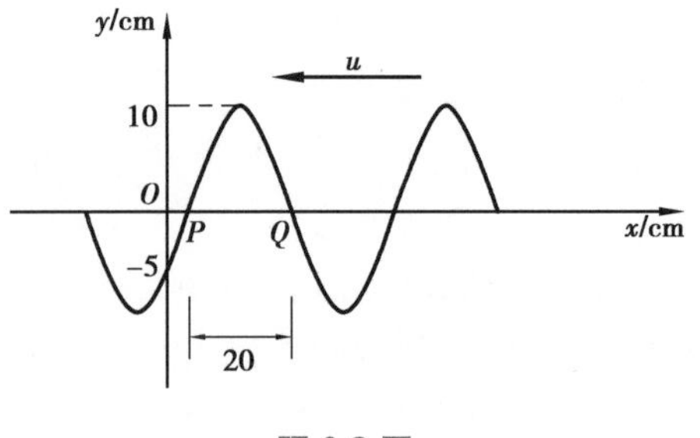

题 6.8 图

6.9 同一介质中的两个波源位于 A、B 两点,其振幅相等,频率都是 100 Hz,相位差为 π.若 A、B 两点相距为 30 m,波在介质中的传播速度为 400 m/s,试求 AB 连线上因干涉而静止的各点位置.

6.10 弦线上的驻波相邻波节的距离为 65 cm,弦的振动频率为 2.3×10^2 Hz,求波的传播速度 u 和波长 λ.

6.11　一根线上的驻波方程为 $y=0.040\sin(5\pi x)\cos(40\pi t)$,式中 y、x 以 m 为单位,t 以 s 为单位,求:(1)在 $0\leqslant x\leqslant 0.400$ m 内所有波节的位置.(2)线上除波节之外的任意点的振动周期是多少?(2)在 $0\leqslant t\leqslant 0.050$ s 内的什么时刻,线上所有点的横向速度为零?

6.12　道路交通管理条例中规定,在城市街道上小型客车的行驶速度不得超过 70 km/h.为了检查过往车辆的行驶速度,某岗亭上装置了超声波探测器,它能够发射出频率为 100 kHz 的超声波探测讯号.有一辆迎面驶来的小型客车,探测器所接收到的从车辆反射回来的超声波频率为 112 kHz.已知此时空气中的声速为 340 m/s,试问该车辆是否违章?

6.13　蝙蝠利用超声脉冲导航可以在洞穴中飞来飞去.若蝙蝠发射的超声频率为 39 kHz,在朝着表面平坦的墙壁飞扑的期间,它的运动速率为空气中声速的 1/40.试问蝙蝠接收到的反射脉冲的频率是多少?

第7章 气体动理论

热学是研究物质的热运动以及与热相联系的各种规律的学科，它与力学、光学以及电磁学一起被称为经典物理的四大基础.

热力学根据由观察和实验总结出来的热现象的规律，用严密的逻辑推理方法，研究各种宏观物体的热性质，它是一种唯象的、描述性的理论.因为热力学理论建立在大量的观察和实验基础之上，因而具有很强的普适性和较高的准确性，但不能解释物体热现象和热性质的微观本质.不考虑物体宏观的机械运动，而从物质的微观结构和粒子的微观运动着手，研究宏观物体的热现象和粒子热运动规律的理论称为统计物理学.统计物理学认为，单个粒子的运动遵循力学规律，由大量粒子组成的系统的整体行为和性质却遵循统计规律，系统的宏观性质是大量粒子的集体表现.统计物理是一种深刻的解释性理论，系统而严谨，具有高度的概括性和普适性，并能揭示物体热现象和热性质的微观本质.但在具体预测或计算某物体的热性质时，依赖于具体物体的微观简化模型，故其结果的精确性稍逊一筹.热力学和统计物理是关于大量粒子系统宏观热现象的基本理论，二者既各具特色，又互相补充，相得益彰，形成了完整的热学理论.

气体动理论是统计物理的一个组成部分，它是由麦克斯韦、玻尔兹曼等人在19世纪中叶建立起来的.这一理论从气体的微观结构模型出发，根据大量分子运动所表现出来的统计规律，解释气体的宏观热性质，从而揭示气体所表现出来的宏观热现象的本质.本章首先引入热力学平衡态、态参量和温度等概念，给出理想气体的物态方程，然后利用理想气体的微观模型，采用统计的方法，导出理想气体的压强公式，解释温度的微观本质，讨论能量均分定理和麦克斯韦气体分子速率分布律，最后介绍气体的运输过程和分子的平均自由程.

7.1 温度和理想气体的物态方程

7.1.1 热力学系统、平衡态、态参量

热学研究的是一切与热现象有关的问题,其研究对象可以是固体、液体或者气体,这些大量微观粒子(原子、分子)组成的宏观物体,称为热力学系统,简称系统.与系统发生相互作用的外部环境物质称为外界.按照系统与外界的交换特点,可将系统分为孤立系统、封闭系统和开放系统.如果一个热力学系统与外界不发生任何物质和能量的交换,则该系统被称为孤立系统.如果一个热力学系统与外界只有能量交换而无物质交换,则该系统被称为封闭系统.如果一个热力学系统与外界同时有能量和物质交换,则称为开放系统.

按照系统所处状态可将系统分为平衡态系统和非平衡态系统.人们在实践中发现,一个不受外界影响的系统,即孤立系统,在经过足够长的时间后,最终总会达到宏观性质不随时间变化且处处均匀一致的状态,这种状态称为平衡态.平衡态是系统状态的一种特殊情况,在此状态下系统化同时满足热学平衡条件、力学平衡条件和化学平衡条件。而不满足上述条件的系统状态称为非平衡态.比如,有一密闭容器,中间用一隔板隔开,将其分成 A、B 两室,其中 A 室充满某种气体,B 室为真空室,如图 7.1(a)所示,最初 A 室气体处在平衡态,其宏观性质不随时间变化,然后将隔板抽去,A 室气体向 B 室扩散.由于气体在扩散过程中,气体体积、压强不断变化,因此过程中的每一中间态都是非平衡态.随着时间的推移,气体充满整个容器,扩散停止,此时系统的宏观性质不再随时间而变化,系统达到新的平衡态,如图 7.1(b)所示.

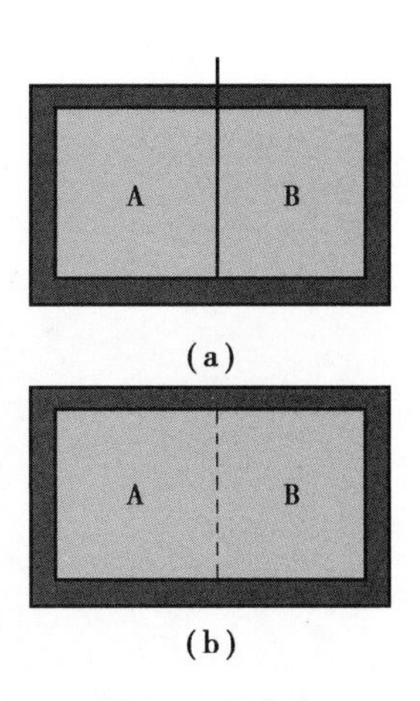

图 7.1　平衡态

需注意:如果系统与外界有能量交换,即使系统的宏观性质不随时间变化,也不能断定系统是否处于平衡态.例如,将铁棒的一端与高温热源相接触,另一端与低温热源相接触,在经过足够长的时间后,铁棒上每一点的宏观性质不会随时间变化,但由于铁棒不是孤立系统,要受到外界条件的影响,因此这不是平衡态,而是一种稳定态.

平衡态是一理想概念,是外界条件变化很慢时的一种近似。因为任何一个系统不可能不受到外界的影响.一个实际系统处于平衡态时需要满足:

(1)系统与外界没有物质交换,且其能量交换可以略去不计,

则可以认为系统不受外界影响;

(2)平衡态下系统的宏观性质不随时间变化.

系统平衡态是一种动态平衡,宏观性质不随时间变化,但从微观上看,组成系统的大量粒子的微观运动状态仍处于不停变化之中,只是大量粒子运动的总效果不变,在宏观上表现为系统的宏观性质不变.

要研究热力学系统的性质及其变化规律,需要对系统的状态进行描述,常采用一些表示物体有关特性的物理量作为描述状态的参数,称为态参量。对一定量的气体,其宏观状态可用气体的体积 V、压强 p 和热力学温度 T 来描述.气体的体积、压强和温度这三个物理量称为气体的态参量,其中体积 V 是几何量,压强 p 是力学量,而温度 T 属热学量,它们都是宏观量.而组成气体的分子都具有各自的质量、速度、动量、能量等,这些描述个别分子的物理量称为微观量.宏观量和微观量都是描述同一物理对象,它们之间存在一定的内在联系。宏观量总是一些微观量的统计平均值。由于其统计本质,平衡状态下的宏观量数值会与确定值发生微小的偏差,这种现象称为涨落。由于宏观系统的大数粒子特性,这种涨落可以忽略不计。

气体的体积是气体分子所能达到的空间,与气体分子本身体积的总和是完全不同的概念.气体体积的国际单位制单位为立方米(m^3),其他常用单位有升(L),换算关系为 $1\ m^3=10^3\ L$.

气体的压强是气体作用在容器器壁单位面积上的指向器壁的垂直作用力,即作用于器壁上单位面积的正压力,$p=F/S$.在国际单位制中,压强的单位为帕斯卡,简称帕(Pa),$1\ Pa=1\ N/m^2$,其他常用压强单位有标准大气压(atm),毫米汞高(mmHg)等,其换算关系为:$1\ atm=1.013\ 25\times105\ Pa=760\ mmHg$.

7.1.2 温度　热力学第零定律　温标

温度是热力学中一个非常重要和特殊的态参量,用来表征物体的冷热程度,但冷热取决于人们对物体的直接感觉,这种感觉往往是不准确的.例如,在寒冷的冬天,用手触摸温度相等的铁球和木球,会明显感觉到铁球要比木球冷,其原因不在于物体本身的温度,而在于两种物质导热能力的差异.这种建立在主观感觉上的概念,注定要被严格而科学的定义取代.

假设有两个热力学系统,原来各自处于平衡态,现使两个系统相互接触并能发生传热(称热接触),热接触后的两个系统的状态一般都将发生变化,但经过一段时间后,两个系统的状态便不再变化,这表明两个系统最终达到了一个共同的平衡态.由于这种共同的平衡态是两个系统在发生传热的条件下达到的,所以称二者处于热平衡.当然,两个系统即使不进行热接触也能达到热平衡,热接触仅仅为热平衡提供了一定的条件而已.

现在考虑A、B、C三个系统,将系统A和系统B分别与热源C接触,经过足够长的时间后,A和B分别与C达到了热平衡,然后再将A和B接触,这时我们观察不到A和B状态发生任何变化,这表明A和B也已处于热平衡.这一实验规律称为热力学第零定律,表述为:如果两个热力学系统中的每一个都与第三个热力学系统处于热平衡,则这两个系统也必然处于热平衡.

热力学第零定律说明,互为热平衡的物体必然具有共同的宏观性质.定义这个决定一系统与其他系统是否处于热平衡的宏观性质为温度,它的特征就是一切互为热平衡的系统都具有共同的温度.

热力学第零定律的重要性不仅在于给出了温度的定义,而且指出了温度的测量方法.可以选择适当的系统作为温度计,测量时使温度计与待测系统热接触,当二者达到热平衡时,温度计所指示的温度就是待测系统的温度.要定量描述温度,还必须给出温度的数值表示法——温标.同一温度在不同的温标中具有不同的数值.在日常生活中常用的一种温标是摄氏温标,用 t 表示,其单位为摄氏度(℃),人们将水的冰点定义为摄氏温标的0 ℃,水的沸点定义为摄氏温标的100 ℃,并将冰点温度和沸点温度之差的1%规定为1 ℃.科学技术领域常用的是另一种温标,称为热力学温标,也叫开尔文温标,用 T 表示,它在国际单位制中的名称为开尔文,简称开(K).这种温标是不依赖于任何测温物质和测温属性的理想温标,它避免了测温物质和测温属性对测量温度的影响.它规定水的三相点温度为273.16 K.

热力学温标的刻度单位与摄氏温标相同,它们之间的换算关系为

$$T = 273.15 + t \tag{7.1}$$

即热力学温标规定273.15 K为摄氏温标的零度.

温度没有上限,却有下限,温度的下限是热力学温标的绝对零度.温度可以无限接近于0 K,但永远不能达到0 K.目前实验室能够达到的最低温度为 2.4×10^{-11} K.

7.1.3 气体的三条实验定律

在足够宽广的温度、压强变化范围内进行研究发现,气体的

温度、体积以及压强三者变化的关系相当复杂.但是在气体的温度不太低(与室温相比)、压强不太大(与大气压相比)和密度不太高时,不同的气体遵守同样的实验规律,即玻意耳-马略特定律、查理定律和盖·吕萨克定律.如果气体在压强很大、温度很低,即气体很不稀薄甚至接近液化时,实验结果与上述定律相比会有很大的偏差.

1)玻意耳-马略特定律

英国科学家玻意耳和法国科学家马略特分别于 1662 年和 1679 年通过实验独立发现,一定质量的气体,当温度保持不变时,它的压强与体积的乘积等于恒量.即

$$pV = C \tag{7.2}$$

并且常数 C 与温度有关,亦即在一定温度下,对一定量的气体,其体积与压强成反比.

2)查理定律

查理定律认为一定质量的气体,当体积保持不变时,它的压强随温度线性变化,即

$$p = p_0 + \alpha T \tag{7.3}$$

式中,p 和 p_0 分别表示温度为 t℃和 0 ℃时的压强;α 为气体压强系数.

3)盖·吕萨克定律

盖·吕萨克定律认为一定质量的气体,当压强保持不变时,它的体积随温度线性变化,即

$$V = V_0 + \beta_T \tag{7.4}$$

式中,V 和 V_0 分别表示温度为 t ℃和 0 ℃时的气体体积;β 为气体体胀系数.

7.1.4 理想气体物态方程

当质量一定的气体处于平衡态时,其三个态参量 p、V、T 之间并不相互独立,而是存在一定的函数关系,其表达式称为气体的物态方程,一般可表示为

$$f(p,V,T) = 0 \tag{7.5}$$

在热力学部分,气体物态方程的具体形式是由实验来确定的.实验表明,在压强不太高、温度不太低的条件下,各种气体都遵从玻意耳定律、查理定律和盖·吕萨克定律.我们把严格遵从上述三

定律的气体称为理想气体.理想气体是一种很重要的理论模型,它反映了各种气体在密度趋于零时的共同的极限性质。由气体的三大定律可以得到质量为 m、摩尔质量为 M 的理想气体物态方程为

$$pV = \frac{m}{M}RT = \nu RT \tag{7.6}$$

式中,$\nu = m/M$ 为物质的量;R 为普适气体常量,在国际单位制中,

$$R = \frac{p_0 V_m}{T} \approx \frac{1.013 \times 10^5 \times 22.4 \times 10^{-3}}{273}\ \mathrm{J/(mol \cdot K)}$$

$$\approx 8.31\ \mathrm{J/(mol \cdot K)}.$$

在许多实际问题中,往往遇到包含各种不同化学成分的混合气体,如果混合气体的各个组成部分都看成理想气体,而且组成部分彼此之间没有化学反应和其他相互作用,其状态参数间的关系也符合理想气体物态方程式(7.6),这类气体称为混合理想气体.在应用式(7.6)处理混合理想气体问题时,应注意其物质的量等于各组成部分的物质的量之和,压强为各个组成部分的压强之和.

7.1.5　实际气体的物态方程

实际气体的分子有内在结构并存在相互作用,两分子相距较近时,其相互作用力为斥力且随距离缩短急剧增大;相距较远时,引力随距离增大逐渐减小.实际气体与理想气体微观模型的差异,导致物态方程不同.范德瓦耳斯就是考虑到分子本身有一定的大小及分子间的引力作用,通过对理想气体物态方程进行适当修正,导出了后来被称作范德瓦耳斯方程的气体物态方程式.

$$\left(p + \frac{a}{V^2}\right)(V - b) = RT \tag{7.7}$$

式(7.7)为 1 mol 气体的范德瓦耳斯方程.容易写出$\frac{m}{M}$摩尔、体积为 V、温度为 T 的气体的范德瓦耳斯方程为

$$\left(p + \frac{m^2 a}{M^2 V^2}\right)\left(V - \frac{m}{M}b\right) = \frac{m}{M}RT \tag{7.8}$$

范德瓦耳斯方程是最早和最有影响的实际气体的物态方程之一.它不仅对实际气体偏离理想气体性质的原因作了定性解释,还对液态及气液转变作出一定程度的描述.必须说明的是,范德瓦耳斯方程是一个半经验性公式,参数 a 和 b 要由实验来确定.

例 7.1　氧气瓶的容积为 $3.2\times10^{-2}\ m^3$,其中氧气的压强为 1.30×10^7 Pa,氧气厂规定压强降到 1.00×10^6 Pa 时,就应重新充气,以免经常洗瓶.某小型吹玻璃车间,平均每天用去0.4 m^3 压强为 1.01×10^5 Pa 的氧气,问一瓶氧气能用多少天?(设使用过程中温度不变)

解一　从氧气质量的角度计算.利用理想气体物态方程求出每天使用的氧气质量 m_3 和可供使用的氧气的质量(即原瓶中氧气的总质量 m_1 和需充气时瓶中剩余氧气的质量 m_2 之差),从而可求得使用天数 $n=(m_1-m_2)/m_3$.因为

$$m_1=\frac{Mp_1V_1}{RT},m_2=\frac{Mp_2V_2}{RT},m_3=\frac{Mp_3V_3}{RT},V_1=V_2$$

所以一瓶氧气可用天数

$$n=\frac{m_1-m_2}{m_3}=\frac{(p_1-p_2)V_1}{p_3V_3}\approx9.5$$

解二　从容积的角度计算.利用等温膨胀条件将原瓶中氧气由初态($p_1=1.30\times10^7$ Pa, $V_1=3.2\times10^{-2}\ m^3$)膨胀到充气条件下的终态($p_2=1.00\times10^6$ Pa, V_2 待求),比较可得 p_2 状态下实际使用掉的氧气的体积为 V_2-V_1.同样将每天使用的氧气由初态($p_3=1.01\times10^5$ Pa, $V_3=0.4\ m^3$)等温压缩到压强为 p_2 的终态,并算出此时的体积 V_2',由此可得使用天数 $n=(V_2-V_1)/V_2'$.由理想气体物态方程得等温膨胀后瓶内氧气在压强为 $p_2=1.00\times10^6$ Pa 时的体积为

$$V_2=\frac{p_1V_1}{p_2},V_2'=\frac{p_3V_3}{p_2}$$

每天用去相同状态的氧气容积

$$n=\frac{V_2-V_1}{V_2'}=\frac{(p_1-p_2)V_1}{p_3V_3}\approx9.5$$

例 7.2　一抽气机转速 $\omega=400$ r/min,抽气机每分钟能抽出气体 20 L.设容器的容积 $V_0=2.0$ L,问经过多长时间后才能使容器内的压强由 0.101 MPa 降为 133 Pa,假定抽气过程中温度不变.

解　抽气机每打开一次活门,容器内气体的容积在等温条件下扩大了 V,因而压强有所降低,活门关上以后容器内气体的容积仍然为 V_0,下一次又如此变化,从而建立递推关系.

活门运动第一次,　$p_0V_0=p_1(V_0+V)$, $p_1=\frac{V_0}{V_0+V}p_0$

活门运动第二次,　$p_2=\frac{V_0}{V_0+V}p_1=\left(\frac{V_0}{V_0+V}\right)^2p_0$

活门运动第 n 次,　$p_{n-1}V_0=p_n(V_0+V)$, $p_n=\left(\frac{V_0}{V_0+V}\right)^np_0$

则有

$$n=\frac{\ln \frac{p_n}{p_0}}{\ln \frac{V_0}{V_0+V}}$$

抽气机每次抽出气体体积为

$$V=\frac{20}{400}\text{L}=0.05\ \text{L}$$

已知　　　$V_0=2.0, p_0=1.01\times 10^5 \text{Pa}, p_n=133\ \text{Pa}$

将上述数据代入,可得

$$n\approx 269,\ t=\frac{269}{400}\times 60\ \text{s}\approx 40\ \text{s}$$

7.2 理想气体压强　温度的微观意义

7.2.1　理想气体的微观模型

前面给出了从宏观角度描述热力学系统状态的态参量,下面将从微观角度讨论宏观的态参量的本质.气体动理论是从物质的微观结构出发来阐明热现象规律的.它的主要观点如下:宏观物体都是由大量的微观粒子(即分子或原子)所组成,分子或原子具有一定大小和质量;分子或原子处于永不停息的热运动中,热运动的剧烈程度与物体的温度有关;分子或原子之间存在相互作用力,当其相距较远时表现为引力,相距较近时表现为斥力.

为了从气体动理论的观点出发,探讨理想气体的宏观热现象,需要建立理想气体的微观结构模型.根据实验现象的归纳和总结,可以对理想气体做如下假设:

(1)气体分子的大小与气体分子之间的平均距离相比要小得多,因此可以略去不计,可将理想气体分子看作质点.

(2)除分子之间的瞬间碰撞以外,可以略去分子之间的相互作用力,因此分子在相继两次碰撞之间做匀速直线运动.

(3)分子间的相互碰撞及分子与器壁的碰撞可以看作完全弹性碰撞.

我们通过以下简单分析来判断以上假设是否合理.

在标准状况下单位体积内的分子数为 $n_0=2.69\times 10^{25}$,由此可估算出分子间的平均距离为 $L=\left(\frac{1}{n_0}\right)\frac{1}{3}=3.3\times 10^{-9}\text{m}$.而一般分子

的平衡距离 r_0 的数量级约为 10^{-10}m,$L>10r_0$,因此分子之间的相互作用可以略去.并且,由于分子之间的距离约为分子本身线度(10^{-10}m)的10倍,气体分子本身的体积与气体所占体积相比要小很多,因此可以略去理想气体分子大小,把理想气体分子看作质点.因此,前两条是合理的.至于第三条假设,不妨这样设想,如果碰撞是非弹性的,那么每一次碰撞分子动能都有损失,由于分子间碰撞非常频繁,分子的动能损失会很大,经过足够长时间,最终分子的动能将趋于零,这显然和事实不符,因此,第三条假设也是合理的.

从上述理想气体的微观模型可知,理想气体可看作由大量的、本身体积可以略去不计的、彼此间几乎没有任何相互作用且做无规则运动的弹性小球所组成.它是实际气体的一种近似,是一个理想模型.

7.2.2 理想气体的压强

气体作用在器壁上的压强是大量分子对容器壁不断碰撞产生的综合效果.虽然单个分子碰撞器壁的作用是短暂的、微弱的、间歇性的,但大量分子碰撞的结果就表现为宏观、均匀而持续的压力.生活中都有这样的经验,当撑着雨伞在大雨中行走时,我们会感觉到由于密集的雨点打在雨伞上所产生的压力.其实,构成气体的大量分子与容器壁碰撞产生的效果与雨点打在雨伞上的效果是一样的.下面就从理想气体的微观模型出发,应用力学规律和统计方法,导出平衡态下理想气体的压强公式.

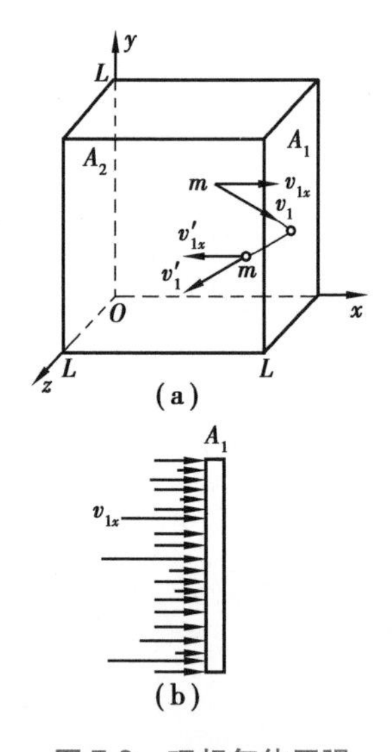

图 7.2 理想气体压强

如图7.2所示,边长分别为 L_1、L_2、L_3 的长立方体容器中,有 N 个同种气体分子,分子质量为 m.将气体分子从1到 N 进行编号,计算 N 个分子在垂直于 x 轴的器壁 A_1 面上的压强.

对单个气体分子运用力学规律,计算其对器壁的作用,然后应用统计规律计算大量气体分子的集体作用效果,导出系统的压强公式.

首先考虑编号为 i 的分子与器壁 A_1 碰撞一次施于器壁 A_1 的冲量:

设第 i 个分子的速度为 $\boldsymbol{v}_i=v_{ix}\boldsymbol{i}+v_{iy}\boldsymbol{j}+v_{iz}\boldsymbol{k}$,当其与器壁作完全弹性碰撞时,受到器壁给予它的垂直于 A_1 面的作用力,碰后其速度变为 $\boldsymbol{v}_i'=-v_{ix}\boldsymbol{i}+v_{iy}\boldsymbol{j}+v_{iz}\boldsymbol{k}$,根据动量定理,该气体分子受到器壁的冲量为

$$m(-v_{ix}\boldsymbol{i}+v_{iy}\boldsymbol{j}+v_{iz}\boldsymbol{k})-m(v_{ix}\boldsymbol{i}+v_{iy}\boldsymbol{j}+v_{iz}\boldsymbol{k})=-2mv_{ix}\boldsymbol{i}$$

根据动量定理及牛顿第三定律,器壁受到气体分子的冲量大

小为 $2mv_{ix}$，方向指向器壁.

然后计算编号为 i 的分子在单位时间内施于器壁 A_1 的冲量：

为简单起见，设分子在运动过程中不与其他气体分子相碰撞. 在运动中，分子虽与其他器壁侧面的内壁相碰，但并不会改变它在 x 方向上的运动速度. 分子在 x 方向上的运动就像在相距为 L_1 的两个平面间作匀速率的折返跑一样. 因此，容易算出第 i 个分子在单位时间内与 A_1 面碰撞的次数为$\dfrac{v_{ix}}{2L_1}$，则它在单位时间内施于器壁 A_1 的冲量为

$$2mv_{ix}\frac{v_{ix}}{2L_1}=\frac{mv_{ix}^2}{L_1}$$

接下来计算器壁内的 N 个气体分子在单位时间内施于器壁 A_1 的冲量：

器壁内的所有分子都可能与器壁 A_1 相碰. N 个气体分子在单位时间内施于器壁 A_1 的冲量等于各个分子在单位时间内施于 A_1 的冲量的和，设为 I，则

$$I=\sum_{i=1}^{N}\frac{mv_{ix}^2}{L_1}=\frac{m}{L_1}\sum_{i=1}^{N}v_{ix}^2$$

根据力学中平均冲力的概念，若在 Δt 时间内，力的冲量为 I，则平均冲力 $\overline{F}=\dfrac{I}{\Delta t}$，它在数值上等于单位时间内力的冲量. 而压强等于单位面积上的压力. 因此，气体分子在单位时间内施于单位面积器壁的冲量即为压强，因此可得 A_1 面上的压强为

$$p=\frac{m}{L_1L_2L_3}\sum_{i=1}^{N}v_{ix}^2=\frac{mN}{V}\frac{\sum_{i=1}^{N}v_{ix}^2}{N}=mn\overline{v_x^2}$$

式中，$\overline{v_x^2}$ 为 N 个气体分子在 x 方向上分速度平方的平均值；$n=\dfrac{N}{L_1L_2L_3}$为分子数密度.

处于平衡态时，每个分子沿各个方向运动的概率是相等的，没有哪个方向占有优势. 因此对大量分子来说，它们在 x、y、z 三个轴上的速度分量的平均值应是相等的. 即

$$\overline{v_x^2}=\overline{v_y^2}=\overline{v_z^2}$$

$$\overline{v^2}=\frac{v_1^2+v_2^2+\cdots+v_N^2}{N}$$

$$=\frac{v_{1x}^2+v_{2x}^2+\cdots+v_{Nx}^2+v_{1y}^2+v_{2y}^2+\cdots+v_{Ny}^2+v_{1z}^2+v_{2z}^2+\cdots+v_{Nz}^2}{N}$$

$$= \overline{v_x^2} + \overline{v_y^2} + \overline{v_z^2}$$

$$\overline{v^2} = 3\,\overline{v_x^2}$$

可得理想气体压强公式为

$$p = \frac{1}{3}nm\,\overline{v^2} = \frac{2}{3}n\,\overline{\varepsilon_k} \tag{7.9}$$

式中,$\overline{\varepsilon_k} = \frac{1}{2}m\,\overline{v^2}$为气体分子的平均平动动能.

由式(7.9)可知,压强 p 是描述气体状态的宏观物理量,而分子平均平动动能则是微观量的统计平均值,单位体积内的分子数 n 也是统计平均值.因此压强公式反映了宏观量与微观量统计平均值之间的关系,压强的微观意义是大量气体分子在单位时间内施于器壁单位面积上的平均冲量.离开了大量和平均的概念,压强就失去了意义,对单个分子谈不上压强这个物理量.

7.2.3 温度的微观意义

式(7.9)和从实验得到的理想气体物态方程加以比较,可以找出气体的温度与分子平均平动动能之间的重要关系.

$$p = \frac{v}{V}RT = \frac{N}{VN_A}RT = n\frac{R}{N_A}T = nkT \tag{7.10}$$

式中,$N_A = 6.02\times10^{23}\ \mathrm{mol^{-1}}$为阿伏伽德罗常数;$N$ 为气体分子个数,

$$k = \frac{R}{N_A} = 1.38\times10^{-23}\ \mathrm{J/K} \tag{7.11}$$

称为玻尔兹曼常数.将式(7.10)和气体压强公式 $p = \frac{2}{3}n\,\overline{\varepsilon_k}$相比较,有

$$\overline{\varepsilon_k} = \frac{3}{2}kT \tag{7.12}$$

式(7.12)表明,处于平衡态的气体,分子的平均平动动能与气体的温度成正比.气体的温度越高,分子的平均平动动能越大;分子的平均平动动能越大,分子热运动就越剧烈.由此可见,温度是分子热运动剧烈程度的量度,这正是温度的微观意义.温度是一个统计物理量,与大量分子的平均平动动能相联系,对少数分子谈其温度是毫无意义的.

从式(7.12)可以看出,温度与分子的平均平动动能成正比,然而按照气体动理论,分子的热运动是永恒的,不会停息,因此系

统温度不可能达到 0 K,即绝对零度是不可能达到的.这个结论被称为热力学第三定律。按照现代量子理论,即使在绝对零度附近,微观粒子仍具有能量(称为零点能).当温度低于 1 K 时,几乎所有气体都已液化或固化,这时式(7.12)已不再适用.

由式(7.12),可以计算出任一温度下气体分子的方均根速率 $\sqrt{\overline{v^2}}$.由 $\frac{1}{2}m\overline{v^2}=\frac{3}{2}kT$,可得 $\overline{v^2}=\frac{3kT}{m}$,故

$$\sqrt{\overline{v^2}}=\sqrt{\frac{3kT}{m}}=\sqrt{\frac{3RT}{M}}$$

由上式可知,方均根速率与气体的种类和温度有关.温度相同时,不同分子(摩尔质量不同)的方均根速率不同.此外,根据式(7.9)可得:

$$\sqrt{\overline{v^2}}=\sqrt{\frac{3p}{nm}}=\sqrt{\frac{3p}{\rho}}$$

式中 $\rho=nm$ 为气体密度,通过宏观量 P 和 ρ 的测定,可以直接得到微观量气体分子方均根速率的数值。

例 7.3　温度为 0 ℃和 100 ℃时,理想气体分子的平均平动动能各为多少?欲使分子的平均平动动能等于 1 eV,则气体的温度为多少?

解　分子在 0 ℃和 100 ℃时的平均平动动能分别为

$$\overline{\varepsilon_{k1}}=\frac{3}{2}kT_1=\frac{3\times 1.38\times 10^{-23}\times 273}{2}\ \mathrm{J}\approx 5.65\times 10^{-21}\ \mathrm{J}$$

$$\overline{\varepsilon_{k2}}=\frac{3}{2}kT_2=\frac{3\times 1.38\times 10^{-23}\times 373}{2}\ \mathrm{J}\approx 7.72\times 10^{-21}\ \mathrm{J}$$

欲使分子的平均平动动能等于 1 eV,则气体的温度应为

$$T=\frac{2\overline{\varepsilon_k}}{3k}=\frac{2\times 1.6\times 10^{-19}}{3\times 1.38\times 10^{-23}}\ \mathrm{K}\approx 7.73\times 10^{3}\ \mathrm{K}$$

这个温度约为 7 500 ℃.

7.3　能量均分定理　理想气体的内能

在理想气体的微观模型中,我们略去了分子大小和具体结构,把气体分子作为质点处理.实际上,气体分子具有一定的大小和结构.例如,有的气体分子为单原子分子(如 He、Ne),有的为双原子分子(N_2、H_2、O_2),有的为多原子分子(如 CH_4、H_2O、NH_3).因此,气体分子除了平动之外,还可能有转动及分子内原子的振动.为了用统计的方法计算分子的平均转动动能和平均振动动能,以及平均总动能,需要引入运动自由度的概念.

7.3.1 自由度

自由度是物体运动的自由程度.固定在空间某点处的质点,完全丧失了运动的自由,其自由度为零;约束在空间某一直线或曲线上的质点,物体只能沿定直线或定曲线运动,其自由度为 1,物体的位置用一个位置坐标 x 或 s 即可确定;限制在一个平面上的质点,可以独立地沿两个相互垂直的方向运动,如沿 x 轴和 y 轴方向运动,其自由度为 2,物体的位置可由质点的位置坐标 x 和 y 确定.由此可见,物体运动的自由程度与确定物体空间位置的独立的坐标数目有密切关系,是可以定量化的.确定物体在空间的位置所必需的独立坐标的数目称为物体的自由度.

单原子分子可视为在三维空间运动的质点,要确定其空间位置,需要 3 个坐标,如 x、y、z,其自由度为 3,这三个自由度称为平动自由度.

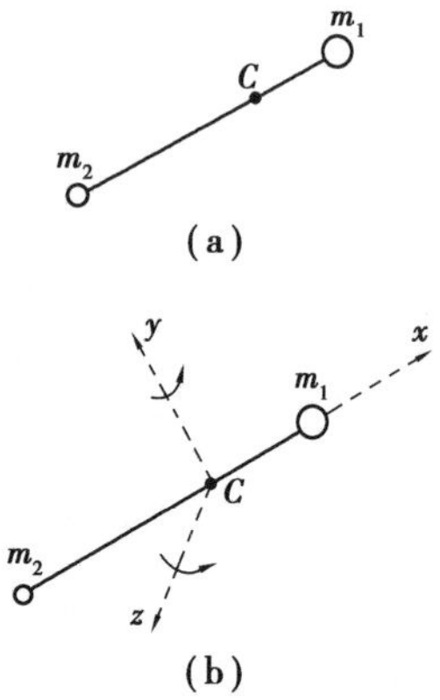

双原子分子,如果原子间的相对位置不变,那么,该分子就可看作由保持一定距离的两个质点组成.这种分子称为刚性双原子分子,即哑铃式双原子分子组成的,如图 7.3(a)所示,两原子 m_1 和 m_2 之间的距离,在运动过程中可视为不变,这就好像两原子之间有一根质量不计的刚性细杆相连.设点 C 为双原子分子的质心,并选如图 7.3(b)所示的坐标轴.于是,双原子分子的运动可看作质心 C 的平动,以及通过点 C 绕 y 轴和 z 轴的转动.

(a)

(b)

图 7.3 刚性双原子分子

由于质心位置需要 3 个独立坐标决定,它们属于平动自由度;通过质心 C 绕 y 轴和 z 轴的转动需用 2 个独立坐标决定,这两个是转动自由度,所以刚性双原子分子共有 5 个自由度.如果两个原子间的距离是随时间而改变的,就好像在原子间被一根质量可略去不计的弹簧相连,如图 7.4 所示.这种双原子分子称为非刚性双原子分子.非刚性双原子分子在刚性双原子分子的基础上再增加一个振动自由度,所以非刚性双原子分子共有 6 个自由度.

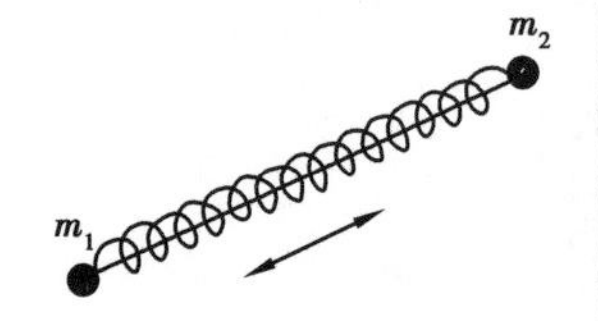

图 7.4 非刚性双原子分子

对于 3 个及 3 个以上原子构成的多原子分子,如果原子间的距离保持不变,分子被称为刚性多原子分子.这里考虑一般情况,即刚性多原子分子为非线性分子.刚性多原子分子可以用刚体模型来处理.刚体的运动一般可分解为刚体随质心的平动和绕质心的转动,如图 7.5 所示.确定质心坐标需要 3 个独立坐标,因此质心具有 3 个平动自由度.接下来考虑刚体的转动自由度.首先确定转轴的方位,转轴的方位需要 3 个方位角(α、β、γ)来表示,但 3 个角度并不相互独立,由关系式 $\cos^2\alpha+\cos^2\beta+\cos^2\gamma=1$ 来约束,因此

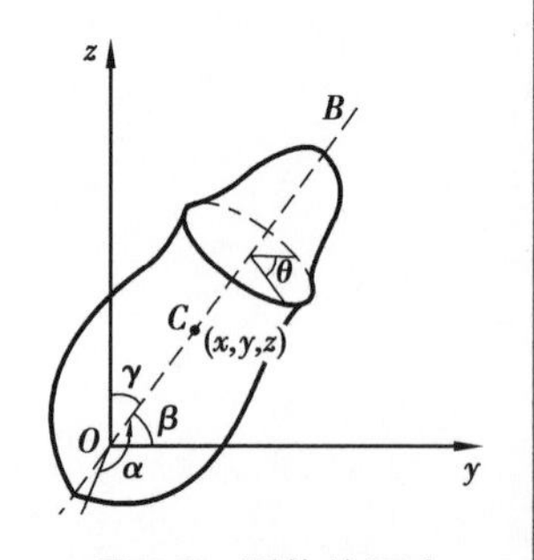

图 7.5 刚体的运动

确定转轴方位的独立坐标只有2个.确定转轴后,刚体还可以绕轴转动,因此还需要一个1个转动自由度.因此刚体具有3个平动自由度,3个转动自由度,共需要6个自由度.

如果原子间距离随时间变化,这些分子被称为非刚性多原子分子.如果有N个原子构成的非刚性多原子分子(非线性),它的自由度最多有$3N$个,其中平动自由度为3个,最多有3个转动自由度和$3N-6$个振动自由度.如果在本书中不作特别说明,双原子分子或多原子分子都作为刚性分子处理.

气体分子的自由度数如表7.1所示.

表7.1　气体分子的自由度数

分子种类	平动自由度(t)	转动自由度(r)	总自由度i($i=t+r$)
单原子分子	3	0	3
刚性双原子分子	3	2	5
刚性多原子分子	3	3	6

7.3.2　能量均分定理

大家已经知道理想气体的平均平动动能与温度的关系为

$$\overline{\varepsilon_k}=\frac{1}{2}m\overline{v^2}=\frac{3}{2}kT$$

由上节可知$\overline{v_x^2}=\overline{v_y^2}=\overline{v_z^2}=\frac{1}{3}\overline{v^2}$,因此分子在各个坐标轴方向的平均平动动能

$$\frac{1}{2}m\overline{v_x^2}=\frac{1}{2}m\overline{v_y^2}=\frac{1}{2}m\overline{v_z^2}=\frac{1}{3}\left(\frac{1}{2}m\overline{v^2}\right)=\frac{1}{2}kT$$

上式表明,分子的平均平动动能在每一个平动自由度上分配了相同的能量$kT/2$.这一结论可以推广到气体分子的转动和振动,也可以推广到处于平衡态的液体和固体物质,称为能量按自由度均分定理,简称**能量均分定理**,可表述为:在温度为T的平衡态下,物质分子的每个自由度都有相同的平均动能,其值为$kT/2$.按照能量均分定理,如果气体分子有i个自由度,则分子的平均动能可表示为

$$\overline{\varepsilon}=\frac{i}{2}kT \tag{7.13}$$

对刚性分子来说,只有平动和转动自由度,不考虑振动情况.用t表示分子的平动自由度,用r表示转动自由度,那么气体分子

的平均动能为 $\bar{\varepsilon}=(t+r)kT/2$.对单原子分子来说,$t=3$,$r=0$,所以 $\bar{\varepsilon}=3kT/2$;对刚性双原子分子来说,$t=3$,$r=2$,$\bar{\varepsilon}=5kT/2$;对刚性多原子分子来说,$t=3$,$r=3$,$\bar{\varepsilon}=3kT$.

如果气体分子不是刚性的,那么,除了上述平动与转动自由度外,还存在着振动自由度.对应于每个振动自由度,每个气体分子的振动情况可看作弹簧谐振子的一维简谐振动,除有 $kT/2$ 的平动动能外,还具有 $kT/2$ 的平均势能,所以,在每一振动自由度将分配到量值为 kT 的平均能量.如果非刚性分子,具有 t 个平动自由度,r 个转动自由度,s 个振动自由度,根据能量均分定理,分子的平均总能量为

$$\bar{\varepsilon}=\frac{1}{2}(t+r+2s)kT$$

能量均分定理是一个统计规律,它是在平衡态条件下对大量分子统计平均的结果.对个别分子来说,在某一瞬间,它的各种形式的动能不一定都按自由度均分,但对大量分子整体来说,由于分子的无规则运动和不断碰撞,一个分子的能量可以传递给另一个分子,一种形式的能量可以转化为另一种形式的能量,而且能量还可以从一个自由度转移到另外的自由度.因此,在平衡态时,能量按自由度均匀分配.

7.3.3 理想气体的内能

气体分子热运动的动能和分子之间的相互作用势能构成了气体的内能.但就理想气体而言,由于略去了分子间的相互作用力,因此也就不存在分子间的作用势能.所以理想气体的内能只是气体中所有分子的动能总和.

设某种理想气体的分子有 i 个自由度,则 1 mol 理想气体的内能为

$$E_0=N_A\left(\frac{i}{2}kT\right)=\frac{i}{2}RT$$

质量为 m、摩尔质量为 M 的理想气体的内能为

$$E=\frac{m}{M}\frac{i}{2}RT \tag{7.14}$$

由式(7.14)可知,对于一定量的某种理想气体(m、M、i 一定),内能仅与温度有关,与体积和压强无关.因此理想气体的内能是温度的单值函数,是一个状态量.当温度改变 ΔT 时,内能的改变量为

$$\Delta E = \frac{m}{M}\frac{i}{2}R\Delta T \tag{7.15}$$

显然,理想气体内能的改变只取决于始、末状态的温度,而与系统状态变化的具体过程无关.

例 7.4　容器内有某种理想气体,气体温度为 273 K,压强为 1.01×10^5 Pa,密度为 1.24×10^{-2} kg/m^3,试求:

(1)气体分子的方均根速率;

(2)气体的摩尔质量,并确定它是什么气体;

(3)该气体分子的平均平动动能和平均转动动能;

(4)单位体积内分子的平均平动动能;

(5)若气体的物质的量为 0.3 mol,其内能是多少?

解　(1)气体分子的方均根速率为 $\sqrt{\overline{v^2}}=\sqrt{\dfrac{3RT}{M}}$,由物态方程 $pV=\dfrac{m}{M}RT$ 和 $\rho=m/V$,可得

$$\sqrt{\overline{v^2}}=\sqrt{\frac{3p}{\rho}}=\sqrt{\frac{3\times1.013\times10^5}{1.24\times10^{-2}}}\ \text{m/s}\approx495\ \text{m/s}$$

(2)根据物态方程得

$$M=\frac{m}{V}\frac{RT}{p}=\rho\frac{RT}{p}=1.24\times10^{-2}\times\frac{8.31\times273}{1.013\times10^5}\ \text{kg/mol}\approx2.8\times10^{-3}\ \text{kg/mol}$$

因为 N_2 和 CO 的摩尔质量均为 2.8×10^{-3} kg/mol,所以该气体是 N_2 或 CO 气体.

(3)根据能量均分定理,分子的每一个自由度的平均能量为 $kT/2$,i 个自由度的能量为 $ikT/2$,N_2 和 CO 均是双原子分子,它们有 3 个平动自由度,所以分子的平均平动动能为

$$\frac{3}{2}kT=\frac{3}{2}\times1.38\times10^{-23}\times273\ \text{J}\approx5.6\times10^{-21}\ \text{J}$$

分子有两个转动自由度,所以分子的平均转动动能为

$$\frac{2}{2}kT=1.38\times10^{-23}\times273\ \text{J}\approx3.77\times10^{-21}\ \text{J}$$

(4)单位体积内分子的平均平动动能为 $n\cdot\dfrac{3}{2}kT$,又因 $n=\dfrac{p}{kT}$,所以单位体积内分子的总平动动能为

$$E_k=\frac{3}{2}p=\frac{3}{2}\times1.013\times10^5\ \text{J/m}^3\approx1.52\times10^5\ \text{J/m}^3$$

(5)根据内能公式 $E=\dfrac{m}{M}\dfrac{i}{2}RT$,系统总内能为

$$E=0.3\times\frac{5}{2}\times8.31\times273\ \text{J}\approx1.7\times10^3\ \text{J}$$

7.4 麦克斯韦速率分布律

7.4.1 速率分布函数

按照气体动理论,处于热运动中的分子各自以不同的速度作杂乱无章的运动,并且由于相互碰撞,每个分子的速度都在不断地变化着.如果在某一瞬间去考察某一个分子,则它的速度的大小和方向完全是偶然的.然而,就大量分子整体来看,它们的速度分布却遵从一定的统计规律.早在 1859 年,麦克斯韦就用概率证明了在平衡态下,理想气体分子按速度的分布有确定的规律,这个规律称为麦克斯韦速度分布律.如果不考虑分子运动速度的方向如何,只考虑分子按速度的大小即速率的分布,则相应的规律称为麦克斯韦速率分布律.以下我们不去考虑速度的方向,仅就平衡态下气体分子的速率进行讨论.

先介绍速率分布函数的意义.从微观上说明一定质量的气体中所有分子的速率状况时,由于分子数众多,且各分子的速率通过碰撞又在不断地改变,所以不可能逐个加以说明.因此就采用统计的说明方法,也就是指出在总数为 N 的分子中,具有各种速率的分子各有多少或它们各占分子总数的比例多大.这种说明方法就称为给出分子按速率的分布.

按照经典力学的概念,气体分子的速率 v 可以连续地取 0 到无穷大的任何数值.因此,说明分子按速率分布时就需要采取按速率区间分组的办法,例如可以把速率以 10 m/s 的间隔划分为 0~10,10~20,20~30 m/s,…的区间,然后说明各区间的分子数是多少.一般来讲,速率分布就是要指出速率在 v 到 $v+\mathrm{d}v$ 区间的分子数 $\mathrm{d}N$ 是多少,或者 $\mathrm{d}N$ 占分子总数 N 的比率,即 $\mathrm{d}N/N$ 是多少.这一比率在各速率区间是不相同的,即它是速率 v 的函数.同时在速率区间 $\mathrm{d}v$ 足够小的情况下,这一比率还应和区间的大小成正比,因此,应该有

$$\frac{\mathrm{d}N}{N}=f(v)\,\mathrm{d}v \tag{7.16}$$

或

$$f(v)=\frac{\mathrm{d}N}{N\mathrm{d}v} \tag{7.17}$$

式中,函数 $f(v)$ 就叫速率分布函数,它的物理意义是:速率在 v 附

近的单位速率区间的分子数占分子总数的比例.

将式(7.16)对所有速率区间积分,将得到所有区间的分子数占分子总数比率的总和,它等于 1,因而有

$$\int_0^N \frac{\mathrm{d}N}{N} = \int_0^\infty f(v)\,\mathrm{d}v = 1 \tag{7.18}$$

所有分布函数必须满足这一条件,该条件称为归一化条件.

速率分布函数的意义还可以用概率的概念来说明.气体分子速率在碰撞过程中不断改变,分子速率可以在 0 到+∞ 范围内任意取值,一个分子具有各种速率的概率不同.式(7.16)中 $\mathrm{d}N/N$ 就是一个分子的速率在 v 附近 $\mathrm{d}v$ 区间内的概率,式(7.17)中 $f(v)$ 就是一个分子的速率在速率 v 附近单位速率区间的概率.它对所有可能的速率积分就是一个分子具有所有可能速率的概率,这个总概率等于 1.

7.4.2　麦克斯韦速率分布律

麦克斯韦速率分布律就是在一定条件下的速率分布函数的具体形式.它指出:在平衡态下,气体分子速率在 v 到 $v+\mathrm{d}v$ 区间内的分子数占分子总数的比例为

$$\frac{\mathrm{d}N}{N} = 4\pi\left(\frac{m}{2\pi kT}\right)^{\frac{3}{2}} v^2 \mathrm{e}^{-mv^2/2kT}\mathrm{d}v \tag{7.19}$$

和式(7.16)对比,可得麦克斯韦速率分布函数为

$$f(v) = 4\pi\left(\frac{m}{2\pi kT}\right)^{\frac{3}{2}} v^2 \mathrm{e}^{-mv^2/2kT} \tag{7.20}$$

式中,T 是气体的热力学温度;m 是一个分子的质量;k 是玻尔兹曼常数.由式(7.20)可知,对一给定的气体(m 一定),麦克斯韦速率分布函数只和温度有关.麦克斯韦速率分布函数的曲线如图 7.6 所示,由式(7.20)可知,图中的分布曲线以下,对应于速率区间 $v\sim v+\mathrm{d}v$ 的小长方形的面积在数值上等于在该速率区间内的分子数占总分子数的比率.图中一较大面积在数值上等于

$$\int_{v_1}^{v_2} f(v)\,\mathrm{d}v = \int_{v_1}^{v_2} \frac{\mathrm{d}N}{N\mathrm{d}v}\mathrm{d}v = \frac{\Delta N}{N}$$

表示在平衡态下,理想气体分子速率在 $v_1\sim v_2$ 的分子数占分子总数的比率.

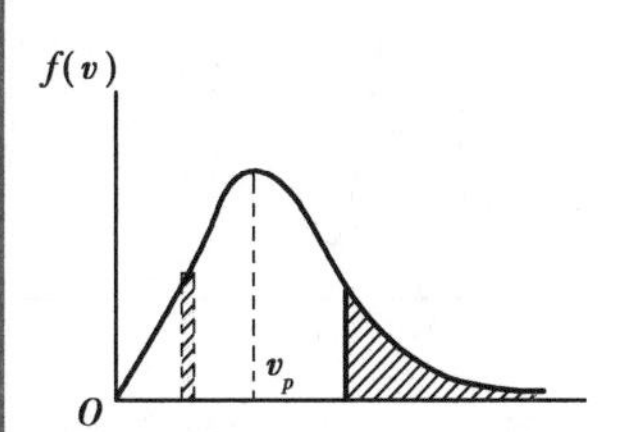

图 7.6　麦克斯韦速率分布

从图 7.6 可以看出,速率分布函数曲线从原点出发,经过一个极大值后随速率的增加而渐近于零,这表示在某一温度下分子速率可取自 0 到+∞ 的一切数值,但速率很小和速率很大的分子出

现的概率非常小,而具有中等速率的分子出现的概率较大.

7.4.3 三种统计速率

1)平均速率

大量分子运动速率的算术平均值称为平均速率,用 $\bar{v}$ 表示,它的定义式为

$$\bar{v} = \frac{\sum_{i=0}^{N} v_i}{N} = \frac{\int_0^\infty v\mathrm{d}N}{N} = \int_0^\infty vf(v)\,\mathrm{d}v \tag{7.21}$$

将麦克斯韦速率分布函数式(7.20)代入式(7.21),可得平衡态下理想气体分子的平均速率为

$$\bar{v} = \sqrt{\frac{8kT}{\pi m}} = \sqrt{\frac{8RT}{\pi M}} \approx 1.60\sqrt{\frac{RT}{M}} \tag{7.22}$$

2)方均根速率

大量分子无规则热运动速率二次方的平均值的平方根称为方均根速率,表示为

$$v_{\mathrm{rms}} = \sqrt{\overline{v^2}}, \overline{v^2} = \frac{\int_0^\infty v^2\mathrm{d}N}{N} = \int_0^\infty v^2 f(v)\,\mathrm{d}v \tag{7.23}$$

把麦克斯韦速率分布函数式(7.20)代入式(7.23),计算可得

$$v_{\mathrm{rms}} = \sqrt{\overline{v^2}} = \sqrt{\frac{3kT}{m}} = \sqrt{\frac{3RT}{M}} \approx 1.73\sqrt{\frac{RT}{M}} \tag{7.24}$$

3)最概然速率

从 $f(v)$ 与 v 的关系曲线图中可以看出,$f(v)$ 有一最大值,与 $f(v)$ 的极大值相对应的速率称为最概然速率,用 v_p 表示. v_p 的物理意义是:在平衡态条件下,理想气体分子速率分布在 v_p 附近单位速率区间内的分子数占气体总分子数的比例最大.根据极值条件 $\left.\frac{\mathrm{d}f(v)}{\mathrm{d}v}\right|_{v=v_\mathrm{p}} = 0$ 成立,把麦克斯韦速率分布律式(7.20)代入极值条件可得最概然速率为

$$v_\mathrm{p} = \sqrt{\frac{2kT}{m}} = \sqrt{\frac{2RT}{M}} \approx 1.41\sqrt{\frac{RT}{M}} \tag{7.25}$$

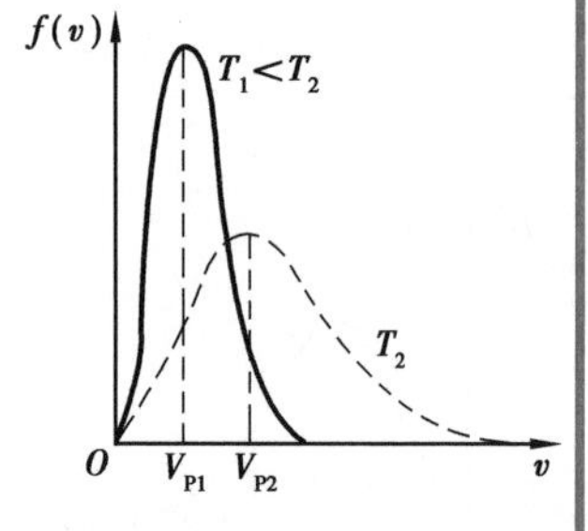

图 7.7 同一种气体不同温度的速率分布

最概然速率 v_p 是反映速率分布特征的物理量,并不是分子运动的最大速率.同一种气体,当温度增加时,最概然速率 v_p 向

v 增大的方向移动，如图 7.7 所示. 在温度相同的条件下，不同气体的最概然速率 v_p 随着分子质量 m 的增大而向 v 减小的方向移动.

由上述三种速率公式可以发现，三种速率都含有统计平均的意义，对少量分子无意义，它们都与$\sqrt{T}$成正比，与$\sqrt{M}$成反比. 在同一温度下三者大小之比为$\sqrt{\overline{v^2}}$ ：$\bar{v}$ ：$v_p \approx 1.73$ ：1.60 ：1.41. 由此可知，$\sqrt{\overline{v^2}} > \bar{v} > v_p$，如图 7.8 所示.

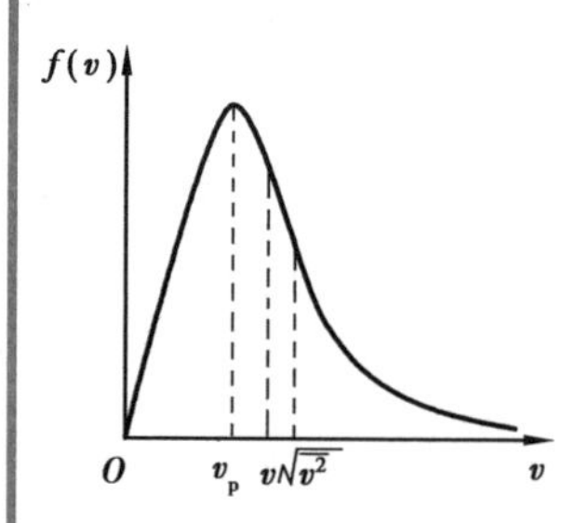

图 7.8　同一温度下的三种速率

这三种速率，就不同的问题有着各自的应用. 在讨论速率分布时，要用大量分子的最概然速率；计算分子运动的平均距离时，要用平均速率；而计算分子的平均平动动能时，则要用方均根速率.

例 7.5　计算在 27 ℃时，氢气和氧气分子的方均根速率 v_{rms}.

解　已知氢气和氧气的摩尔质量分别为 $M_{H_2}=0.002$ kg/mol，$M_{O_2}=0.032$ kg/mol，又知 $R=8.31$ J/(K · mol)，$T=300$ K，把它们分别代入方均根速率公式 $v_{rms}=\sqrt{\overline{v^2}}=\sqrt{\dfrac{3RT}{M}}$，可得氢分子的方均根速率 $v_{rms}\approx 1.93\times 10^3$ m/s，氧分子的方均根速率 $v'_{rms}\approx 483.6$ m/s.

从以上数值可以看出，通常温度下气体分子的方均根速率是很大的，一般在数百米每秒. 在力学中我们已经知道，地球表面附近的物体要脱离地球引力场的束缚，其逃逸速率为 11.2 km/s. 这个速率为氢分子的方均根速率的 6 倍. 这样一来似乎在地球的大气层中有可能存在大量的自由氢分子. 然而，从观测中发现在地球的大气层中几乎没有自由的氢分子. 这是为什么呢？

从麦克斯韦分子速率分布曲线图 7.7 可以看出，有相当数量的气体分子的速率比方均根速率要大得多，当这些分子的速率达到逃逸速率时，它们将逃逸出地球的大气层，因为不断有氢分子逸出大气层，所以在地球大气层中自由的氢分子就为数很少了，可以认为大气层不存在自由的氢分子. 另一方面，氧分子的方均根速率只约为氢分子的方均根速率的 1/4，且只有很少的氧分子能达到逃逸速率，所以在地球大气层中能找到较多的自由氧分子. 同样，与氧分子质量差不多的氮分子，也很少能逃逸出地球大气层.

实际上，大气气体成分形成现在的比例的原因是很复杂的，许多因素还不清楚. 根据 1963 年人造卫星对大气上层稀薄气体成分的分析，证实在几百千米的高空，其上有一层“氢层”，实际上是“质子层”.

例 7.6 假定有 N 个气体分子,它们的速率分布不遵从麦克斯韦速率分布,而是如图 7.9 所示(当 $v>2v_0$ 时,粒子数为零).

(1)用 N 和 v_0 表示出 b;

(2)求速率在 $1.5v_0$ 和 $2.0v_0$ 之间的分子数;

(3)求速率介于 $1.5v_0$ 和 $2.0v_0$ 之间的分子的平均速率;

(4)求全部分子的方均根速率.

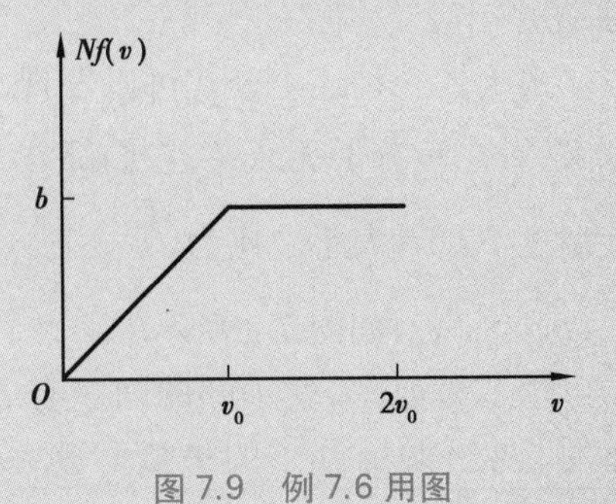

图 7.9 例 7.6 用图

解 (1)由速率分布函数归一化条件 $\int_0^\infty f(v)\,\mathrm{d}v = 1$ 知,$\int_0^\infty Nf(v)\,\mathrm{d}v = N$.

由图知
$$Nf(v)=\begin{cases}\dfrac{b}{v_0}v, & v_0 \geqslant v \geqslant 0\\ b, & 2v_0 \geqslant v > v_0\\ 0, & v>2v_0\end{cases},$$

$$\int_0^{v_0} Nf(v)\,\mathrm{d}v + \int_{v_0}^{2v_0} Nf(v)\,\mathrm{d}v + \int_{2v_0}^{\infty} Nf(v)\,\mathrm{d}v = N$$

$$\int_0^{v_0} \frac{b}{v_0}v\,\mathrm{d}v + \int_{v_0}^{2v_0} b\,\mathrm{d}v + \int_{2v_0}^{\infty} 0\,\mathrm{d}v = N,$$

积分解得

$$b = \frac{2N}{3v_0}$$

(2)由 $f(v)=\dfrac{\mathrm{d}N}{N\mathrm{d}v}$ 得,$\mathrm{d}N=Nf(v)\,\mathrm{d}v$,介于在 $1.5v_0$ 和 $2.0v_0$ 之间的分子数可以用下面式子求得

$$\Delta N = \int_{1.5v_0}^{2v_0} Nf(v)\,\mathrm{d}v = \int_{1.5v_0}^{2v_0} b\,\mathrm{d}v = 0.5v_0 b = \frac{1}{3}N$$

(3)平均速率公式 $\bar{v}=\dfrac{\int v\mathrm{d}N}{N}$,介于在 $1.5v_0$ 和 $2.0v_0$ 之间分子的平均速率可用下式求得

$$\bar{v} = \frac{\int_{1.5v_0}^{2v_0} vNf(v)\,\mathrm{d}v}{\Delta N} = \frac{\int_{1.5v_0}^{2v_0} vb\,\mathrm{d}v}{\dfrac{N}{3}} = 1.75v_0$$

(4)气体分子的方均根速率

$$\overline{v^2} = \frac{\int_0^\infty v^2\mathrm{d}N}{N} = \frac{1}{N}\left[\int_0^{v_0} v^2 Nf(v)\,\mathrm{d}v + \int_{v_0}^{2v_0} v^2 Nf(v)\,\mathrm{d}v + \int_{2v_0}^{\infty} v^2 Nf(v)\,\mathrm{d}v\right]$$

$$= \frac{1}{N}\left(\int_0^{v_0} \frac{b}{v_0} v^3 \mathrm{d}v + \int_{v_0}^{2v_0} v^2 b \mathrm{d}v + \int_{2v_0}^{\infty} 0 \mathrm{d}v\right) = \frac{31}{18} v_0^2$$

$$v_{\mathrm{rms}} = \sqrt{\overline{v^2}} = \sqrt{\frac{31}{18}} v_0$$

例 7.7　求速率大小在 v_p 与 $1.01v_p$ 之间的气体分子数占总分子数的比率.

解　因为 $\frac{\Delta N}{N} = \int_{v_1}^{v_2} f(v)\mathrm{d}v \approx f(v)\Delta v = 4\pi\left(\frac{m}{2\pi kT}\right)^{\frac{3}{2}} \mathrm{e}^{-\frac{mv^2}{2kT}} v^2 \Delta v$ ，$v_p = \sqrt{\frac{2RT}{M}}$

令 $x = \frac{v}{v_p}$ 、$\Delta x = \Delta\left(\frac{v}{v_p}\right) = \frac{\Delta v}{v_p}$ ，则有 $\frac{\Delta N}{N} = \frac{4}{\sqrt{\pi}} x^2 \mathrm{e}^{-x^2} \Delta x$ ，

这里 $x=1$ 、$\Delta x = 0.01$ ，所以 $\frac{\Delta N}{N} = \frac{4}{\sqrt{\pi}} \mathrm{e}^{-1} \times 0.01 \approx 0.83\%$.

*7.5　气体的输运现象　分子的碰撞

常见气体分子在常温下的平均速率，一般都在数百或上千米每秒.在 19 世纪后半期，从理论上揭示的这一结果曾引起物理学家很大怀疑.当时不少人认为，气体分子的平均速率既然很高，气体中的一切过程也应该进行得很快，但实际情况并非如此.生活中，打开香水瓶后，香水味要经过几秒到几十秒的时间才能传过几米的距离.这个矛盾首先被克劳修斯解决，他指出：气体分子的速率虽然很大，但在前进过程中要与其他分子作很多次碰撞，所走的路程非常曲折，如图 7.10 所示.因此，一个分子从一处移到另一处仍需较长的时间.气体的扩散、热传导等过程进行的快慢都取决于分子相互碰撞的频繁程度.对这些热现象的研究，不仅要考虑分子热运动的因素，还要考虑分子碰撞这一重要因素.研究分子的碰撞，是气体分子动理论的重要问题之一.

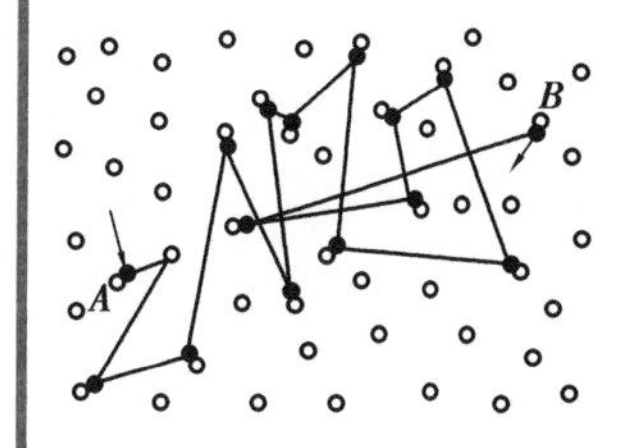

图 7.10　气体分子的碰撞

7.5.1　分子的平均碰撞频率

碰撞是气体分子运动的基本特征之一，分子间通过碰撞来实现动量或动能的交换，使热力学系统由非平衡态向平衡态过渡，并保持平衡态的宏观性质不变.单位时间内一个分子与气体分子发生碰撞的平均次数，称为平均碰撞频率，用 $\overline{Z}$ 表示.

为了确定分子的平均碰撞频率 $\overline{Z}$，把所有分子都看作有效直径为 d 的钢球，并且跟踪某一个运动分子 A，而把其他气体分子都看成静止不动的.假设分子 A 以平均速率 $\overline{v}$ 运动，在运动过程中，由于它不断地与其他分子碰撞，它的球心轨迹是一条折线.以折线

为轴,以分子的有效直径 d 为半径作曲折的圆柱面,显然,只有分子球心在该圆柱面内的分子才能与分子 A 发生碰撞,如图 7.11 所示.

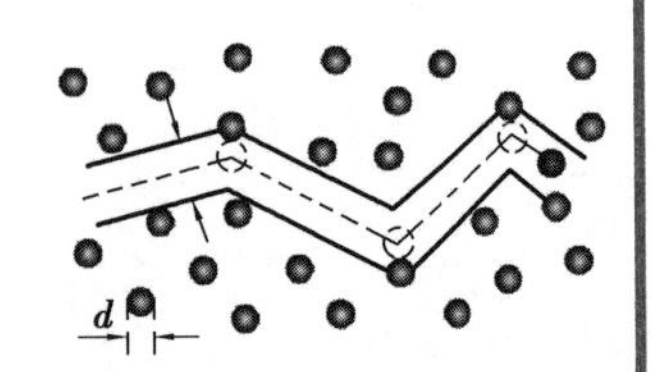

图 7.11 气体分子的运动

把圆柱面的横截面积 πd^2 称为分子的碰撞截面,用 σ 表示,在 Δt 时间内,运动分子平均走过的路程为 $\bar{v}\Delta t$,相应圆柱体的体积为 $\pi d^2\bar{v}\Delta t$. 设分子数密度为 n,则此圆柱体内的分子数为 $n\pi d^2\bar{v}\Delta t$,这就是分子 A 在 Δt 时间内与其他分子碰撞的次数,单位时间内的平均碰撞次数为

$$\overline{Z}=\frac{n\pi d^2\bar{v}\Delta t}{\Delta t}=\pi d^2\bar{v}n \tag{7.26}$$

式(7.26)是在假定一个分子运动,而其他分子都静止不动时所得出的结果.实际上,所有的分子都在运动,考虑到分子间的相对运动遵从麦克斯韦速率分布,故必须对上式加以修正.如果考虑所有分子都在运动,则分子的碰撞频率是上式的$\sqrt{2}$倍,即

$$\overline{Z}=\sqrt{2}\,\pi d^2\bar{v}n \tag{7.27}$$

7.5.2 平均自由程

从图 7.10 可以看出,每发生一次碰撞,分子速度的大小和方向都会发生变化,分子运动的轨迹为折线.分子在与其他分子发生频繁碰撞的过程中,连续两次碰撞之间自由通过的路程的长度具有偶然性,我们把这一路程的平均值称为平均自由程,用 $\overline{\lambda}$ 表示.显然,在 Δt 时间内,平均速率为 $\bar{v}$ 的分子走过的路程的平均值为 $\bar{v}\Delta t$,碰撞的平均次数为 $\overline{Z}\Delta t$,则分子平均自由程为

$$\overline{\lambda}=\frac{\bar{v}}{\overline{Z}}=\frac{1}{\sqrt{2}\,\pi d^2 n} \tag{7.28}$$

由此可见,分子的平均自由程与分子有效直径的平方成反比,和分子数密度成反比.由理想气体物态方程 $p=nkT$,$\overline{\lambda}$ 又可表示为

$$\overline{\lambda}=\frac{kT}{\sqrt{2}\,\pi d^2 p} \tag{7.29}$$

此式表明,当温度恒定时,平均自由程与压强成反比,压强越小,气体越稀薄,平均自由程就越长.

对于空气分子,$d\approx 3.5\times10^{-10}$ m,利用式(7.29)可求出在标准状态下,空气分子的 $\overline{\lambda}=6.9\times10^{-10}$ m,即约为分子直径的 200 倍.这

时 $\overline{Z}\approx 6.5\times 10^9/\text{s}$.每秒钟内一个分子竟发生几十亿次碰撞.

上述讨论的都是系统处于平衡态下的问题,实际上还常常遇到处于非平衡态的系统.本节简要地讨论几个最简单的非平衡态的问题.如果气体各部分的物理性质原来不是均匀的(如密度、流速或温度等不相同),则由于气体分子不断地相互碰撞和相互掺和,分子之间将经常交换质量、动量和能量,分子速度的大小和方向也不断地改变,最后气体内各部分的物理性质将趋向均匀,气体状态将趋向平衡.这种现象称为气体内的输运现象.

气体内的输运现象有三种,即黏滞现象、热传导现象和扩散现象.

7.5.3　黏滞现象

假设气体在 z_0 处的流速为 u,在 $z_0+\mathrm{d}z$ 处的流速为 $u+\mathrm{d}u$,即在 z 方向上存在速度梯度$\dfrac{\mathrm{d}u}{\mathrm{d}z}$.实验表明,黏滞力正比于速度梯度 $\left(\dfrac{\mathrm{d}u}{\mathrm{d}z}\right)_{z_0}$ 和面元的面积 $\mathrm{d}S$,即

$$\mathrm{d}F=\eta\left(\frac{\mathrm{d}u}{\mathrm{d}z}\right)_{z_0}\mathrm{d}S \tag{7.30}$$

式(7.30)称为牛顿黏滞定律.式中,比例系数 η 称为黏度,单位为帕斯卡秒(Pa · s),其数值取决于气体的性质和状态,其表达式为

$$\eta=\frac{1}{3}\rho\bar{v}\overline{\lambda} \tag{7.31}$$

式中,ρ 为气体的密度;$\bar{v}$ 为气体分子的平均速率;$\overline{\lambda}$ 为气体分子的平均自由程.

黏滞现象的微观机理可以用气体动理论来解释:气体分子流动时,每个分子除具有热运动的动量外还有定向运动的动量,相邻流层之间的分子定向动量不同,但由于分子热运动而使一些分子携带其自身的动量进入相邻流层,借助于分子之间的相互碰撞,不断地交换动量,导致定向动量较大的流层速度减小,定向动量较小的流层速度增大.这种交换的结果是定向动量较大的流层向较小的流层输运,即黏滞现象在微观上是分子热运动过程中输运定向动量的过程,而在宏观上表现出相邻流层之间的黏滞力.

7.5.4 热传导现象

物体内各部分温度不均匀时,将有内能从温度较高处传递到温度较低处,这种现象叫热传导.这种过程所传递的内能的多少叫热量.

假设气体在 z_0 处的温度为 T,在 $z_0+\mathrm{d}z$ 处的温度为 $T+\mathrm{d}T$,即在 z 方向上存在温度梯度$\frac{\mathrm{d}T}{\mathrm{d}z}$.实验表明,在 $\mathrm{d}t$ 时间内通过面元 $\mathrm{d}S$,沿 z 轴方向传递的热量正比于温度梯度$\left(\frac{\mathrm{d}T}{\mathrm{d}z}\right)_{z_0}$和面元的面积 $\mathrm{d}S$,即

$$\mathrm{d}Q=-\kappa\left(\frac{\mathrm{d}T}{\mathrm{d}z}\right)_{z_0}\mathrm{d}S\mathrm{d}t \tag{7.32}$$

式(7.32)称为傅里叶热传导定律.式中,负号表示热量沿温度下降的方向传递;比例系数 κ 称为热导率,单位为瓦特每米开尔文[W/(m·k)],其数值取决于物质的性质和状态,其表达式为

$$\kappa=\frac{1}{3}\rho\bar{v}\bar{\lambda}c_V \tag{7.33}$$

式中,ρ 为气体的密度;$\bar{v}$ 为气体热分子的平均速率;$\bar{\lambda}$ 为气体分子的平均自由程;c_V 为分子的定体比热容.一般金属的热导率为几十到几百,由此可见,气体是一个不良导热体.

热传导现象的微观机制在固体、液体中和气体中不同.就气体来说,当气体内各部分温度不均匀时,在微观上体现为各部分分子热运动的能量不同.分子在热运动的过程中,借助于分子间的相互碰撞而交换热运动的能量,交换的结果导致能量大的部分向能量小的部分进行能量的输运,即分子在热运动过程输运能量的过程,在宏观上体现为热传导现象.

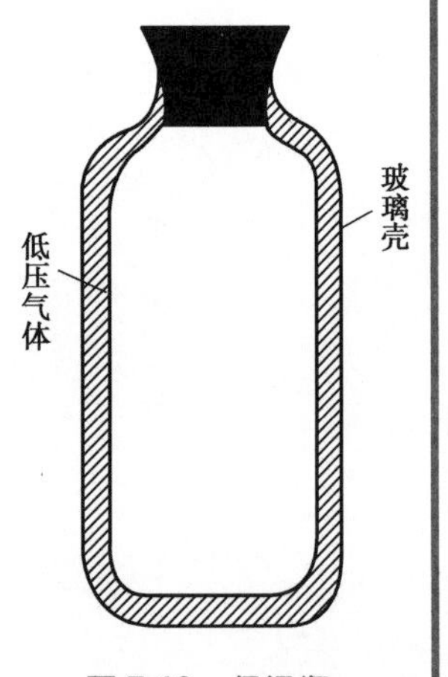

图 7.12 保温瓶

根据热导率公式可以解释保温瓶为何能够保温.如图 7.12 所示,通常将保温瓶的内胆做成间隔很小的双层结构,并把中间的空气抽出去,形成真空层.由于真空层内空气非常稀薄,以致分子的平均自由程 $\bar{\lambda}$ 大于真空层的间隙厚度 l,因此分子将彼此无碰撞地往返于两壁之间,这时式(7.33)中的 $\bar{\lambda}$ 将由 l 取代,将 $\bar{v}=\sqrt{\frac{8kT}{\pi m}}$和$\rho=nm$ 代入式(7.33)可知,在一定温度下,κ 与 n 成正比,即空气越稀薄(n 越小),热传导系数 κ 越小,保温性能越好.

7.5.5　扩散现象

在气体的内部，当密度不均匀时，气体分子将从密度大的地方向密度小的地方运动，这种现象称为扩散现象.

假设气体在 z_0 处的密度为 ρ，在 $z_0+\mathrm{d}z$ 处的密度为 $\rho+\mathrm{d}\rho$，即在 z 方向上存在密度梯度 $\frac{\mathrm{d}\rho}{\mathrm{d}z}$，实验表明，在 $\mathrm{d}t$ 时间内通过面元 $\mathrm{d}S$，沿 z 轴方向扩散的质量正比于密度梯度 $\left(\frac{\mathrm{d}\rho}{\mathrm{d}z}\right)_{z_0}$ 和面元的面积 $\mathrm{d}S$，即

$$\mathrm{d}m=-D\left(\frac{\mathrm{d}\rho}{\mathrm{d}z}\right)_{z_0}\mathrm{d}S\mathrm{d}t \tag{7.34}$$

式(7.34)称为菲克扩散定律.式中，负号表示气体质量沿密度下降的方向扩散；比例系数 D 叫扩散系数，单位为二次方米每秒(m^2/s)，其数值取决于气体的性质和状态，表达式为

$$D=\frac{1}{3}\bar{v}\bar{\lambda} \tag{7.35}$$

式中，$\bar{v}$ 为气体分子热运动的平均速率；$\bar{\lambda}$ 为气体分子运动的平均自由程.

扩散现象的微观机理可以这样理解，当气体内部各部分的密度不均匀时，在分子热运动的过程中，从密度大的地方扩散到密度小的地方的分子数大于从密度小的地方扩散到密度大的地方的分子数，这种交换的结果是气体的质量由密度大的地方向密度小的地方输运，即扩散现象在微观上是气体分子在热运动过程中输运质量的过程.

因为 $\bar{v}=\sqrt{\frac{8kT}{\pi m}}$，平均自由程 $\bar{\lambda}=\frac{kT}{\sqrt{2}\pi d^2 p}$，从扩散系数 $D=\frac{1}{3}\bar{v}\bar{\lambda}$ 可知，D 与 $T^{\frac{3}{2}}$ 成正比，而与压强 p 成反比.这说明，温度越高，气体压强越低，扩散就进行得越快，这个结论可由气体动理论予以解释，温度 T 越高时，分子运动速度越大；压强 p 越低时，分子平均自由程 $\bar{\lambda}$ 越大，所以碰撞机会少，扩散进行得越快.此外，还可以看出，在相同温度下，对两种不同质量的气体分子来说，它们的平均速率和它们的质量的平方根成反比，即

$$\frac{\bar{v}_1}{\bar{v}_2}=\frac{\sqrt{\frac{8kT}{\pi m_1}}}{\sqrt{\frac{8kT}{\pi m_2}}}=\sqrt{\frac{m_2}{m_1}}$$

所以分子质量小的气体扩散得快,而分子质量大的气体扩散得慢.根据这一原理可以分离同位素.例如,天然铀中^{238}U 的丰度为 99.3%,^{235}U 的丰度仅为 0.7%.链式反应实际用到的是^{238}U.为了把^{235}U 从天然铀中分离出来,先将铀变成氟化铀(UF_6),UF_6 在室温下是气体,将它进行多次扩散最后便得到分离的^{235}U 和^{238}U.

从上述输运现象我们可以发现,输运过程具有明显的单方向性.例如,气体中扩散只能沿着从高密度区到低密度区的方向进行,热量只能自动地从高温区向低温区传递,不仅输运过程如此,还有不少的粒子也说明过程的单方向性,其中气体可以自由膨胀,但不能自动地压缩等等.过程的单方向性,是分子热运动现象的特征,它与分子热运动的无序性和统计性密切相关.这种特征可以用一个新的物理量——熵进行描述,关于熵的内容,见后面相关章节.

例 7.8　求氢在标准状态下,在 1 s 内分子的平均碰撞次数.已知氢分子的有效直径为 2×10^{-10} m.

解　按气体分子的平均速率公式 $\bar{v}=\sqrt{\frac{8RT}{\pi M}}$ 算得

$$\bar{v}=\sqrt{\frac{8RT}{\pi M}}=\sqrt{\frac{8\times8.31\times273}{3.14\times2\times10^{-3}}}\approx1.70\times10^{3}\ \text{m/s}$$

按 $p=nkT$ 算得单位体积中分子数为

$$n=\frac{p}{kT}=\frac{1.013\times10^{5}}{1.38\times10^{-23}\times273}\approx2.69\times10^{25}\ \text{m}^{-3}$$

因此

$$\bar{\lambda}=\frac{1}{\sqrt{2}\pi d^2 n}=\frac{1}{1.41\times3.14\times(2\times10^{-10})^2\times2.69\times10^{25}}\approx2.10\times10^{-7}\ \text{m}$$

$$\bar{Z}=\frac{\bar{v}}{\bar{\lambda}}=\frac{1.70\times10^{3}}{2.10\times10^{-7}}\text{s}^{-1}\approx8.10\times10^{9}\ \text{s}^{-1}$$

即在标准状态下,在 1 s 内,一个氢分子的平均碰撞次数约为 80 亿次.

思考题

7.1　平衡态和热平衡的意义有何异同?

7.2　判断下列情况系统是否一定处于平衡态：

(1)若容器内各部分的压强相等；

(2)若容器内各部分的温度相等；

(3)若容器内各部分的压强相等，并且容器中各部分分子密度也相同.

7.3　使用温度计测量温度是根据什么原理？

7.4　理想气体物态方程是根据哪些实验定律导出的？这些定律的成立各有什么条件？

7.5　给车胎打气使其达到所需的压强，冬天和夏天打入车胎内的空气质量是否相同？

7.6　一定量的某种理想气体，当温度恒定时，其压强随体积的减小而增大；当体积恒定时，其压强随温度的升高而增大.从微观角度来看，压强增大的原因各是什么？

7.7　温度相同的一瓶氧气和一瓶氢气，均视为理想气体，试问它们的内能、分子平均平动动能是否相同？氢分子的速率是否比氧分子大？

7.8　1 mol 氢气与 1 mol 氦气的温度相同，则两种气体分子的平均平动动能是否相同？两种气体分子的平均动能是否相同？内能是否相等？

7.9　指出下列各式所表示的物理意义：

(1)$\frac{1}{2}kT$；　(2)$\frac{3}{2}kT$；　(3)$\frac{i}{2}kT$；　(4)$\frac{i}{2}RT$；　(5)$\frac{m}{M}\frac{i}{2}RT$.

7.10　速率分布函数 $f(v)$ 的物理意义是什么？试说明下列各式的物理意义：

(1)$f(v)\,\mathrm{d}v$；　(2)$Nf(v)\,\mathrm{d}v$；　(3)$\int_{v_1}^{v_2}f(v)\,\mathrm{d}v$；

(4)$\int_{v_1}^{v_2}Nf(v)\,\mathrm{d}v$；　(5)$\int_{v_1}^{v_2}\frac{1}{2}mv^2Nf(v)\,\mathrm{d}v$.

7.11　气体分子的平均速率、最概然速率和方均根速率的意义有何不同？

*7.12　在讨论理想气体压强、内能及分子平均碰撞频率时，所采用的气体分子模型有何不同？

*7.13　气体分子热运动的平均速率往往可达数百米每秒，但为什么在房间内打开一瓶香水，要隔一段时间后才能在门口闻到香味？夏天容易闻到香味还是冬天容易闻到香味，为什么？

*7.14　对一定量的理想气体，在下述情形下其分子的平均碰撞频率 $\overline{Z}$ 和平均自由程 $\overline{\lambda}$ 将如何变化：

(1)体积不变，温度升高；

(2)温度不变，压强降低.

*7.15　分子热运动与分子间的碰撞，在输运现象中各起什么作用？哪些物理量能体现它们的作用？

习　题

7.1　一定质量的气体在压强保持不变的情况下，温度由 50 ℃升高到 100 ℃时，体积改变多少？

7.2　一氢气球在 20 ℃充气后压强为 1.2 atm,半径为 1.50 m;夜晚时温度降为 10 ℃,气球半径缩为 1.4 m,压强减为 1.1 atm. 请问漏掉了多少氢气?

7.3　真空设备内部的压强可达到 1.013×10^{-10} Pa,若系统温度为 300 K,在如此低的压强下,气体分子数密度为多少?

*7.4　一体积为 1.0×10^{-3} m^3的容器中,含有 4.0×10^{-5} kg 的氦气和 4.0×10^{-5}kg 的氢气,它们的温度为 300 ℃,试求容器中混合气体的压强.

7.5　体积为 $V = 1.20\times10^{-2}$ m^3 的容器中储有氧气,其压强 $p = 8.31\times10^5$ Pa,温度为 $T=$ 300 K,试求:气体分子数密度、分子的平均平动动能和气体的内能.

7.6　体积为 1.0×10^{-3} m^3 的容器中含有 1.01×10^{23}个氢气分子,如果其中压强为 1.01×10^5 Pa,求该氢气的温度和分子的方均根速率.

7.7　一容器内储有氢气,其压强为 1.01×10^5 Pa,温度为 27 ℃,求:

(1)气体分子的数密度;

(2)氢气的密度;

(3)分子的平均平动动能;

(4)分子的平均转动动能;

(5)分子间的平均距离(设分子间均匀等距排列).

7.8　水蒸气分解成同温度下的氢气和氧气后,其内能增加了百分之几?(设气体分子作为刚性分子)

7.9　容器内储有 1 mol 的某种气体,当从外界输入 2.09×10^2 J 热量后,测得气体温度升高 10 K,试求该气体分子的自由度.

*7.10　从麦克斯韦速率分布律出发,推导出分子按平动动能 $\varepsilon=\frac{1}{2}mv^2$ 分布的规律:

$$f(\varepsilon)=\frac{2}{\sqrt{\pi}}(kT)^{-\frac{3}{2}}e^{-\frac{\varepsilon}{kT}}\varepsilon^{\frac{1}{2}}$$

并由此求出分子平动动能的最概然值.

7.11　题 7.11 图所示中Ⅰ、Ⅱ是两种不同气体(氢气和氧气)在同一温度下的麦克斯韦速率分布曲线,试由图中数据求:

(1)氢气分子和氧气分子的最概然速率;

(2)气体的温度.

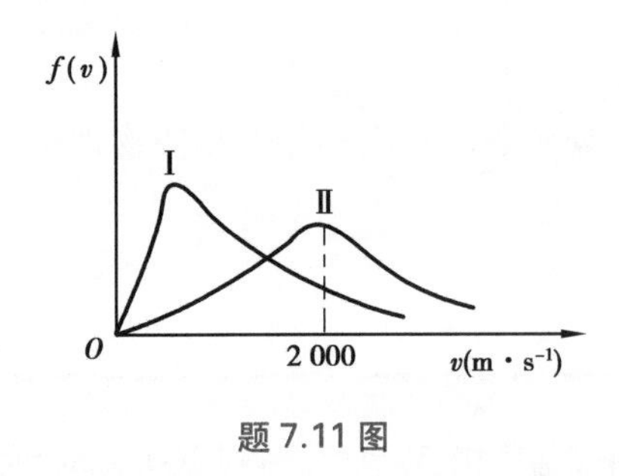

题 7.11 图

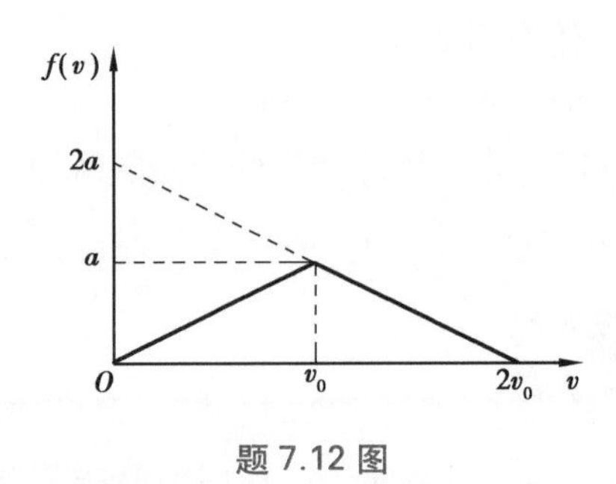

题 7.12 图

*7.12　设有 N 个粒子,其速率分布函数如题 7.12 图所示.

(1)写出速率分布函数的数学表达式；

(2)由 N 和 v_0 求 a；

(3)求最概然速率；

(4)求 N 个粒子的平均速率；

(5)求速率介于区间 $\left[0,\frac{3v_0}{2}\right]$ 的粒子数.

7.13 导体中自由电子的运动可看作类似于理想气体分子的运动(称为电子气)，设导体中共有 N 个自由电子，其中电子的最大速率为 v_F(称为费米速率)，电子在速率 $v \sim v+\mathrm{d}v$ 的速率分布为：

$$\frac{\mathrm{d}N}{N}=\begin{cases}\frac{4\pi A}{N}v^2\mathrm{d}v & 0<v<v_F \\ 0 & v>v_F\end{cases}$$

其中 A 为常数.请：

(1)画出速率分布函数曲线；

(2)用 N、v_F 定出常数 A ；

(3)证明电子气中电子的平均动能为 $\overline{E}=\frac{3}{10}mv_F^2$.

*7.14 20 个质点速率如下：2 个具有速率 v_0，3 个具有速率 $2v_0$，5 个具有速率 $3v_0$，4 个具有速率 $4v_0$，3 个具有速率 $5v_0$，2 个具有速率 $6v_0$，1 个具有速率 $7v_0$.试计算：

(1)平均速率；

(2)方均根速率；

(3)最概然速率.

7.15 三个容器 A、B、C 中装有同种理想气体，其分子数密度 n 相同，方均根速率之比为 $\sqrt{\overline{v_A^2}}:\sqrt{\overline{v_B^2}}:\sqrt{\overline{v_C^2}}=1:2:4$，则它们压强之比 $p_A:p_B:p_C$ 为多少？

7.16 求氢气在 300 K 时分子速率在 v_p-10 m/s 与 v_p+10 m/s 之间的分子数占总分子数的比率.

*7.17 求空气分子在 7 ℃时速率处于 401~441 m/s 的分子数占总分子数的比率.

*7.18 在一定体积的容器中，储有一定量的某种理想气体.当温度为 T_0 时，气体分子的平均速率为 $\overline{v_0}$，分子平均碰撞频率为 $\overline{Z_0}$，平均自由程为 $\overline{\lambda_0}$.那么当气体温度升高为 $4T_0$ 时，试问气体分子的平均速率 $\bar{v}$、分子平均碰撞频率 $\overline{Z}$ 和平均自由程 $\overline{\lambda}$ 分别为多少？

*7.19 在压强为 1.01×10^5 Pa 下，氮气分子的平均自由程为 6.0×10^{-6} cm，当温度不变时，在多大压强下，其平均自由程为 1.0 mm？

第 8 章　热力学基础

热力学是关于热现象的宏观理论.它从对热现象大量的直接观察和实验研究所总结出来的基本规律出发,经过严密的逻辑推理,建立了系统的、科学的热力学理论.它能够揭示物质各种宏观性质之间的联系,确定热力学过程进行的方向和限度.本章主要讨论热力学的基础知识.

8.1　热力学第一定律

8.1.1　准静态过程

在热力学中,一般把所研究的物体或一组物体,称为热力学系统,简称系统。各种热现象都伴随着系统状态的变化.系统从一个状态向另一个状态的过渡称为热力学过程,简称过程.根据过程的特点可将热力学过程分为准静态过程和非静态过程两类.设过程由系统的某一平衡态开始,平衡态被破坏后需要经过一段时间才能达到新的平衡态,这段时间称为弛豫时间.如果过程进行得较快,系统在未达到新的平衡态前其状态又发生了变化.在这样的热力学过程中,系统必然要经历一系列的非平衡状态,这种过程称为非静态过程.真实的过程实际上都是非静态过程.热力学理论中具有重要意义的却是准静态过程,即任意一个中间状态都是平衡态的热力学过程.严格说来,准静态过程是一个进行得无限缓慢,以致系统连续不断地经历着一系列平衡态的过程.

只有系统内部各部分之间以及系统与外界之间都始终同时满足力学、热学、化学平衡条件的过程才是准静态过程,准静态过程是不可能达到的理想过程.但我们可以尽量趋近它,只要系统内部各部分(或者系统与外界)之间的压强差、温度差,以及同一成分在各处的浓度之间的差异分别与系统的平均压强、平均温度、平均浓度之比很小时,就可以认为系统已经分别满足力学、热学和化学平衡条件.对于通常的实际过程,要求准静态过程的状态变化足够缓慢即可,缓慢是否足够的标准是弛豫时间,准静态过程要求状态改变时间远远大于弛豫时间.

对于一定质量的理想气体系统,准静态过程可以用 p-V 图上的曲线表示;曲线上的每一点,对应一组确定的状态参量,代表系统的一个平衡态;一条连续的曲线,代表一个准静态过程,可在过程曲线上用箭头指明过程进行的方向.

8.1.2 功 热量 内能

通过做功可以改变系统的状态.在做功的过程中,外界与系统之间进行能量的交换,从而改变系统的机械能.热力学的平衡态要满足力学、热学和化学平衡条件,将力学平衡条件被破坏时产生的对系统状态的影响称为力学相互作用.在力学相互作用的过程中,系统与外界转移的能量就是热力学的功.这种力是一种广义的力,不仅包含机械力,也包含电场力、磁场力等;相应的,功也是广义的功,除包括机械功外,还可以有电场功、磁场功等.

在功的计算方面,力学中只要知道力作为位置坐标的函数和质点运动的路径即可通过积分求出力所做的功.对准静态过程,把广义的力表达为状态参量的函数,利用广义力对应的广义的位移,就能计算出相应的功.

下面讨论汽缸内的气体由初始状态(p_1,V_1)准静态地变化到末了状态(p_2,V_2)的过程中,系统对外界所做的功.

如图 8.1 所示,立方形的汽缸内有一无摩擦且能左右滑动的截面积为 S 的活塞,里边封闭一定质量的气体.活塞施于气体的压强为 p_e,则在活塞移动距离 dx 的无限小过程中,活塞对气体做的元功 dA'为

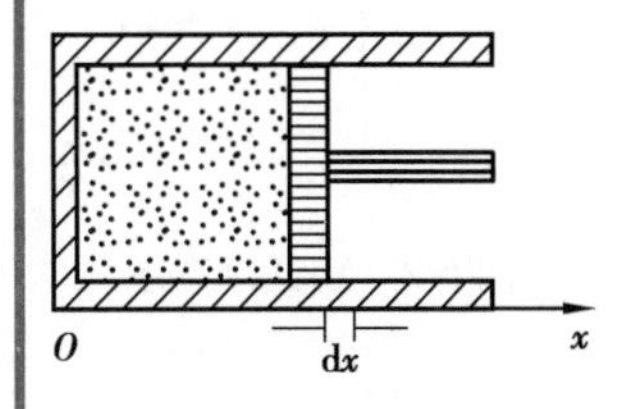

图 8.1 气体膨胀做功示意图

$$\mathrm{d}A' = -F\mathrm{d}x = -p_e S\mathrm{d}x = -p_e \mathrm{d}V$$

式中,dV 表示体积改变量,在准静态过程中,系统和外界要始终处于力学平衡,外界施予气体的压强 p_e 等于气体的压强 p;考虑到力的方向,则在该过程中,气体系统对外界做的功 dA 为

$$\mathrm{d}A = p\mathrm{d}V \tag{8.1}$$

当系统从初态(p_1,V_1)变化到末态(p_2,V_2),该过程中系统对外界所做的功 A 为

$$A = \int_{V_1}^{V_2} p\mathrm{d}V \tag{8.2}$$

根据该式可知:

(1)准静态过程中系统对外界做的功,可以用系统的状态参

量 p 对状态参量 V 的积分给出.这里广义的力为压强 p,广义的位移为体积 V.

(2)式(8.1)是无限小的过程中气体对外界所做元功的表达式.若 $\mathrm{d}V>0$,则 $\mathrm{d}A>0$;若 $\mathrm{d}V<0$,则 $\mathrm{d}A<0$.表明系统膨胀时对外界做正功,被压缩时,系统对外界做负功.

(3)式(8.2)的结果依赖于过程中压强与体积的关系,即$p(V)$的表达式,它表明功是一个和具体过程密切相关的过程量,而不是由系统的状态所确定的状态量.在无限小过程中,系统对外界是否做功、做正功还是做负功,完全可根据系统体积的无限小变化确定.但对于有限的热力学过程,不能根据初态体积与末态体积的相对大小来判定系统对外界所做功的正负.因为功与具体过程密切相关,而并非决定于始末状态.

准静态过程中,系统对外界做的功可以在 p-V 图上直观地表示出来,如图 8.2 所示.在无限小过程中,式(8.1)表示的元功 $\mathrm{d}A$ 的大小等于 $V \sim V+\mathrm{d}V$ 过程曲线下的"面积",式(8.2)表示的整个过程中系统所做功等于 $A \sim B$ 曲线下的"面积"的代数和.对一定的系统,当过程的初态和末态确定时,连接初态和末态的过程曲线可以有无穷多条,不同的过程曲线下的面积不完全相同,可以直观地表明功是过程量.

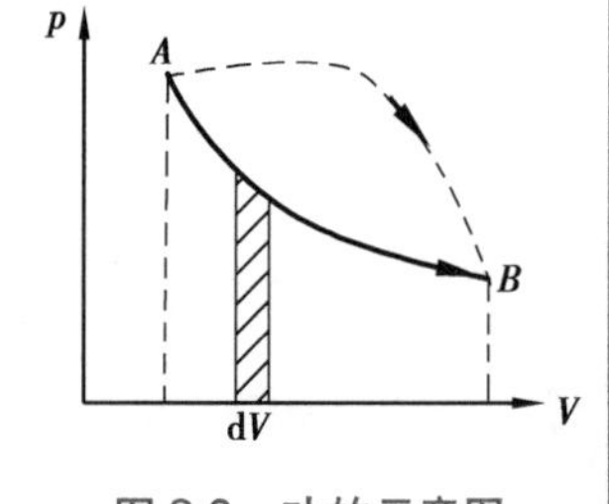

图 8.2　功的示意图

如果状态的改变源于热学平衡条件的破坏,即系统与外界存在温度差,这时系统就与外界存在热学相互作用,作用的结果是有能量从高温物体传递到低温物体,这个传递的能量就是热量.系统经不同的热力学过程从同一初态过渡到同一末态时,系统从外界吸收的热量是不同的,与具体的热力学过程有关.热量和功是系统状态变化过程中伴随发生的两种不同的能量传递形式,它们都与中间经历的过程有关,热量和功都是过程量.

热量的本质是历史上长期争论过的问题,历史上存在"热质说"和"热来源于运动"两种截然不同的观点.热质说认为,热是一种能渗入一切物体之中且看不见的不生不灭的无重流体物质.热的物体含有较多的热质,冷的物体含有较少的热质,冷热不同的物体热接触,热质从较热的物体流向较冷的物体,在热传递过程中热质守恒.伦福德用实验事实(用钝钻头加工炮筒时摩擦生热)否认了热质说的错误观点,从而支持了热来源于运动的学说.焦耳实验表明,一定热量的产生(或消失)总是伴随着等量的其他形式的能量消失(或产生),并不存在单独守恒的热质.

大量实验精确地表明,系统从同一初态过渡到同一末态时,在各种不同的绝热过程(与外界没有热量交换的过程)中,外界对系统所做的功是一个恒量,该功与具体实施的绝热过程无关,仅由始、末状态决定.

绝热过程中外界对系统做功的这种特性与重力做功有相似之处,重力的功只与物体的始、末位置有关而与运动的路径无关,由此引入了重力势能;根据绝热功的特点,引入一个与系统的状态相对应的能量——内能,当系统绝热地从初态过渡到末态时,系统内能的增量等于外界对系统所做的绝热功.内能 E 是一个由系统的状态确定的函数,是态函数.上述关于内能的定义,实际上定义的是始、末两态内能的差,内能的值可以有一个任意的附加常数.

以上是从宏观力学的观点,即绝热系统与外界之间交换的能量来说明内能;从微观的角度看,内能是系统内部所有微观粒子的微观无序运动能量以及总的相互作用势能之和.内能是态函数,处于确定的平衡态的系统,其内能亦是确定的,即内能与状态之间有一一对应的关系.态函数和过程量具有完全不同的性质,态函数仅由系统的宏观状态决定.在任一平衡态下,态函数都可表达为系统状态参量的函数;当系统状态变化时,态函数亦相应发生变化;当系统的始、末两态确定后,态函数的增量是完全确定的.

8.1.3　热力学第一定律

在长期的生产实践和大量的科学实验基础上,人们逐步认识到物体系在运动和变化的过程中存在着一个量,它可以在不同物体之间转移以及各种运动形式之间转化,在数量上是守恒的,并由此确定了各种物质运动形式相互转化时的公共量度——功,这个量称为能量,它在各种物质运动形式相互转化过程中总量守恒.

热力学第一定律实际上就是能量转化和守恒定律:自然界一切物质都具有能量.能量有各种不同的形式,能够从一种形式转化为另一种形式,从一个物体传递给另一个物体,在转化和传递中,能量的总量不变.

历史上曾有人试图制造一种机器,它不需要任何燃料和动力,就能不断对外输出功,这种机器称为第一类永动机.由能量转化和守恒定律可知制造第一类永动机是违背科学规律的幻想.因此,热力学第一定律还可表述为:第一类永动机是不可能造成的.

把讨论内能时所引入的绝热过程推广为一般的过程,系统状态的改变可以通过做功和传热两种方式来实现.设系统从状态 A 经历一个热力学过程达到状态 B,在该过程中,系统从外界吸热 Q,系统对外界做功 A,系统内能增量为 $\Delta E=E_B-E_A$,根据能量转化与守恒定律有

$$\Delta E = E_B - E_A = Q - A \tag{8.3}$$

式(8.3)为热力学第一定律的数学表达式.它表明,热力学系统无论经历什么过程从状态 A 变到状态 B,它从外界吸收的热量与外界对它做功之和必等于系统内能的增量.这里应当注意各个物理量符号的规定:系统从外界吸入热量为正,系统向外界放出热量为负;系统的内能增加为正,系统的内能减少为负;系统对外界做功为正,外界对系统做功为负.

对于始末两态相差无限小的过程,式(8.3)可写成微分形式

$$\mathrm{d}E = \mathrm{d}Q - \mathrm{d}A \tag{8.4}$$

这里 E 是态函数,$\mathrm{d}E$ 是态函数 E 关于状态参量的全微分,而 Q、A 是过程量,$\mathrm{d}Q$ 和 $\mathrm{d}A$ 不是关于状态参量的全微分,而只是表示无限小量.

考虑式(8.1),式(8.4)可以改写为

$$\mathrm{d}E = \mathrm{d}Q - p\mathrm{d}V \tag{8.5}$$

式(8.3)、式(8.4)和式(8.5)都是热力学的基本方程,具有非常重要的地位.

8.1.4 摩尔热容

热量是热力学过程中传递的一种能量,与具体过程有关。在一定过程中,当系统的温度升高或降低 1 K(或 1 ℃)时所吸收或放出的热量称为系统在该过程中的热容,用字母 C 表示,单位为焦每开,符号为 J/K.

在一定的过程中,物质的量为 1 mol 的系统温度升高或降低 1 K(或 1 ℃)时所吸收或放出的热量称为系统在该过程中的摩尔热容,用符号 C_m 表示,其单位为焦每摩尔开,符号为 J /(mol · K).即

$$C_\mathrm{m} = \lim_{\Delta T \to 0} \frac{\Delta Q}{\nu \Delta T} = \frac{\mathrm{d}Q}{\nu \mathrm{d}T} \tag{8.6}$$

当系统质量为单位质量时,它的热容量叫做比热容或比热,用小写字母 c 表示。

由于热量与过程有关,因此同一种物质可以有无数种热容量。如果在过程中系统的体积不变,则此热容为定体热容 $C_{\mathrm{V,m}}$,如果压强不变则为定压热容 $C_{\mathrm{P,m}}$.

8.2 典型的热力学过程

8.2.1 等体过程 定体摩尔热容

不同的热力学过程系统状态参量之间的函数关系是不同的.准静态过程中,系统状态参量之间的函数关系称为过程方程.理想气体在平衡态下都遵守理想气体物态方程,不同过程的过程方程很容易根据过程特点从理想气体物态方程推导出来.

在等体过程中,体积 V 是恒量,根据理想气体物态方程可得等体过程方程为

$$\frac{p}{T} = 常量 \tag{8.7}$$

系统的压强和温度成正比关系,在 p-V 图上,等体过程曲线是一条平行于 p 轴的线段.

等体过程中理想气体的体积保持不变,$\mathrm{d}V=0$,系统不做功;根据热力学第一定律,由无限小热力学过程关系式(8.5)可得

$$\mathrm{d}E = \mathrm{d}Q$$

对有限的等体过程,对上式积分可得

$$Q = \Delta E$$

在等体过程中系统不做功,系统吸收的热量全部用来增加系统的内能,或者系统减少的内能以热量的形式全部放出.这就是等体过程系统能量转化的特点.

讨论等体过程的定体摩尔热容.设有 1 mol 理想气体在等体过程中所吸收的热量为 ΔQ_V,使气体的温度由 T 升高到 $T+\Delta T$,则气体的定体摩尔热容为

$$C_{V,m} = \lim_{\Delta T \to 0} \frac{\Delta Q_V}{\nu \Delta T} = \frac{\mathrm{d}Q_V}{\nu \mathrm{d}T} \tag{8.8}$$

定体摩尔热容的单位为焦每摩尔开,符号为 J/(mol · K).1 mol理想气体当其温度有微小增量 $\mathrm{d}T$ 时系统所吸收的热量为

$$\mathrm{d}Q_V = \mathrm{d}E = C_{V,m}\mathrm{d}T \tag{8.9}$$

在等体过程中,质量为 m、摩尔质量为 M、定体摩尔热容 $C_{V,m}$ 恒定的理想气体,当其温度由 T_1 变为 T_2 的过程中,系统所吸收的热量可通过积分求得

$$Q = \int_{T_1}^{T_2} \frac{m}{M} C_{V,m} \mathrm{d}T = \frac{m}{M} C_{V,m}(T_2 - T_1) = \Delta E \tag{8.10}$$

由式(8.10)可以看出,对一定量的理想气体,内能的增量仅与系统温度的变化有关,考虑到内能是态函数,在任一平衡态系统的内能都可以表达为状态参量的函数,所以计算内能变化的式(8.10)不仅对等体过程成立,对 $C_{V,m}$ 为常数的任意过程都应成立.也就是说,理想气体内能的改变只与始末状态有关,与状态改变的过程无关,一个热力学系统的不同过程,如果起始和终了状态都相同,那么在这两状态之间理想气体内能的增量就应相等.式(8.10)具有普适意义,若理想气体的定体摩尔热容 $C_{V,m}$ 已知,即可根据上述公式计算系统内能的变化.

定体摩尔热容 $C_{V,m}$ 可以根据分子动理论的结果和定体摩尔热容 $C_{V,m}$ 的定义式(8.8)计算得出,也可通过实验测出,表 8.1 给出了几种气体的 $C_{V,m}$ 的理论值和实验值.

8.2.2 等压过程 定压摩尔热容

在等压过程中,压强 p 保持不变,则其过程方程为

$$\frac{V}{T} = \text{常量} \tag{8.11}$$

等压过程中系统的体积和温度成正比关系.等压过程曲线在 p-V 图上是一条平行于 V 轴的线段.

根据热力学第一定律,对有限的等压过程应有

$$E_2 - E_1 + A = Q$$

在等压过程中理想气体吸收的热量一部分用来增加气体的内能,另一部分转化为气体对外界做的功;或者是外界对系统做的功和系统减少的内能全部以热量的形式放出.这就是等压过程系统能量转化的特点.

设有 1 mol 的理想气体,在等压过程中吸收热量 ΔQ_p,同时温度升高 ΔT,则气体的定压摩尔热容为

$$C_{p,m} = \lim_{\Delta T \to 0} \frac{\Delta Q_p}{\nu \Delta T} = \frac{\mathrm{d}Q_p}{\nu \mathrm{d}T} \tag{8.12}$$

定压摩尔热容的单位为焦每摩尔开,符号为 J/(mol · K).定压摩尔热容 $C_{p,m}$ 为常数的 1 mol 理想气体在有限等压过程中吸收的热量为

$$Q_p = C_{p,m}(T_2 - T_1) \tag{8.13}$$

利用热力学第一定律式(8.5)和式(8.9)可得

$$C_{p,m}\mathrm{d}T = C_{V,m}\mathrm{d}T + p\mathrm{d}V$$

根据 1 mol 理想气体物态方程 $pV=RT$,对此式两边取微分并

考虑到等压过程中 $\mathrm{d}p=0$,可得 $p\mathrm{d}V=R\mathrm{d}T$,将此结果代入上式,有

$$C_{p,m}=C_{V,m}+R \tag{8.14}$$

式(8.14)就是理想气体定压摩尔热容和定体摩尔热容之间的关系,称为迈耶公式.它表明,理想气体的定压摩尔热容与定体摩尔热容之差为摩尔气体常量 R,也就是说,在等压过程中,1 mol 理想气体温度升高 1 K 时,要比等体过程多吸收 8.31 J 热量,以用于对外做功.从表 8.1 可以看出,在通常温度及压强下的气体(可视为理想气体),尽管它们的定压摩尔热容 $C_{p,m}$ 和定体摩尔热容 $C_{V,m}$ 的实验值与理论值并不完全相同,两者之差与普适气体常量 R 的值非常接近.

在实际应用中,常用比热容比 γ 表示 $C_{p,m}$ 与 $C_{V,m}$ 的比值

$$\gamma=\frac{C_{p,m}}{C_{V,m}} \tag{8.15}$$

表 8.1　几种气体的 $C_{p,m}$、$C_{V,m}$ 和 γ 的理论值和实验值

气体种类		实验值				气体类别	理论值		
		$C_{p,m}$	$C_{V,m}$	$C_{p,m}-C_{V,m}$	γ		$C_{p,m}$	$C_{V,m}$	γ
单原子分子	He	20.79	12.52	8.27	1.66	单原子分子	20.78	12.47	1.67
	Ne	20.79	12.68	8.11	1.64				
	Ar	20.79	12.45	8.34	1.67				
双原子分子	H_2	28.82	20.44	8.38	1.41	刚性双原子分子	29.09	20.78	1.40
	N_2	29.12	20.80	8.32	1.40				
	O_2	29.37	20.98	8.39	1.40	弹性双原子分子	37.39	29.09	1.39
	CO	29.04	20.74	8.30	1.40				
多原子分子	CO_2	36.62	28.17	8.45	1.30	刚性非线型多原子分子	33.24	24.93	1.33
	N_2O	36.90	28.39	8.51	1.31				
	H_2S	36.12	27.36	8.76	1.32	弹性非线型多原子分子	58.17	49.86	1.17
	H_2O	36.21	27.28	8.39	1.30				

8.2.3　等温过程

热力学过程中系统的温度始终保持不变,则称为等温过程.等温过程的过程方程同样可以从理想气体物态方程导出

$$pV = 常量 \tag{8.16}$$

等温线在 p-V 图上是一支双曲线.对理想气体来说,内能仅是温度的函数,在等温过程中气体的温度不变,内能也就保持不变,即 $\mathrm{d}E=0$.根据热力学第一定律在无限小的等温过程中有

$$\mathrm{d}Q = \mathrm{d}A$$

而在有限的等温过程中有

$$Q = A$$

理想气体吸收的热量全部用来对外界做功,或者是外界对系统做的功全部转化为热量由系统放出.这就是等温过程中能量转化的特点.

物质的量为$\frac{m}{M}$mol 的理想气体在温度保持为 T 的条件下体积由 V_1 变为 V_2,系统对外界所做的功

$$A = \int_{V_1}^{V_2} p\mathrm{d}V = \int_{V_1}^{V_2} \frac{pV}{V}\mathrm{d}V = \frac{m}{M}RT\int_{V_1}^{V_2} \frac{1}{V}\mathrm{d}V = \frac{m}{M}RT\ln\frac{V_2}{V_1} \tag{8.17}$$

系统所做的功在数值上等于 p-V 图上等温曲线下的面积,做功和吸收的热量相等,体现了等温过程能量转化的特点.

在等温过程中,无论系统吸收多少热量,系统的温度都保持恒定,$\mathrm{d}T=0$,形式上可以认为等温过程中系统的热容为无穷大.

8.2.4 绝热过程

绝热过程是热力学过程中一个十分重要的过程.在气体的状态发生变化的过程中,如果它与外界之间没有热量交换,这种过程叫做绝热过程.实际上,绝对的绝热过程是不存在的,但在有些过程的进行中,虽然系统与外界之间有热量交换,但所交换的热量很少,可略去不计,这种过程就可近似认为是绝热过程.

根据热力学第一定律,在绝热过程中有

$$\mathrm{d}E = -\mathrm{d}A$$

考虑到式(8.9),有

$$\frac{m}{M}C_{V,m}\mathrm{d}T = -p\mathrm{d}V \tag{8.18}$$

对理想气体物态方程两边同时微分得

$$p\mathrm{d}V + V\mathrm{d}p = \frac{m}{M}R\mathrm{d}T \tag{8.19}$$

将式(8.19)代入式(8.18)消去 $\mathrm{d}T$ 并考虑式(8.15),可得

$$\gamma\frac{\mathrm{d}V}{V}+\frac{\mathrm{d}p}{p}=0$$

积分可得绝热过程方程,即

$$pV^{\gamma}=\text{常量} \tag{8.20a}$$

利用理想气体物态方程,可将式(8.20a)化为另两种形式

$$TV^{\gamma-1}=\text{常量} \tag{8.20b}$$

$$p^{\gamma-1}T^{-\gamma}=\text{常量} \tag{8.20c}$$

以上三式都是理想气体的绝热过程方程,只是采用不同的状态参量导致其形式不同而已.设系统从初始状态(p_1,V_1)经绝热过程到末态(p_2,V_2),在该过程中系统做功为

$$\begin{aligned}A&=\int_{V_1}^{V_2}p\mathrm{d}V=\int_{V_1}^{V_2}\frac{pV^{\gamma}}{V^{\gamma}}\mathrm{d}V=\frac{p_1V_1}{\gamma-1}\left[1-\left(\frac{V_1}{V_2}\right)^{\gamma-1}\right]\\&=\frac{p_1V_1-p_2V_2}{\gamma-1}=\frac{m}{M}C_{V,m}(T_1-T_2)\end{aligned} \tag{8.21}$$

在绝热过程中,系统内能的增加全部由外界对系统做的功转化而来,而系统减少的内能则转化为对外界做的功.在绝热过程中,系统不需要吸收任何热量就能改变其温度,形式上可认为绝热过程摩尔热容为0.

*8.2.5　多方过程

理想气体的等压、等体、等温三个等值过程,以及绝热过程都是理想的过程,实际上它们都是较难实现的.实际过程往往与这四个理想过程有所偏离,其过程方程并不像四个理想过程的相关方程那样简单.

把绝热过程方程式(8.20)推广为下面的方程

$$pV^{n}=\text{常量} \tag{8.22a}$$

$$TV^{n-1}=\text{常量} \tag{8.22b}$$

$$p^{n-1}T^{-n}=\text{常量} \tag{8.22c}$$

其中n是对应于某一特定过程的常数,可以取任意实数.这个方程称为理想气体的多方过程方程,n称为多方指数.由式(8.22)可以看出:

(1)当$n=\gamma$时,式(8.22a)为理想气体绝热过程方程;

(2)当$n=1$时,式(8.22a)为理想气体等温过程方程;

(3)当$n=0$时,式(8.22a)描述的就是理想气体的等压过程;

(4)如把式(8.22a)写成$p^{1/n}V=$常数,则当$n\to\infty$时,其描述的就是理想气体的等体过程.

理想气体在多方过程中做的功为

$$A=\int_{V_1}^{V_2}p\mathrm{d}V=\int_{V_1}^{V_2}\frac{pV^n}{V^n}\mathrm{d}V=\frac{p_1V_1}{n-1}\left[1-\left(\frac{V_1}{V_2}\right)^{n-1}\right]=\frac{p_1V_1-p_2V_2}{n-1} \tag{8.23}$$

内能的增量仍由计算内能的普适公式$\mathrm{d}E=C_{V,m}\mathrm{d}T$进行积分计算,这是因为理想气体内能的改变仅与其始末状态有关,与过程无关的缘故.而在多方过程中所吸收的热量可由热力学第一定律进行计算.

例 8.1 一气缸中储有氮气,质量为 1.25 kg.在标准大气压下缓慢地加热,使温度升高 1 K.试求气体膨胀时所做的功A、气体内能的增量ΔE以及气体所吸收的热量Q_p(活塞的质量以及它与气缸壁的摩擦均可略去).

解 由题意知过程是等压的,所以

$$A=\int_{T_1}^{T_2}\nu R\mathrm{d}T=\nu R(T_2-T_1)=\frac{1.25}{28\times10^{-3}}\times8.31\ \mathrm{J}\approx370.98\ \mathrm{J}$$

由定体摩尔热容的定义可知内能的变化可表示为

$$\Delta E=\nu C_{V,m}\Delta T=\frac{1.25}{28\times10^{-3}}\times\frac{5}{2}\times8.31\times1\ \mathrm{J}\approx927.46\ \mathrm{J}$$

根据热力学第一定律,气体在这一过程中所吸收的热量为

$$Q_P=\Delta E+A=370.98+927.46\ \mathrm{J}=1\ 298.44\ \mathrm{J}$$

例 8.2 如图 8.3 所示,有 1 mol 的氢气最初的压强为1.013×10^5 Pa、温度为 20 ℃,求在下列过程中,把氢气压缩为原来体积的 1/10 需要做的功:(1)等温过程;(2)绝热过程;(3)经这两过程后,气体的压强各为多少?

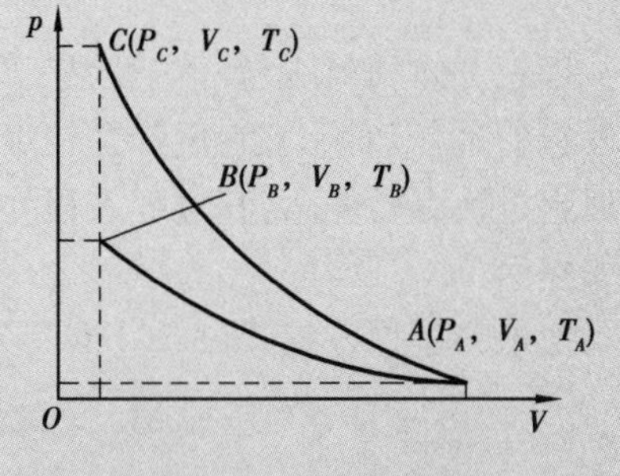

图 8.3 例 8.2 用图

解 (1)对于等温过程,由式(8.17)可得氢气由状态A等温压缩到状态B,做的功为

$$A=\int_{V_A}^{V_B}p\mathrm{d}V=\frac{m}{M}RT_A\ln\frac{V_B}{V_A}$$

$$=1\times8.31\times(273.15+20)\times\ln\frac{1}{10}\ \mathrm{J}$$

$$=8.31\times293.15\times\ln0.1\ \mathrm{J}\approx-5.61\times10^3\ \mathrm{J}$$

负号表示气体对外界做负功,即外界对气体做功.

(2)因为氢气是双原子气体,故其比热容比$\gamma=1.4$,所以对于绝热过程AC,由式(8.20b),可求得状态C的温度为T_C

$$T_A V_A^{\gamma-1} = T_C V_C^{\gamma-1}$$

$$T_C = T_A\left(\frac{V_A}{V_C}\right)^{\gamma-1} = 293.15 \times 10^{0.4}\ \text{K} \approx 736.36\ \text{K}$$

由式(8.21)可知,氢气由状态 A 绝热压缩到状态 C 做的功为

$$A = \int_{V_A}^{V_C} p\text{d}V = \frac{m}{M}C_{V,m}(T_A - T_C) = \frac{5R}{2} \times (736.36 - 293.15)\ \text{J} \approx -9.21 \times 10^3\ \text{J}$$

式中负号表示外界对气体做功.

(3)状态 B 和 C 的压强.对等温过程 AB,由 $p_A V_A = p_B V_B$ 可得

$$p_B = \frac{p_A V_A}{V_B} = 1.013 \times 10^6\ \text{Pa}$$

对绝热过程,由 $p_A V_A^{\gamma} = p_B V_B^{\gamma}$ 可得

$$p_C = p_A\left(\frac{V_A}{V_C}\right)^{\gamma} = 1.013 \times 10^5 \times 10^{1.4}\ \text{Pa} \approx 2.54 \times 10^6\ \text{Pa}$$

*例 8.3　一定量的双原子分子理想气体,经 $pV^2 = C$(常量)的准静态过程,从状态 (p_1, V_1) 变到体积为 V_2 的状态,试求气体在该过程中对外所做的功 A,内能增量 ΔE,吸入的热量 Q 和摩尔热容 C.

解　将过程方程 $pV^2 = C$ 改写成

$$pV^2 = p_1 V_1^2 = p_2 V_2^2 = C$$

可得末态气体的压强

$$p_2 = \frac{p_1 V_1^2}{V_2^2}$$

以及压强 p 随体积 V 变化的函数关系

$$p = \frac{C}{V^2}$$

将上式代入功的公式,可得气体在该过程中对外所做的功

$$A = \int_{V_1}^{V_2} p\text{d}V = \int_{V_1}^{V_2} \frac{C\text{d}V}{V^2} = \frac{C}{V_1} - \frac{C}{V_2} = p_1 V_1 - p_2 V_2$$

其中 p_2 已经在前面计算出了.双原子理想气体分子的自由度 $i = 5$,故内能增量

$$\Delta E = \frac{5}{2}(p_2 V_2 - p_1 V_1)$$

由热力学第一定律,可得气体吸入的热量

$$Q = \Delta E + A = \frac{3}{2}(p_2 V_2 - p_1 V_1)$$

为了求出该过程的摩尔热容,可由 $p_1 V_1 = \nu R T_1$,$p_2 V_2 = \nu R T_2$ 得到过程中的温度变化为

$$T_2 - T_1 = \frac{1}{\nu R}(p_2 V_2 - p_1 V_1)$$

则过程的摩尔热容为：

$$C_m = \frac{Q}{\nu(T_2 - T_1)} = \frac{3}{2}R$$

摩尔热容也可以用基本公式计算，比如

$$C_m = \frac{i}{2}R + \frac{p\mathrm{d}V}{\nu\mathrm{d}T} = \frac{5}{2}R + \frac{p\mathrm{d}V}{\nu\mathrm{d}\left(\frac{pV}{\nu R}\right)} = \frac{3}{2}R$$

8.3 循环过程和卡诺循环

8.3.1 循环过程

在生产技术上需要将热与功之间的转换持续地进行下去，这就需要利用循环过程.把系统经过一系列状态变化后又回到初始状态的过程叫做循环过程，简称循环.研究循环过程的规律无论在理论上还是在实践中都具有非常重要的意义.

8.3.2 热机效率

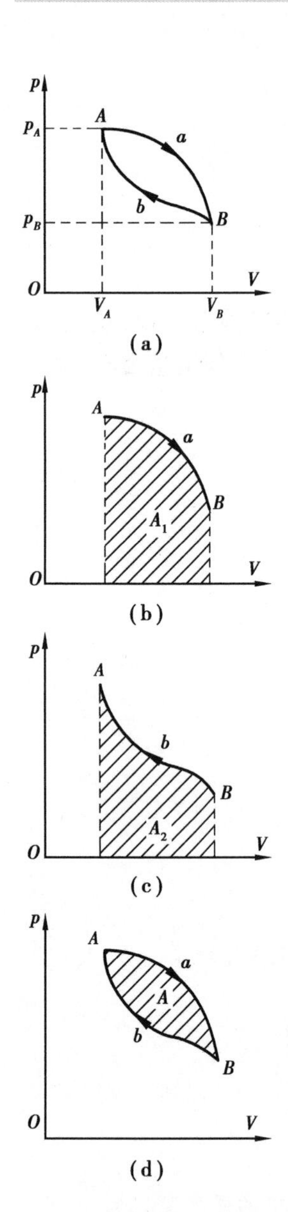

图 8.4 循环过程及做功示意图

准静态的循环过程可以在 p-V 图上表示出来.根据循环过程进行的方向可将循环分为两类.在 p-V 图上沿顺时针方向进行的循环过程称为正循环，在 p-V 图上沿逆时针方向进行的循环过程称为逆循环.

考虑以气体为工作物质的循环过程，如图 8.4(a)所示.设有一定量的气体，先由起始状态 $A(p_A、V_A、T_A)$ 在较高温度的条件下，沿过程 AaB 吸收热量而膨胀到状态 $B(p_B、V_B、T_B)$，如图 8.4(b)所示.在此过程中，气体对外所做的功 A_1 等于 A、B 两点间过程曲线 AaB 下的面积.然后再将气体由状态 B 在较低温度的条件下，沿过程 BbA 放出热量并压缩到起始状态 A，如图 8.4(c)所示.在压缩过程中，外界对气体所做的功 A_2 等于 A、B 两点间过程曲线 BbA 下的面积.按照图中所选定的过程 $AaBbA$，A_2 的值小于 A_1 的值.所以气体经历一个循环以后，既从高温热源吸热又向低温热源放热并做功，而对外所做的净功 A 是 A_2 与 A_1 之差，即

$$A = A_1 - A_2$$

显然，在 p-V 图上，气体对外所做的净功 A 等于 AaB 和 BbA 两个过程组成的循环所包围的面积，如图 8.4(d)所示.应当指出，

在任何一个循环过程中，系统所做的净功都等于 p-V 图上所示循环包围的面积. 因为内能是系统状态的单值函数，所以系统经历一个循环过程之后，它的内能没有改变. 这是循环过程的重要特征.

把热转化为功的机械称为热机. 一个热机经过一个正循环后，内能不变化，它从高温热源吸收的热量 Q_1，一部分用于对外做功 A，另一部分向低温热源放出，Q_2 为向低温热源放出的热量的值. 在热机经历一个正循环后，吸收的热量 Q_1 不能全部转变为功，转变为功的只是 Q_1-Q_2. 热机效率的定义为一个循环中系统对外界所做的功与系统吸收热量的比值. 即

$$\eta = \frac{A}{Q_1} = \frac{Q_1 - Q_2}{Q_1} = 1 - \frac{Q_2}{Q_1} \tag{8.24}$$

热机的循环过程不同，热机效率亦可能不同.

8.3.3 制冷系数

获得低温的装置称为制冷机. 逆循环过程反映了制冷机的工作特点. 制冷机从低温热源吸取热量，并把热量放给高温热源. 为实现这一点，外界必须对制冷机做功. Q_2 为制冷机从低温热源吸收的热量，A 为外界对它做的功，Q_1 为它放给高温热源热量的值. 于是当制冷机完成一个逆循环后有 $A=Q_1-Q_2$. 制冷机经历一个逆循环后，由于外界对它做功，可把热量由低温热源传递到高温热源，从而达到制冷的效果. 通常把

$$\varepsilon = \frac{Q_2}{A} = \frac{Q_2}{Q_1 - Q_2} \tag{8.25}$$

称为制冷机的制冷系数.

8.3.4 卡诺循环

随着瓦特改进蒸汽机使热机的效率大为提高，人们对进一步提高热机效率的要求也日益迫切. 法国青年工程师卡诺提出了一个理想循环，在他提出的循环过程中，工作物质只和两个恒温热源交换热量，这种循环被称为卡诺循环，按卡诺循环工作的热机叫卡诺热机.

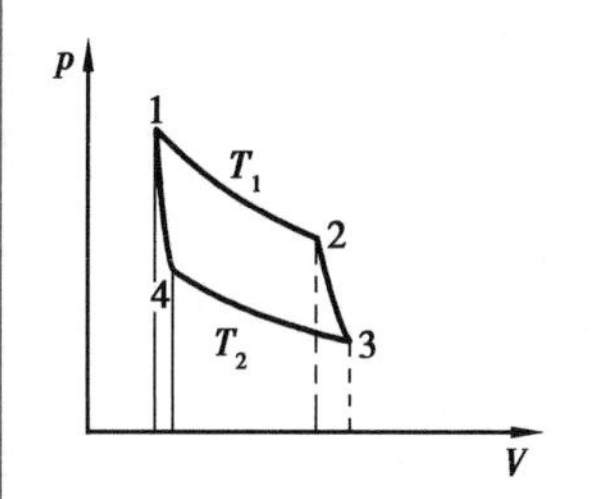

图 8.5 卡诺循环示意图

卡诺循环是由四个准静态过程所组成的，其中有两个是等温过程，两个是绝热过程. 卡诺循环对工作物质是没有规定的，为方便讨论，我们以理想气体为工作物质，如图 8.5 所示. 曲线 12 和 34 分别是温度为 T_1 和 T_2 的两条等温线，曲线 23 和 41 分别是两条

绝热线.作为工作物质的理想气体从状态 1 出发,按顺时针方向沿封闭曲线 12341 进行,这种正循环为卡诺正循环,又称卡诺热机.由于每个过程都做功,如果利用功进行计算比较麻烦,考虑到绝热过程不吸热的特点,这里利用热量来求热机效率.

1→2 等温膨胀:气缸中的气体与温度为 T_1 的高温热源接触,等温地由体积 V_1 膨胀到 V_2,该过程中吸热为

$$Q_1 = \frac{m}{M}RT_1\ln\frac{V_2}{V_1}$$

2→3 绝热膨胀:气体绝热膨胀,体积由 V_2 增大为 V_3,温度由 T_1 降为 T_2.

3→4 等温压缩:气体与温度为 T_2 的低温热源接触,体积由 V_3 压缩到 V_4,该过程中气体放热为

$$Q_2 = \frac{m}{M}RT_1\ln\frac{V_3}{V_4}$$

4→1 绝热压缩:气体绝热压缩,体积由 V_4 变为 V_1、温度由 T_2 升至 T_1,完成整个循环.

根据热机效率的定义,卡诺热机的效率为

$$\eta_{卡} = 1 - \frac{Q_2}{Q_1} = 1 - \frac{\frac{m}{M}RT_2\ln\frac{V_3}{V_4}}{\frac{m}{M}RT_1\ln\frac{V_2}{V_1}}$$

又由于 2→3、4→1 均为绝热过程,根据绝热过程方程

$$T_1V_2^{\gamma-1} = T_2V_3^{\gamma-1} \text{和} \ T_1V_1^{\gamma-1} = T_2V_4^{\gamma-1}$$

整理可得

$$\left(\frac{V_2}{V_1}\right)^{\gamma-1} = \left(\frac{V_3}{V_4}\right)^{\gamma-1}, \text{即} \frac{V_2}{V_1} = \frac{V_3}{V_4}$$

于是有

$$\eta_{卡} = 1 - \frac{T_2}{T_1} \tag{8.26}$$

此即理想气体准静态卡诺循环的效率.要完成一次卡诺循环必须有高温和低温两个热源;卡诺热机的效率与工作物质无关,只与两个热源的温度有关,高温热源的温度越高,低温热源的温度越低,则卡诺循环的效率越高.

如果理想气体沿相反的方向进行循环过程,在一个循环中,系统从低温热源 T_2 处吸热 Q_2,向高温热源 T_1 放热 Q_1,外界对系统做功 $A = Q_1 - Q_2$,则这是一个制冷循环.该循环的制冷系数为

$$\varepsilon_{卡} = \frac{T_2}{T_1 - T_2} \tag{8.27}$$

以理想气体为工作物质的卡诺制冷机，高温热源温度 T_1 越高，低温热源温度 T_2 越低，制冷系数越小，表明从温度较低的热源吸取热量越困难，而当两热源温度越接近，低温热源温度越高，制冷系数越大.

例 8.4　1 mol 氦气经过如图 8.6 所示的循环，其中 $p_2=2p_1$，$V_4=2V_1$，求在每个中间过程中气体吸收的热量，如果循环按照 1→2→3→4→1 进行，求循环的效率.

解　由图 8.6 可知：$p_2=p_3=2p_1=2p_4$，$V_3=V_4=2V_1=2V_2$，根据理想气体物态方程可以分别求得状态 2、3、4 的温度为

$$T_2=T_4=2T_1,\ T_3=4T_1$$

可见，在等体过程 1→2 及等压过程 2→3 中氦气分别吸热 Q_{12} 和 Q_{23}；在等体过程 3→4 及等压过程 4→1 中分别放热 Q_{34} 和 Q_{41}，对于单原子分子氦气，其 $C_{V,m}=\frac{3}{2}R$，$C_{p,m}=\frac{5}{2}R$，由式(8.10)和式(8.13)，可得

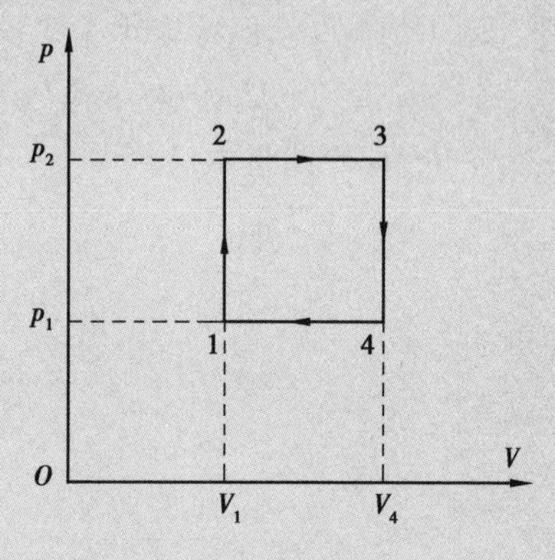

图 8.6　例 8.4 用图

$$Q_{12}=C_{V,m}(T_2-T_1)=\frac{3}{2}R(T_2-T_1)=\frac{3}{2}RT_1$$

$$Q_{23}=C_{p,m}(T_2-T_1)=\frac{5}{2}R(T_3-T_2)=5RT_1$$

$$Q_{34}=C_{V,m}(T_4-T_3)=\frac{3}{2}R(T_4-T_3)=-3RT_1$$

$$Q_{41}=C_{p,m}(T_1-T_4)=\frac{5}{2}R(T_1-T_4)=-\frac{5}{2}RT_1$$

所以氦气经历一个循环吸收的热量之和为

$$Q_1=Q_{12}+Q_{23}=\frac{13}{2}RT_1$$

氦气在此循环中放出的热量之和则为

$$Q_2=|Q_{34}+Q_{41}|=\frac{11}{2}RT_1$$

如果循环按照 1→2→3→4→1 进行，此循环的效率为

$$\eta=1-\frac{Q_2}{Q_1}=1-\frac{\frac{11}{2}RT_1}{\frac{13}{2}RT_1}\approx 15.4\%$$

例 8.5　一定量的某单原子分子理想气体，经历如图 8.7 所示的循环，其中 AB 为等温线. 已知 $V_1=3.0\times10^{-3}\ \text{m}^3$，$V_2=6.0\times10^{-3}\ \text{m}^3$，求热机效率.

解　如图8.7所示的循环由3个分过程组成：

(1)$A \to B$ 为等温膨胀过程，$\Delta E=0$，$A>0$，吸收热量

$$Q_{AB}=\nu RT_A \ln\frac{V_2}{V_1}=\nu RT_A \ln 2$$

(2)$B \to C$ 为等压压缩降温过程，$\Delta E<0$，$A<0$，放出热量

$$|Q_{BC}|=\nu C_{p,m}(T_B-T_C)$$

(3)$C \to A$ 为等体增压升温过程，$\Delta E>0$，$A=0$，吸收热量

$$Q_{CA}=\nu C_{V,m}(T_A-T_C)$$

图8.7　例8.5用图

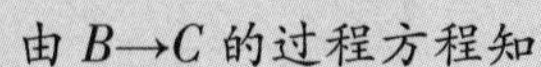

由 $B \to C$ 的过程方程知

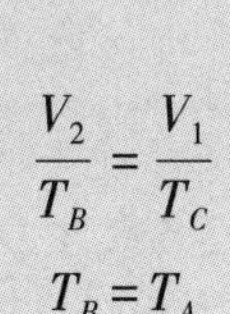

$$\frac{V_2}{T_B}=\frac{V_1}{T_C}$$

且由题意知

$$T_B=T_A$$

所以有

$$T_C=\frac{V_1}{V_2}T_B=\frac{1}{2}T_A$$

又因单原子分子理想气体的定体摩尔热容 $C_{V,m}=\frac{3}{2}R$、$C_{p,m}=\frac{5}{2}R$，故

$$|Q_{BC}|=\frac{1}{2}\nu C_{p,m}T_A=\frac{5}{4}\nu RT_A$$

$$Q_{CA}=\frac{1}{2}\nu C_{V,m}T_A=\frac{3}{4}\nu RT_A$$

于是在所讨论的循环中，系统从高温热源吸热

$$Q_1=Q_{AB}+Q_{CA}=\nu RT_A\left(\ln 2+\frac{3}{4}\right)$$

向低温热源放热

$$Q_2=|Q_{BC}|=\frac{5}{4}\nu RT_A$$

故热机效率为

$$\eta=1-\frac{Q_2}{Q_1}=1-\frac{\frac{5}{4}\nu RT_A}{\nu RT_A\left(\ln 2+\frac{3}{4}\right)}=1-\frac{5}{4\ln 2+3}\approx 13.4\%$$

例8.6　一台电冰箱放在室温为20 ℃的房间里，冰箱储藏柜中的温度维持在5 ℃.现每天有 2.0×10^7 J的热量自房间传入冰箱内，若要维持冰箱内温度不变，外界每天需做多少功？其功率为多少？设在5 ℃至20 ℃运转的冰箱的制冷系数是卡诺制冷机制冷系数的55%.

解　工作在高温热源 $T_1=293$ K 和低温热源 $T_2=278$ K 之间的卡诺制冷机的制冷系数

$$\varepsilon_{卡}=\frac{T_2}{T_1-T_2}=\frac{278}{15}\approx 18.53$$

该冰箱实际的制冷系数为

$$\varepsilon=\varepsilon_{卡}\times 55\%=\frac{T_2}{T_1-T_2}\times\frac{55}{100}=18.53\times 0.55\approx 10.2$$

由制冷机制冷系数的定义 $\varepsilon=\dfrac{Q_2}{A}$ 得

$$A=\frac{Q_2}{\varepsilon}$$

房间传入冰箱的热量 $Q'=2.0\times 10^7$ J，平衡时 $Q'=Q_2$，保持冰箱在 5 ℃至 20 ℃运转，每天需做功

$$A=\frac{Q_2}{\varepsilon}=\frac{2\times 10^7}{10.2}\ \text{J}\approx 1.96\times 10^6\ \text{J}$$

所以其功率为

$$P=\frac{A}{t}=\frac{1.96\times 10^6}{24\times 3\,600}\ \text{W}\approx 23\ \text{W}$$

8.4 热力学第二定律

在 19 世纪初期，蒸汽机已在工业、航海等部门得到了广泛的使用，并随着技术水平的提高，蒸汽机的效率也有较大提高，人们开始考虑能否制造这样一种热机，它可把从单一热源吸取的热量完全用来做功呢？能否制造这样一种制冷机，它可以不需要外界对系统做功，就能使热量从低温物体传递给高温物体呢？这些问题与热力学第一定律并不矛盾，那么这些设想能否实现呢？在解决这些问题的过程中人们逐渐明白，自然界中不是所有符合热力学第一定律的过程都能发生，也就是说，自然界自动进行的过程是有方向性的，为此人们在实践的基础上总结出了一条新的定律，即热力学第二定律.

8.4.1 热力学第二定律

热力学第一定律揭示了热力学过程中不同形式的能量相互转化时数量上的守恒规律，其核心在于能量的守恒. 对不同形式的能量的相互转化，热力学第一定律只是告诉我们“可以转

化”,至于不同形式能量的转化有无条件限制、有无数量限度则均未提及,在能量的转化和传递中是否还蕴藏着其他的规律呢?

历史上曾有人企图制造这样一种循环工作的热机,它只从单一热源吸收热量,并将吸收的热量全部用来做功而不放出热量给低温热源,因此它的效率 η 可达 100%.假如这种机器制造成功,那就可以从单一热源中吸收热量,并把它全部用来做功,这种热机叫作第二类永动机.第二类永动机并不违反热力学第一定律,即不违反能量守恒定律,因而对人们更具有诱惑性.然而人们经过长期的实践认识到,第二类永动机是不可能造成的,并得出了如下结论:不可能从单一热源吸取热量,使之完全变为功而不产生其他影响.这个规律就是热力学第二定律的开尔文表述.

开尔文表述中所说的热源,是温度均匀恒定的单一热源.若热源不是单一热源,则热机就可以从热源中温度较高的部分吸热而在温度较低的部分放热,这样实际上就相当于两个热源了.其次,表述中所说的“其他影响”就是指除了从单一热源吸热并把吸收的热量做功以外的其他任何变化.当有其他影响产生时,从单一热源吸热完全转化为功是可能的,例如理想气体的等温膨胀过程就是这样,该过程对理想气体系统造成了影响——系统的体积膨胀了.

开尔文表述还可表述为另一种形式:第二类永动机是不可能造成的.

所谓第二类永动机,就是一种违反开尔文表述的机器,它能从热源吸热使之完全变为功而不产生其他影响,这种机器并不违反热力学第一定律.如果这种机器能造成,那么它就可以从任何它所能接触到的物体吸热而源源不断地做功,如以海洋作为热源,海洋的内能是取之不尽的,这样人类就不必为能源问题而担心了.

在一个孤立系统中,有一个温度为 T_1 的高温物体和一个温度为 T_2 的低温物体,经过一段时间后,整个系统将达到温度为 T 的热平衡状态.这说明在一孤立系统内,热量是由高温物体向低温物体传递的.但是从未见过在一孤立系统中低温物体的温度会越来越低,高温物体的温度会越来越高,即热量能自动地由低温物体向高温物体传递.显然,这一过程也并不违反热力学第一定律,但在实践中确实无法实现.要使热量由低温物体传递到高温物体,只有依靠外界对它做功才能实现,如制冷机.不可能把热量从低温物体传到高温物体而不引起其他变化,这就是热力学第二定律的克劳修斯表述.

*8.4.2 可逆过程与不可逆过程

可逆过程和不可逆过程的定义如下：一个系统，由某一状态出发，经历某一过程达到另一状态，如果存在另一过程，它能使系统和外界完全复原（系统回到原来状态并消除了原来过程对外界的一切影响），则原来的过程称为可逆过程；反之，如果用任何方法都不能使系统和外界完全复原，则称为不可逆过程.

根据上面关于热力学第二定律的克劳修斯说法已经知道，高温物体能自动地把热量传递给低温物体，而低温物体不可能自动地把热量传递给高温物体.如果把热量由高温物体传递给低温物体作为正过程，而把热量由低温物体传递给高温物体作为逆过程，很显然，逆过程是不能自动地进行的.也就是说，如要把热量由低温物体传递给高温物体，非要由外界对它做功不可，而由于外界做功的结果，外界的环境就要发生变化.所以，在外界环境不发生变化的情况下，热量的传递过程是不可逆的.

事实上，热与功之间的转换也具有不可逆性.例如摩擦做功可以把功全部转化为热量，而热量却不能在不引起其他变化的情况下全部转化为功.如果把功转为热作为正过程，热转化为功作为逆过程，那么在不引起其他变化的情况下，热功之间的转换也是不可逆的.

仔细考察自然界的各种不可逆过程可以看出，它们都包含下列基本特点中的某一个或者几个：耗散不可逆因素、力学不可逆因素（例如对于一般的系统，系统内部的压强差不是无限小）、热学不可逆因素（系统内部的温度差不是无限小）、化学不可逆因素（对于任一化学组成，在系统内部之间的差异不是无限小）.

由上述因素造成的过程，都是我们无法控制的不可逆过程，要使系统所经历的过程可逆，就必须消除上述引起不可逆性的因素，这就要求系统所经历的过程不仅是无摩擦的，而且还必须是准静态过程.由此可见，可逆过程的实现条件是无摩擦的准静态过程.可逆过程只是一种理想过程.虽然如此，在热学问题中，我们常把一些接近可逆过程的实际过程看作可逆过程.例如，假想气缸内的气体在活塞无限缓慢地移动时经历准静态膨胀过程，它的每一个中间态都是无限接近平衡态的.考虑气缸与活塞间是没有摩擦的理想情况，当活塞无限缓慢地压缩气体，使系统在逆过程中以相反的顺序重复正过程的每一个中间态，使系统完全复原，对外界也不留下任何影响，这样的准静态膨胀过程一定是可逆过程.再如,单摆做无阻力的来回往复运动,从任一位置出发后,经一个周期又回到原来的位置,且对外界没有产生任何影响,因此单摆的无阻力摆动是可逆过程.因为在准静态的正过程与逆过程中,对于每一个微小的中间过程,系统与外界交换的热量和做的功都正好相反,当通过准静态的逆过程使系统的末态返回初态时,正过程中给外界留下的痕迹在逆过程中正好被一一消除,使外界也完全恢复了原状.

8.4.3 热力学第二定律的实质

自然界中的不可逆现象多种多样,但是它们具有共同的特点:一切与热现象有关的实际宏观过程都是不可逆的.这就是热力学第二定律的实质.

一切的实际过程必然与热相联系,所以自然界中绝大部分的实际宏观过程严格来说都是不可逆的.例如,水平桌面上两个相同的茶杯 A 和 B,其中 A 装满水,B 为空杯,把 A 中的水完全倒入 B 中,这个过程是否可逆? 把 A 中的水倒入 B 中,需要付出额外的功,这部分功使水从 A 倒入 B 中产生流动,而黏滞力又使流动的水静止,人额外的功全部转化为热,因而过程是不可逆的.

*8.4.4 卡诺定理

卡诺在充分研究了以他名字命名的理想卡诺循环后指出:

(1)在相同的高温热源和低温热源之间工作的一切可逆热机,其效率都相等,与工作物质无关.

(2)在相同的高温热源和低温热源之间工作的一切不可逆热机,其效率总是小于可逆热机的效率.

将上述两条结论结合卡诺循环的结果,可以给出表达式

$$\eta \leqslant 1-\frac{T_2}{T_1} \tag{8.28}$$

上述两条结论称为卡诺定理,式(8.28)为卡诺定理的数学表达式.它确定了在高温热源 T_1 和低温热源 T_2 之间工作的热机效率的最大值,同时指明了提高热机效率的方向.既然可逆机的效率大于不可逆机的效率,那就要使热机的循环尽可能接近可逆循环,即过程要趋近于准静态过程,同时减少各种能量耗散和摩擦.

*8.5 熵和熵增加原理

8.5.1 熵

热力学第二定律也是有关自发过程进行方向的规律,它指出一切与热现象有关的自发过程都是不可逆的.由此可见,热力学系统所进行的不可逆过程的始、末两态必然有某种性质上的差异,正是这种差异决定了过程的方向.应该存在着一个与系统状态有关的态函数,可以利用该态函数在始、末两态的差异判定过程进行的方向,这个态函数就是克劳修斯所定义的熵.

克劳修斯是在卡诺定理的基础上引入熵这个态函数的,他在研究可逆卡诺循环时注意到,热力学系统(工作物质)跟两个热源交换的热量与热源热力学温度的比值相等,即

$$\frac{|Q_1|}{T_1}=\frac{|Q_2|}{T_2}$$

式中,Q_1 和 Q_2 是系统与高低温热源交换的热量,考虑到热量的符号规定,把 Q_1 和 Q_2 作为代数量,有

$$\frac{Q_1}{T_1}+\frac{Q_2}{T_2}=0$$

注意到卡诺循环中系统只是在两个等温过程与热源有热量交换,而在两个绝热过程中与外界没有热量交换,上式改写为

$$\int_1^2\frac{\mathrm{d}Q}{T}+\int_2^3\frac{\mathrm{d}Q}{T}+\int_3^4\frac{\mathrm{d}Q}{T}+\int_4^1\frac{\mathrm{d}Q}{T}=\oint\left(\frac{\mathrm{d}Q}{T}\right)_{卡诺}=0 \quad (8.29)$$

因此,上式可以理解为,热力学系统(工作物质)在经历一个可逆卡诺循环的过程中,系统跟热源交换的热量与热源温度之比的代数和为零.

把上述结论推广到任意可逆过程.如图 8.8 所示,在 p-V 图上画出任一封闭曲线表示一个可逆循环过程,然后作出一系列绝热线和等温线,这些绝热线和等温线构成一系列很小的可逆卡诺循环.很容易看出,任意两个相邻的微小卡诺循环,总有一段绝热线是共同的,但对这两个微小卡诺循环而言,在该绝热线上过程进行的方向是相反的,效果相互抵消,这些微小的可逆卡诺循环的总效果就是围绕原循环的锯齿状路径所表示的循环过程.毫无疑问,如果每个卡诺循环都无限小,从而使微小卡诺循环的数目趋于无穷大,在极限情况下,锯齿状路径所表示的循环将与原可逆循环重合.换言之,我们总可以用无穷多个微可逆卡诺循环代替任

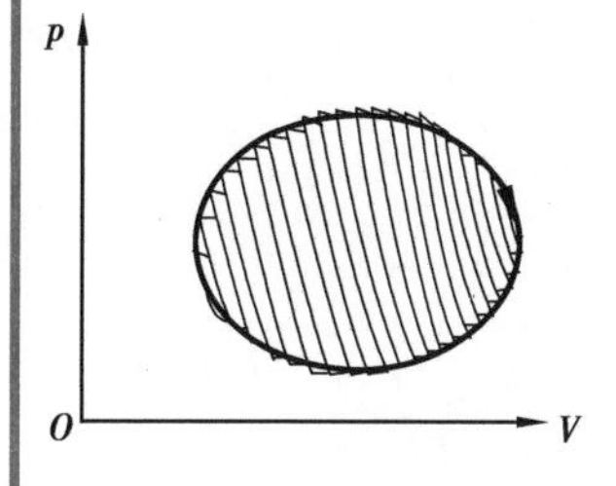

图 8.8　任意可逆循环过程

意可逆循环.对于任一微小卡诺循环都有式(8.29)所示的关系成立,则对一系列 $n \to \infty$ 的微小可逆卡诺循环,应有

$$\oint \left(\frac{\mathrm{d}Q}{T}\right)_{\text{可逆}} = 0 \tag{8.30}$$

这就是克劳修斯等式.

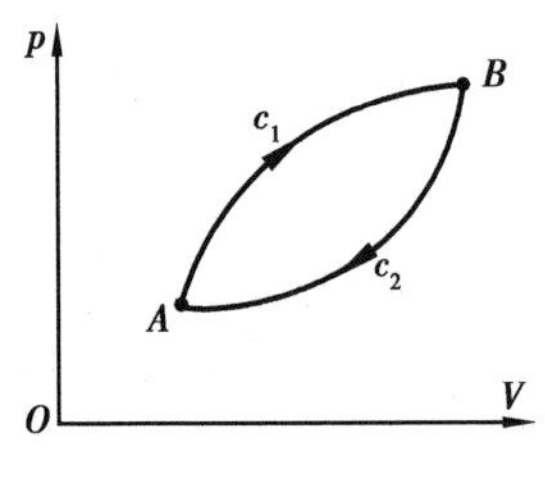

图 8.9 熵函数的引入

如图 8.9 所示,在系统所经历的可逆循环中任意取两个中间状态 A 和 B,则循环可视为由过程 Ac_1B 和 Bc_2A 构成.根据克劳修斯等式,应有

$$\oint \frac{\mathrm{d}Q}{T} = \int_{Ac_1B} \frac{\mathrm{d}Q}{T} + \int_{Bc_2A} \frac{\mathrm{d}Q}{T} = 0$$

考虑循环为可逆循环,Ac_1B 过程也是可逆过程,有 $\int_{Ac_1B} \frac{\mathrm{d}Q}{T} = -\int_{Bc_1A} \frac{\mathrm{d}Q}{T}$,故有

$$\int_{Ac_1B} \frac{\mathrm{d}Q}{T} = \int_{Ac_2B} \frac{\mathrm{d}Q}{T} \tag{8.31}$$

式(8.31)表明,连接系统 A 和 B 两态的两个不同的可逆过程中系统热温比的积分相等.在 p-V 图上可以画出任意多个经过状态 A 和 B 的可逆循环,$Ac_3B,\cdots,Ac_nB$,对每一个循环都有上述关系成立,即

$$\int_{Ac_1B} \frac{\mathrm{d}Q}{T} = \int_{Ac_3B} \frac{\mathrm{d}Q}{T} = \cdots = \int_{Ac_nB} \frac{\mathrm{d}Q}{T} = \int_{Ac_2B} \frac{\mathrm{d}Q}{T}$$

这意味着对连接 A、B 两态的任意可逆过程的热温比$\frac{\mathrm{d}Q}{T}$的积分只与系统的始、末状态有关,而与具体的热力学过程(路径)无关.

引入热力学系统的态函数熵 S,并定义

$$S_B - S_A = \int_A^B \left(\frac{\mathrm{d}Q}{T}\right)_{\text{可逆}} \tag{8.32a}$$

对于无限小过程,有

$$T\mathrm{d}S = (\mathrm{d}Q)_{\text{可逆}} \tag{8.32b}$$

系统熵的增量等于系统由初态到末态沿任意可逆过程的热温比的积分,熵的单位为焦每开,符号为 J/K.值得注意的是,熵的英文名字(entropy)是克劳修斯造的,而中文的“熵”字则是我国物理学家胡刚复根据该量等于温度去除热量的“商”后再加上表征热力学的火字旁而最终造出的.

8.5.2　熵变的计算

熵具有如下特点：

（1）熵是态函数.当系统状态确定后，系统在该状态的熵就确定了.当系统经历任一热力学过程从确定的初始状态到确定的末了状态，系统熵的变化也就确定了，而不论该过程是否可逆.不过，可逆过程系统热温比的积分等于系统熵的增量，不可逆过程系统热温比的积分（如果存在的话）没有任何意义.

（2）式（8.32a）对熵的定义实质上定义的是两个状态的熵差，熵的数值包含一个任意常数，在热力学中有意义的是熵差.

（3）熵差的计算.利用上面的定义式，选择一个可逆过程将始、末两态连接起来，该可逆过程的热温比的积分就等于始、末两态熵的增量.

（4）熵是广延量.从式（8.32a）可以看出，当系统的物质的量增加时，熵差也按相同的比例增加，且系统在某一状态下的熵，等于该状态下系统各部分熵之和.

在热力学中，我们主要根据式（8.32）来计算两平衡态之间熵的变化.计算时应注意：熵是状态的单值函数，故系统处于某给定状态时，其熵也就确定了.如果系统从始态经一过程达到末态，始、末两态均为平衡态，那么，系统熵的变化也是确定的，与过程是否是可逆过程无关.因此，当始、末两态之间为一不可逆过程时，就可以预先在两态间设计一个可逆过程，然后用公式进行计算；系统如分为几个部分，各部分熵变之和等于系统的熵变.

例 8.7　计算不同温度的液体混合前后的熵变.设有一个系统储有 1.0 kg 的水，系统与外界间没有能量传递.开始时，一部分水的质量为 0.30 kg、温度为 90 ℃，另一部分水的质量为 0.70 kg、温度为 20 ℃.混合后，系统内水温达到平衡，试求水的熵变.

解　由于系统与外界间没有能量传递，因此系统可看做孤立系统.水由温度不均匀达到均匀的过程，实际上是一个不可逆过程.为计算混合前后水的熵变，设想混合前，两部分的水均各处于平衡态；混合后的水亦处于平衡态，混合是在等压下进行的.这样可假设水的混合过程为一可逆的定压过程.于是可以利用式（8.32a）来计算水的熵变.

设水温达到平衡时的温度为 T'，水的定压比热容为 $c_p = 4.18\times10^3$ J/(kg · K)，热水的温度为 $T_1 = 363$ K，冷水的温度为 $T_2 = 293$ K，热水的质量 $m_1 = 0.30$ kg，冷水的质量 $m_2 = 0.70$ kg.由能量守恒定律，有

$$m_1c_p(T_1 - T') = m_2c_p(T' - T_2)$$

将已知数据代入可得混合后的温度为

$$T' = \frac{m_1T_1 + m_2T_2}{m_1 + m_2} = \frac{0.30 \times 363 + 0.70 \times 293}{0.30 + 0.70}\text{ K} = 314\text{ K}$$

由式(8.32a),可分别得到热水的熵变

$$\Delta S_1 = \int_{T_1}^{T'} \frac{\mathrm{d}Q}{T} = m_1c_p\int_{T_1}^{T'} \frac{\mathrm{d}T}{T} = m_1c_p\ln\frac{T'}{T} = 0.3 \times 4.18 \times 10^3 \times \ln\frac{314}{363}\text{ J/K}$$

$$\approx 0.3 \times 4.18 \times 10^3 \times (-0.145\ 01)\text{J/K} \approx -181.84\text{ J/K}$$

和冷水的熵变

$$\Delta S_1 = \int_{T_2}^{T'} \frac{\mathrm{d}Q}{T} = m_2c_p\int_{T_2}^{T'} \frac{\mathrm{d}T}{T} = m_2c_p\ln\frac{T'}{T} = 0.7 \times 4.18 \times 10^3 \times \ln\frac{314}{293}\text{ J/K}$$

$$\approx 0.7 \times 4.18 \times 10^3 \times (0.069\ 22)\text{J/K} \approx 202.54\text{ J/K}$$

而系统的熵变是这两部分水的熵变之和,即

$$\Delta S = \Delta S_1 + \Delta S_2 = 20.7\text{ J/K}$$

从计算结果可以看出,在热水与冷水混合的过程中,虽然热水的熵有所减少,但冷水的熵增加得更多,致使系统的熵增加了.由于系统与外界之间没有能量传递,所以上述计算结果也表明,在一个孤立系统中,不同温度物质的混合过程,系统的熵是增加的;不同温度物质的混合过程是一个不可逆过程.

8.5.3 熵增加原理

根据卡诺定理可以证明:热力学系统从一平衡态经绝热过程到达另一平衡态,其熵永不减少;如果过程是可逆的,则熵不变;如果过程是不可逆的,则熵增加.这个结论称为熵增加原理.熵增加原理又常表述为:孤立系统的熵永不减少.

根据熵增加原理,很容易判定绝热过程或孤立系统内自发进行的过程的性质.系统的熵保持不变的过程是可逆过程,熵增加的过程是不可逆过程;根据熵增加原理还能简单地判断出孤立系统实际热力学过程进行的方向及限度.由于实际的热力学过程都是不可逆的,因此孤立系统内实际发生的热力学过程总是朝着使系统的熵增大的方向进行.当热力学过程终止时,系统的状态将保持不变,即达到平衡态,因此,孤立系统平衡态的熵必达到极大.

熵增加原理与热力学第二定律的开尔文表述和克劳修斯表述都是等价的.因此,人们也把熵增加原理看成热力学第二定律的数学表述,热力学第二定律实际上指明了热力学过程进行的方向和限度.

8.5.4　玻尔兹曼熵关系式

根据熵增加原理,孤立系统所发生的实际的热力学过程总是向着使系统的熵增大的方向进行,那么,不可逆过程的初态和末态间究竟存在着什么区别呢?

玻尔兹曼通过深入的研究认为,孤立系统在总能量、体积、分子数不变的宏观条件下,可以处于不同的宏观态,而系统任一宏观态可以具有不同的微观态数,系统的任一微观态出现的概率都相等.显然,具有越多微观态数的宏观态,其出现的概率就越大.玻尔兹曼把系统的一个宏观态所包含的微观态数 Ω 称为该宏观态的热力学概率,并定义该宏观态的熵为

$$S = k \ln \Omega \tag{8.33}$$

式中,k 为玻尔兹曼常量,式(8.33)称为玻尔兹曼关系.

根据玻尔兹曼关系可知,系统的熵与该宏观态的热力学概率的自然对数成正比.一个宏观态包含的微观态越多,其熵就越大.另外,当一个宏观态所包含的微观态越多时,系统在该宏观态下就能够呈现出更多不同的微观状态,我们称该宏观态就越混乱、越无序.因此,熵是系统混乱度或无序度的量度.这就是熵的统计意义.

孤立系统中进行的热力学过程,其熵永不减少.表明系统是由包含微观态数较少的宏观态向包含微观态数较多的宏观态过渡,从混乱度或无序度较小的状态向混乱度或无序度较大的状态过渡,这就是熵增加原理的统计意义.

8.5.5　热力学第二定律的统计意义

热力学第二定律指出,一切与热现象有关的实际热力学过程都是不可逆的,而热功转换、热传导和气体的自由膨胀则都是典型的不可逆过程.

以气体的自由膨胀为例.设体积为 V 的绝热容器,用隔板将其分为体积相等的 A、B 两部分.开始时,A 部充有 1 mol 的理想气体,温度为 T,B 部为真空.然后抽开中间隔板,气体将自动向 B 部扩散,最后,气体均匀分布在整个容器中,温度仍为 T,由热力学第二定律可知气体不能自动回复到初态.那么,从微观层面上看,气体能自动回复到初态吗?

为简单起见,假设分子的运动状态仅由其空间位置来确定,把任一分子位于 A 部或 B 部视为分子的两种不同的微观态.考虑

到 A、B 两部分体积相等,则任一分子位于 A 部与 B 部的概率也应相等,且均为 1/2.把系统中全部 N 个分子的微观状态所确定的系统的状态称为系统的微观态.由于任一分子都有两种可能的微观态,若分子是可以分辨的,则与系统末态对应的可能的微观态数为 2^N.没有任何理由认为系统的某一微观态较其他微观态出现的概率更大,系统 2^N 个不同的微观态中的任一个微观态出现的概率亦应相等,且均应为 2^{-N}.即 N 个分子全部聚集到 A 部仅是系统全部的 2^N 个微观态中的一个,其概率为 2^{-N},基本上就趋于零.它表明经自由膨胀后自动回复到其初态的事件不是绝对不会发生,但实际上是不可能观察到的.

功热转换过程也是如此.功转变为热的过程是物体宏观定向的运动能量转化为大量分子的无规则热运动能量,而大量分子的无规则热运动转变为整体的定向运动并对外做功则同样是一个极小概率的事件.因此,观察和实验所能见到的是功能全部转化为热,而在不引起其他变化的条件下,热全部转化为功则从未出现,那实际上是不可能的.

由以上事例的分析讨论可知,热力学第二定律在其本质上是一个统计规律;其统计意义是:一个不受外界影响的"孤立系统",其内部发生的过程,总是由概率小的状态向概率大的状态进行,由包含微观状态数目少的宏观状态向包含微观状态数目多的宏观状态进行.

思考题

8.1 能否说"系统含有热量"?能否说"系统含有功"?

8.2 功是过程量,为什么绝热过程中功只与始末状态有关?

8.3 一系统能否吸收热量,仅使其内能变化?一系统能否吸收热量,而不使其内能变化?

8.4 分别在 p-V 图上作出等压、等温、等体以及绝热过程曲线并比较绝热曲线和等温曲线.

8.5 一定量的理想气体分别经绝热、等温和等压过程后膨胀了相同的体积,试从 p-V 图上比较这三种过程做功的差异.

8.6 将均为 1 mol 氮气和氦气从相同的状态出发准静态绝热膨胀使体积各增加 1 倍,做功一样吗?

8.7 有人声称他设计了一个机器,当燃料供给 9×10^7 cal 热量时,机器对外做 30 kW·h 的功,而有 7×10^6 J 的热量放走.这样的机器可能吗?

8.8 由 p、V、T 描述的理想气体,在等体、等温、等压和绝热过程中能独立改变的状态参量的数目是多少？

8.9　内能和热量这两个概念有何不同？以下说法是否正确？

(1)物体的温度越高,则热量越多；

(2)物体的温度越高,则内能越大.

8.10　关于物体内能的变化情况,下列说法中哪个正确？

A.吸热物体的内能一定增加

B.体积膨胀的物体内能一定减少

C.外界对物体做功,其内能一定增加

D.绝热压缩物体,其内能一定增加

8.11　系统的温度升高,是否一定吸收了热量？系统与外界不发生任何热交换,而系统的温度发生变化,这种过程能实现吗？

8.12　为什么热力学第二定律可以有多种不同的表述？

8.13　自然界的过程都遵守能量守恒定律.那么,作为它的逆定理,“遵守能量守恒定律的过程都可以在自然界中出现”能否成立？

8.14　功可以完全变为热,热不能完全变为功,这种说法正确吗？

8.15　有人说:“热量能够从高温物体传到低温物体,但不能从低温物体传到高温物体.”这句话对吗？为什么？

8.16　热力学第一定律的叙述能够包括热力学第二定律的内容吗？

*8.17　不可逆过程就是不能向反方向进行的过程,这种说法正确吗？

*8.18　由热力学第二定律说明在导体中通有有限大小电流的过程不可逆.

*8.19　在下列过程中,使系统的熵增加的过程有哪些？

(1)两种不同气体在等温下互相混合；

(2)理想气体在等体条件下降温；

(3)液体在等温下汽化；

(4)理想气体在等温下压缩；

(5)理想气体绝热自由膨胀.

习　题

8.1　一打足气的自行车内胎,若 7.0 ℃时轮胎中空气的压强为 4.0×10^5 Pa,则在温度变为 37.0 ℃时,轮胎内空气的压强为多少？(设内胎容积不变)

8.2　在湖面下 50.0 m 深处(温度为 4.0 ℃),有一个体积为 1.0×10^{-5} m^3 的空气泡升到湖面上来,若湖面的温度为 17.0 ℃,求气泡达到湖面时的体积.(取大气压强为 $P_0=1.013\times10^5$ Pa,假定气泡上升过程中泡内气体质量没有变化)

8.3　气缸内储有 2.0 mol 的空气,温度为 27 ℃,维持压强不变,而使空气的体积胀到原体积的 3 倍,求空气膨胀时所做的功.

8.4　一定量的空气,吸收了 1.71×10^3 J 的热量,并保持在 1.0×10^5 Pa 下膨胀,体积从 1.0×10^{-2} m^3 增加到 1.5×10^{-2} m^3,问空气对外做了多少功？它的内能改变了多少？

8.5　1.0 mol 的空气从热源吸收了热量 2.66×10^5 J,其内能增加了 4.18×10^5 J,在这过程中,气体做了多少功？是它对外界做功,还是外界对它做功？

8.6　一压强为 1.0×10^5 Pa,体积为 1.0×10^{-3} m³ 的氧气自 0 ℃加热到 100 ℃,问:

(1)当压强不变时,需要多少热量？当体积不变时,需要多少热量？

(2)在等压或等体过程中各做了多少功？

8.7　在标准状况下的 0.016 kg 的氧气,分别经历下列过程从外界吸收了 334.4 J 的热量.

(1)等温过程,求终态体积;

(2)等容过程,求终态压强;

(3)等压过程,求内能的变化.

(氧气看作理想气体)

*8.8　如题 8.8 图所示,一容积为 4.0×10^{-2} m³ 的绝热容器盛有 2 mol 的氧气,中间用一无摩擦的绝热活塞均分为 A、B 两部分.开始时两边的压强均为 1.013×10^5 Pa,现使电流 I 通过电阻 r 缓慢加热 A 部气体,直到 B 侧体积缩小一半.问:

(1)在无限短的时间 dt 内,针对 A 部气体的热力学第一定律的表达式形式如何？

(2)两部分气体最后的温度各为多少？

(3)A 部气体吸热多少？

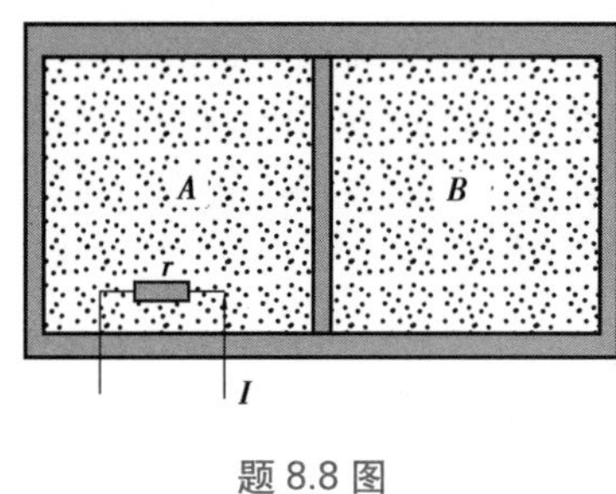

题 8.8 图

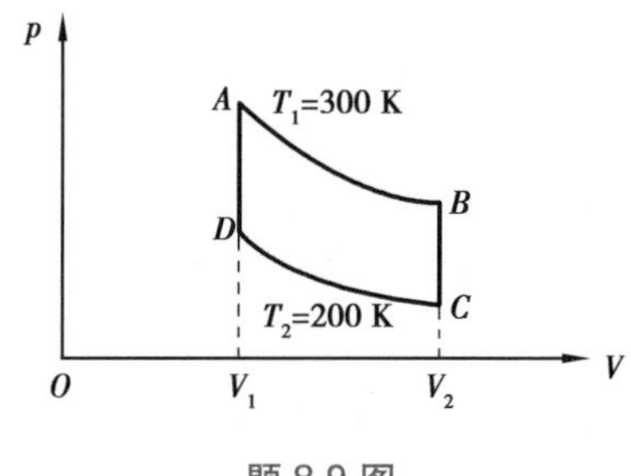

题 8.9 图

8.9　0.32 kg 的氧气做如题 8.9 图所示循环 $ABCDA$,设 $V_2=2V_1$、$T_1=300$ K、$T_2=200$ K,求循环效率.[已知氧气的定体摩尔热容的实验值 $C_{V,m}=21.1$ J/(mol · K)]

8.10　有一理想气体为工作物质的热机,其循环如题 8.10 图所示,其中 A→B 为绝热过程.试证明热机效率为

$$\eta = 1 - \gamma \frac{(V_2/V_1) - 1}{(p_2/p_1) - 1}$$

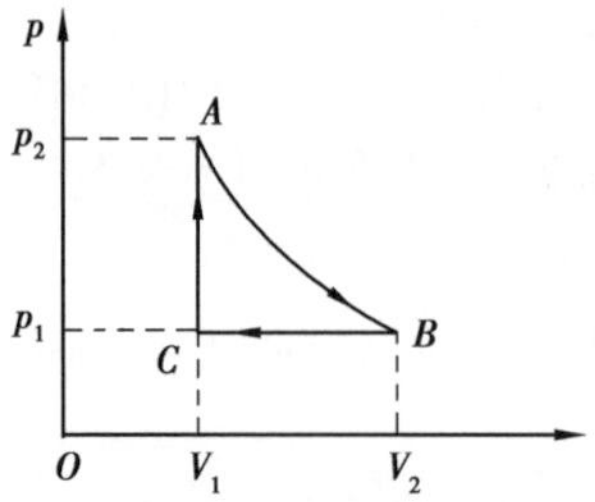

题 8.10 图

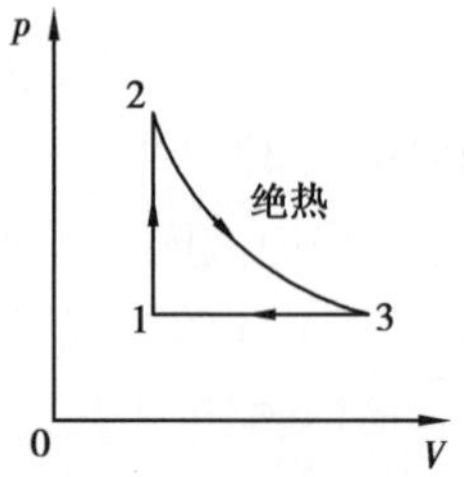

题 8.11 图

8.11　一可逆热机使 1 mol 的单原子理想气体经历如题 8.11 图所示的循环过程，其中 $T_1 = 300$ K，$T_2 = 600$ K，$T_3 = 455$ K.求循环的效率.

8.12　一卡诺热机的低温热源温度为 7 ℃，效率为 40%.若要将其效率提高到 50%，求高温热源的温度需提高多少度？

8.13　一热机工作于温度为 1 000 K 和 300 K 的两热源之间.如果：

（1）高温热源的温度提高到 1 100 K；

（2）低温热源的温度降低到 200 K.

试求两种情况下，该热机理论上的效率各为多少？哪一种能更有效地提高热机效率？

8.14　假定夏季室外温度恒定为 37.0 ℃，启动空调使室内温度始终保持在 17.0 ℃，如果每天有 2.51×10^8 J 的热量通过热传导等方式自室外流入室内，则空调一天耗电多少？（设该空调制冷机的制冷系数为同条件下的卡诺制冷机系数的 60%.）

8.15　理想气体经历一卡诺循环，当热源温度为 100 ℃、冷却温度为 0 ℃时，输出净功 800 J，若维持冷却温度不变，提高热源温度，使输出功增加为 1 600 J，则这时热源温度和效率各为多少？（设这两个循环工作于相同的两个绝热线之间.）

*8.16　用反证法证明绝热线和等温线不可能交于两点.

*8.17　热力学系统从状态 A 变到状态 B，状态 B 的热力学概率是状态 A 的二倍，确定系统熵的变化.

*8.18　用一个隔板把绝热容器分成体积为 V_1 和 V_2 的两部分，两部分初始温度均为 T，初始压强均为 p，但所盛气体种类不同.若将隔板抽开，让气体均匀混合，求混合前后系统的熵变.

*8.19　有一个绝热箱子，用隔板分成体积相等的两部分，最初一半为真空，另一半充满 1 mol 温度为 T 的理想气体.若将隔板刺一小孔，气体进行自由膨胀，求该过程的熵变.

附　录

附录一　常用物理基本常数表

物理常数	符号	最佳实验值	供计算用值
真空中光速	c	$2\ 997\ 924.58 \pm 1.2\ \mathrm{m \cdot s^{-1}}$	$3.00 \times 10^{8}\ \mathrm{m \cdot s^{-1}}$
引力常量	G	$(6.672\ 0 \pm 0.004\ 1) \times 10^{-11}\ \mathrm{N \cdot m^{2} \cdot kg^{-2}}$	$6.67 \times 10^{-11}\ \mathrm{N \cdot m^{2} \cdot kg^{-2}}$
阿伏伽德罗常量	N_{A}	$(6.022\ 141\ 5 \pm 0.000\ 031) \times 10^{23}\ \mathrm{mol^{-1}}$	$6.02 \times 10^{23}\ \mathrm{mol^{-1}}$
摩尔气体常量	R	$(8.314\ 41 \pm 0.000\ 26)\ \mathrm{J \cdot mol^{-1} \cdot K^{-1}}$	$8.31\ \mathrm{J \cdot mol^{-1} \cdot K^{-1}}$
玻尔兹曼常量	k	$(1.380\ 662 \pm 0.000\ 041) \times 10^{-23}\ \mathrm{J \cdot K^{-1}}$	$1.38 \times 10^{-23}\ \mathrm{J \cdot K^{-1}}$
理想气体摩尔体积（标准状态）	V_{m}	$(22.413\ 83 \pm 0.000\ 70) \times 10^{-3}\ \mathrm{m^{3} \cdot mol^{-1}}$	$22.4 \times 10^{-3}\ \mathrm{m^{3} \cdot mol^{-1}}$
基本电荷	e	$(1.602\ 176\ 5 \pm 0.000\ 004\ 6) \times 10^{-19}\ \mathrm{C}$	$1.602 \times 10^{-19}\ \mathrm{C}$
原子质量单位	u	$(1.660\ 540\ 2 \pm 0.000\ 008\ 6) \times 10^{-27}\ \mathrm{kg}$	$1.66 \times 10^{-27}\ \mathrm{kg}$
电子静止质量	m_{e}	$(9.109\ 382\ 6 \pm 0.000\ 047) \times 10^{-31}\ \mathrm{kg}$	$9.11 \times 10^{-31}\ \mathrm{kg}$
质子静止质量	m_{p}	$(1.672\ 623\ 1 \pm 0.000\ 008\ 6) \times 10^{-27}\ \mathrm{kg}$	$1.673 \times 10^{-27}\ \mathrm{kg}$

续表

物理常数	符号	最佳实验值	供计算用值
中子静止质量	m_n	$(1.674\ 928\ 6\pm0.000\ 008\ 6)\times10^{-27}$ kg	1.675×10^{-27} kg
真空电容率	ε_0	$(8.854\ 187\ 82\pm0.000\ 000\ 071)\times10^{12}C^2\cdot N^{-1}\cdot m^{-2}$	$8.85\times10^{12}C^2\cdot N^{-1}\cdot m^{-2}$
真空磁导率	μ_0	$4\pi\times10^{-7}$ N·A^{-2}	$4\pi\times10^{-7}$ N·A^{-2}
电子康普顿波长	λ_C	$2.426\ 310\ 238(40)\times10^{-12}$ m	2.43×10^{-12}
玻尔半径	α_0	$(5.291\ 772\ 5\pm0.000\ 004\ 4)\times10^{-11}$ m	5.29×10^{-11} m
玻尔磁子	μ_B	$(9.274\ 078\pm0.000\ 036)\times10^{-24}$ J·T^{-1}	9.27×10^{-24} J·T^{-1}
经典电子半径	R_e	$2.817\ 940\ 92(38)\times10^{-15}$ m	2.82×10^{-15} m
质子电子质量比	m_p/m_e	1 836.151 5	1 386
普朗克常量	h	$(6.626\ 176\pm0.000\ 036)\times10^{-34}$ J·S	6.63×10^{-34} J·S
里德伯常数	R	$1.097\ 373\ 177(83)\times10^7\ m^{-1}$	10 973 731
1 光年	1·y		9.46×10^{15} m
1 电子伏	eV	$1.602\ 177\ 33\times10^{-19}$ J	1.602×10^{-19} J
1 埃	Å		1×10^{-10} m

附录二 矢量运算法则

矢量在大学物理学中是常用的数学工具.使用矢量的概念可以很简洁地表示某些物理量及其变化规律,使我们对物理量及物理定律有更深刻的理解.这里主要介绍矢量的概念、矢量的加法和乘法及矢量的微分和积分.

1. 矢量和标量

在物理学中,经常会遇到两类物理量:标量和矢量. 一个仅有大小、没有方向的物理量称为标量.常见的标量有温度、质量、时间、体积、功和能量等.若一个物理量不仅有大小,而且有方向,并且这个物理量在相加(减)时满足平行四边形法则,则称此物理量是矢量,例如位移、速度、加速度、力、动量、电场强度等.

矢量通常用黑体字母或带有箭头的字母 $\boldsymbol{A}$ 表示.在作图时用有向线段表示,线段的长度按一定的比例表示矢量的大小,箭头的指向表示矢量的方向.

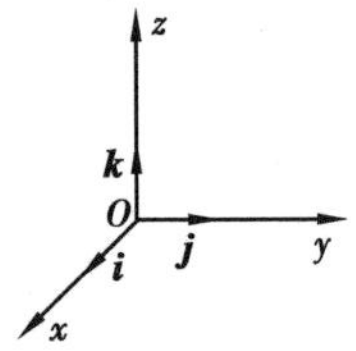

2. 矢量的模和单位矢量

矢量的大小称为矢量的模,用符号 $|\boldsymbol{A}|$ 或 A 表示.

大小正好等于单位长度的矢量称为单位矢量.在图 1 所示的右手迪卡儿坐标系中,沿 x 坐标轴正方向的单位矢量称为 $\boldsymbol{i}$ 矢量,沿 y 坐标轴正方向的单位矢量称为 $\boldsymbol{j}$ 矢量,沿 z 坐标轴正方向的单位矢量称为 $\boldsymbol{k}$ 矢量.单位矢量 $\boldsymbol{i}$,$\boldsymbol{j}$,$\boldsymbol{k}$ 是大小和方向都不变的恒矢量.

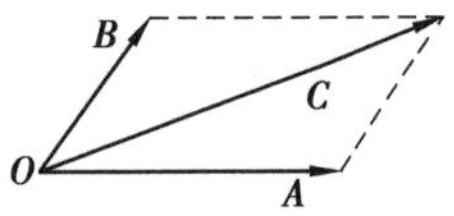

图 1

3. 矢量的合成

如果空间有矢量 $\boldsymbol{A}$ 和矢量 $\boldsymbol{B}$,则它们的合矢量 $\boldsymbol{C}$ 可以表示为

$$\boldsymbol{C}=\boldsymbol{A}+\boldsymbol{B}$$

可以用图形的方法表示合矢量 $\boldsymbol{C}$.

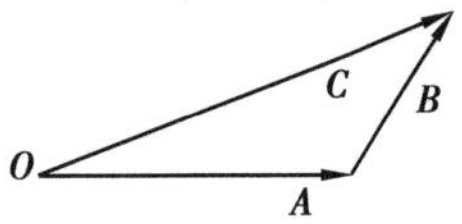

平行四边形法则:先画出矢量 $\boldsymbol{A}$,再从矢量 $\boldsymbol{A}$ 的始端开始画出矢量 $\boldsymbol{B}$.以矢量 $\boldsymbol{A}$ 和矢量 $\boldsymbol{B}$ 为邻边画出平行四边形,则该平行四边形的对角线就表示合矢量 $\boldsymbol{C}$.合矢量 $\boldsymbol{C}$ 的大小等于该对角线的长度,合矢量 $\boldsymbol{C}$ 的方向是该对角线的方向,如图 2 所示.

图 2

三角形法则:先画出矢量 $\boldsymbol{A}$,再从矢量 $\boldsymbol{A}$ 的末端开始画出矢量 $\boldsymbol{B}$,则矢量 $\boldsymbol{A}$ 的始端到矢量 $\boldsymbol{B}$ 的末端的连线就表示合矢量 $\boldsymbol{C}$,如图 3 所示.很显然,三角形法则是平行四边形法则的变形.

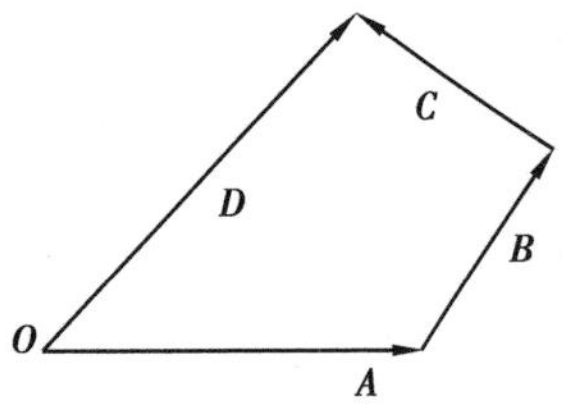

图 3

多边形法则:若要求三个矢量 $\boldsymbol{A}$、$\boldsymbol{B}$、$\boldsymbol{C}$ 的合矢量 $\boldsymbol{D}$,即

$$\boldsymbol{D}=\boldsymbol{A}+\boldsymbol{B}+\boldsymbol{C}$$

则可以用多边形法则.先画出矢量 $\boldsymbol{A}$,再从矢量 $\boldsymbol{A}$ 的末端开始画出矢量 $\boldsymbol{B}$,最后从矢量 $\boldsymbol{B}$ 的末端开始画出矢量 $\boldsymbol{C}$,则从矢量 $\boldsymbol{A}$ 的始端到矢量 $\boldsymbol{C}$ 的末端的连线就表示合矢量 $\boldsymbol{D}$.很显然,多边形法则是三角形法则的变形,如图 4 所示.

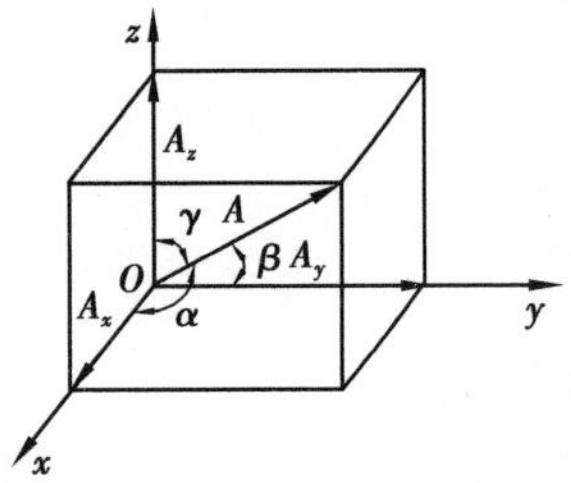

图 4

4. 矢量的正交分解法

设空间有一个矢量 $\boldsymbol{A}$,建立如图 5 所示的直角坐标系.可以求出矢量 $\boldsymbol{A}$ 在该直角坐标系的三个坐标轴 x、y、z 方向上的分量 A_x、A_y、A_z 为

图 5

$$A_x = A\cos\alpha$$
$$A_y = A\cos\beta$$
$$A_z = A\cos\gamma$$

其中，α、β、γ 分别是矢量 $\boldsymbol{A}$ 与坐标轴 x、y、z 正方向之间的夹角，称为方向角，且有

$$\cos^2\alpha + \cos^2\beta + \cos^2\gamma = 1$$

若知道了矢量 $\boldsymbol{A}$ 在该直角坐标系中的三个分量 A_x、A_y 和 A_z，则可以把矢量 $\boldsymbol{A}$ 表示为

矢量 $\boldsymbol{A}$ 的大小

$$A = \sqrt{A_x^2 + A_y^2 + A_z^2}$$

矢量 $\boldsymbol{A}$ 的方向可以用三个方向余弦分别表示为

$$\cos\alpha = \frac{A_x}{A} \quad \cos\beta = \frac{A_y}{A} \quad \cos\gamma = \frac{A_z}{A}$$

5.矢量的加法和减法

应用矢量的正交分解法，可以用数学解析式表示矢量 $\boldsymbol{A}$ 和 $\boldsymbol{B}$ 的合矢量 $\boldsymbol{C}$.

建立一个右手笛卡儿直角坐标系 $Oxyz$，则矢量 $\boldsymbol{A}$ 在该直角坐标系中的分量式为

$$\boldsymbol{A} = A_x\boldsymbol{i} + A_y\boldsymbol{j} + A_z\boldsymbol{k}$$

矢量 $\boldsymbol{B}$ 在该直角坐标系中的分量式为

$$\boldsymbol{B} = B_x\boldsymbol{i} + B_y\boldsymbol{j} + B_z\boldsymbol{k}$$

则合矢量 $\boldsymbol{C}$ 可以表示为

$$\boldsymbol{C} = \boldsymbol{A} + \boldsymbol{B} = (A_x + B_x)\boldsymbol{i} + (A_y + B_y)\boldsymbol{j} + (A_z + B_z)\boldsymbol{k}$$

既然合矢量 $\boldsymbol{C}$ 是空间的一个矢量，当然也可以在该直角坐标系中写出分量式，即

$$\boldsymbol{C} = C_x\boldsymbol{i} + C_y\boldsymbol{j} + C_z\boldsymbol{k}$$

以上两式若要相等，只有它们的等式右端的 $\boldsymbol{i}$，$\boldsymbol{j}$，$\boldsymbol{k}$ 前的系数分别相等，即

$$C_x = A_x + B_x$$
$$C_y = A_y + B_y$$
$$C_z = A_z + B_z$$

知道了 C_x、C_y 和 C_z，合矢量 $\boldsymbol{C}$ 的大小 C 就可以知道，合矢量 $\boldsymbol{C}$ 的方向仍然用三个方向余弦表示.

6.矢量的乘法

矢量的乘法有好多种，例如矢量的标积、矢积等.

(1)矢量的标积.

矢量 $\boldsymbol{A}$ 和 $\boldsymbol{B}$ 的标积(又称为点乘积)表示为 $\boldsymbol{A}\cdot\boldsymbol{B}$.矢量 $\boldsymbol{A}$ 和

$\boldsymbol{B}$ 的标积是一个标量,其大小为

$$\boldsymbol{A} \cdot \boldsymbol{B} = AB\cos\theta$$

其中,θ 是矢量 $\boldsymbol{A}$ 和 $\boldsymbol{B}$ 之间的夹角.

由矢量标积的定义可以得到标积运算具有以下性质:

①由于 $\boldsymbol{A} \cdot \boldsymbol{B}=AB\cos\theta=BA\cos\theta=\boldsymbol{B} \cdot \boldsymbol{A}$,因此矢量的标积运算满足交换律.

②标积运算遵守分配律,即

$$(\boldsymbol{A}+\boldsymbol{B}) \cdot \boldsymbol{C}=\boldsymbol{A} \cdot \boldsymbol{C}+\boldsymbol{B} \cdot \boldsymbol{C}$$

在任一直角坐标系中,矢量 $\boldsymbol{A}$ 和 $\boldsymbol{B}$ 可以表示为

$$\boldsymbol{A}=A_x\boldsymbol{i}+A_y\boldsymbol{j}+A_z\boldsymbol{k},\quad \boldsymbol{B}=B_x\boldsymbol{i}+B_y\boldsymbol{j}+B_z\boldsymbol{k}$$

则

$$\boldsymbol{A} \cdot \boldsymbol{B}=(A_x\boldsymbol{i}+A_y\boldsymbol{j}+A_z\boldsymbol{k}) \cdot (B_x\boldsymbol{i}+B_y\boldsymbol{j}+B_z\boldsymbol{k})$$

由两个矢量的标积的定义可得

$$\boldsymbol{i} \cdot \boldsymbol{i}=\boldsymbol{j} \cdot \boldsymbol{j}=\boldsymbol{k} \cdot \boldsymbol{k}=1,\quad \boldsymbol{i} \cdot \boldsymbol{j}=\boldsymbol{j} \cdot \boldsymbol{k}=\boldsymbol{k} \cdot \boldsymbol{i}=0$$

因此有

$$\boldsymbol{A} \cdot \boldsymbol{B}=A_xB_x+A_yB_y+A_zB_z$$

(2)矢量的矢积.

矢量 $\boldsymbol{A}$ 和 $\boldsymbol{B}$ 的矢积(又称为叉乘积)表示为 $\boldsymbol{A}\times\boldsymbol{B}$.若矢量 $\boldsymbol{A}$ 和 $\boldsymbol{B}$ 的矢积为矢量 $\boldsymbol{C}$,则矢量 $\boldsymbol{C}$ 可以表示为

$$\boldsymbol{C}=\boldsymbol{A}\times\boldsymbol{B}$$

矢量 $\boldsymbol{A}$ 和 $\boldsymbol{B}$ 的矢积是一个矢量,其大小为

$$C=AB\sin\theta$$

其中 θ 是矢量 $\boldsymbol{A}$ 和 $\boldsymbol{B}$ 之间的夹角.很显然,若 $\theta=0$ 或 $\theta=180°$,则 $\boldsymbol{C}=\boldsymbol{A}\times\boldsymbol{B}=0$.

矢量 $\boldsymbol{C}$ 的方向规定为矢量 $\boldsymbol{A}$、$\boldsymbol{B}$ 和 $\boldsymbol{C}$ 服从右手螺旋法则,即用右手,四个手指指向矢量 $\boldsymbol{A}$ 的方向,再沿着小于 180°的方向转到矢量 $\boldsymbol{B}$ 的方向,则大拇指的方向即为矢量 $\boldsymbol{C}$ 的方向.

由矢量矢积的定义可以得到矢积运算具有以下性质:

(1)由于 $\boldsymbol{A}\times\boldsymbol{B}=-\boldsymbol{B}\times\boldsymbol{A}$,所以矢量的矢积运算不满足交换律.

(2)矢积运算服从分配律,即

$$(\boldsymbol{A}+\boldsymbol{B})\times\boldsymbol{C}=\boldsymbol{A}\times\boldsymbol{C}+\boldsymbol{B}\times\boldsymbol{C}$$

在任一直角坐标系中,矢量 $\boldsymbol{A}$ 和 $\boldsymbol{B}$ 可以表示为

$$\boldsymbol{A}=A_x\boldsymbol{i}+A_y\boldsymbol{j}+A_z\boldsymbol{k},\quad \boldsymbol{B}=B_x\boldsymbol{i}+B_y\boldsymbol{j}+B_z\boldsymbol{k}$$

则

$$\boldsymbol{A}\times\boldsymbol{B}=(A_x\boldsymbol{i}+A_y\boldsymbol{j}+A_z\boldsymbol{k})\times(B_x\boldsymbol{i}+B_y\boldsymbol{j}+B_z\boldsymbol{k})$$

由两个矢量的矢积的定义可得

$$\boldsymbol{i}\times\boldsymbol{i}=\boldsymbol{j}\times\boldsymbol{j}=\boldsymbol{k}\times\boldsymbol{k}=0$$

$$\boldsymbol{i}\times\boldsymbol{j}=\boldsymbol{k},\quad \boldsymbol{j}\times\boldsymbol{k}=\boldsymbol{i},\quad \boldsymbol{k}\times\boldsymbol{i}=\boldsymbol{j},$$

$$\boldsymbol{j}\times\boldsymbol{i}=-\boldsymbol{k},\quad \boldsymbol{k}\times\boldsymbol{j}=-\boldsymbol{i},\quad \boldsymbol{i}\times\boldsymbol{k}=-\boldsymbol{j}$$

因此有

$$\boldsymbol{A}\times\boldsymbol{B}=(A_yB_z-A_zB_y)\boldsymbol{i}+(A_zB_x-A_xB_z)\boldsymbol{j}+(A_xB_y-A_yB_x)\boldsymbol{k}$$

两个矢量的矢积还可以用行列式表示为

$$\boldsymbol{A}\times\boldsymbol{B}=\begin{pmatrix}\boldsymbol{i} & \boldsymbol{j} & \boldsymbol{k}\\ A_x & A_y & A_z\\ B_x & B_y & B_z\end{pmatrix}$$

7.矢量的导数和积分

若有一个矢量 $\boldsymbol{A}$ 仅是时间 t 的函数，即 $\boldsymbol{A}=\boldsymbol{A}(t)$.设在时刻 t，矢量 $\boldsymbol{A}$ 的值为 $\boldsymbol{A}(t)$，在 $(t+\Delta t)$ 时刻，矢量 $\boldsymbol{A}$ 的值为 $\boldsymbol{A}(t+\Delta t)$，则在 Δt 时间内，矢量 $\boldsymbol{A}$ 的增量为

$$\Delta\boldsymbol{A}=\boldsymbol{A}(t+\Delta t)-\boldsymbol{A}(t)$$

当 $\Delta t\to 0$ 时，$\Delta A/\Delta t$ 的极限值可以用矢量 $\boldsymbol{A}$ 对时间 t 的一阶导数表示为

$$\lim_{\Delta t\to 0}\frac{\Delta\boldsymbol{A}}{\Delta t}=\frac{\mathrm{d}\boldsymbol{A}}{\mathrm{d}t}$$

其中$\dfrac{\mathrm{d}\boldsymbol{A}}{\mathrm{d}t}$称为矢量 $\boldsymbol{A}$ 对时间 t 的一阶导数.

若矢量 $\boldsymbol{A}$ 是空间坐标 x、y 和 z 的函数，即 $\boldsymbol{A}=\boldsymbol{A}(x,y,z)$，则相应的导数也可以用类似的方法来表示.

在直角坐标系中，若矢量 $\boldsymbol{A}$ 的三个分量分别为 A_x、A_y 和 A_z，则矢量 $\boldsymbol{A}$ 可以表示为

$$\boldsymbol{A}=A_x\boldsymbol{i}+A_y\boldsymbol{j}+A_z\boldsymbol{k}$$

若 $\boldsymbol{A}=\boldsymbol{A}(t)$，由于 $\boldsymbol{i}$、$\boldsymbol{j}$ 和 $\boldsymbol{k}$ 是大小和方向都不变的常矢量，因此矢量 $\boldsymbol{A}$ 对时间 t 的一阶导数可以表示为

$$\frac{\mathrm{d}\boldsymbol{A}}{\mathrm{d}t}=\frac{\mathrm{d}A_x}{\mathrm{d}t}\boldsymbol{i}+\frac{\mathrm{d}A_y}{\mathrm{d}t}\boldsymbol{j}+\frac{\mathrm{d}A_z}{\mathrm{d}t}\boldsymbol{k}$$

利用矢量导数的定义可以证明下列公式：

(1) $\dfrac{\mathrm{d}}{\mathrm{d}t}(\boldsymbol{A}+\boldsymbol{B})=\dfrac{\mathrm{d}\boldsymbol{A}}{\mathrm{d}t}+\dfrac{\mathrm{d}\boldsymbol{B}}{\mathrm{d}t}$

(2) $\dfrac{\mathrm{d}}{\mathrm{d}t}(c\boldsymbol{A})=c\dfrac{\mathrm{d}\boldsymbol{A}}{\mathrm{d}t}$（其中 c 为常量）

(3) $\dfrac{\mathrm{d}}{\mathrm{d}t}(\boldsymbol{A}\cdot\boldsymbol{B})=\dfrac{\mathrm{d}\boldsymbol{A}}{\mathrm{d}t}\cdot\boldsymbol{B}+\boldsymbol{A}\cdot\dfrac{\mathrm{d}\boldsymbol{B}}{\mathrm{d}t}$

(4) $\dfrac{\mathrm{d}}{\mathrm{d}t}(\boldsymbol{A}\times\boldsymbol{B})=\dfrac{\mathrm{d}\boldsymbol{A}}{\mathrm{d}t}\times\boldsymbol{B}+\boldsymbol{A}\times\dfrac{\mathrm{d}\boldsymbol{B}}{\mathrm{d}t}$

矢量的积分方法与标量的积分方法是不同的. 一般可以将矢量 A 在直角坐标系中写出分量式，然后对每一个分量分别进行积

分.例如,若矢量 $\boldsymbol{A}$ 在直角坐标系中的表达式为

$$\boldsymbol{A} = A_x\boldsymbol{i} + A_y\boldsymbol{j} + A_z\boldsymbol{k}$$

则矢量 $\boldsymbol{A}$ 对空间的体积分可以表示为

$$\iiint_V \boldsymbol{A}\mathrm{d}V = \boldsymbol{i}\iiint_V A_x\mathrm{d}V + \boldsymbol{j}\iiint_V A_y\mathrm{d}V + \boldsymbol{k}\iiint_V A_x\mathrm{d}V$$

附录三 国际单位制中基本物理量的单位

物理学是一门实验科学,它的理论建立在实验观测上.实验观测离不开物理量的测量,为了定量地表示观测量值的大小,对于同一类物理量(例如长度),需要选出一个特定的量作为单位(例如 1 m).

各种物理量通过描述自然规律的方程及新物理量的定义而彼此相互联系.为了方便,通常在其中选取一组互相独立的物理量,作为基本物理量,其他量则根据基本量和有关方程来表示,称为导出量.

物理学中人们最早研究的分支是力学. 在力学范畴内,首先建立了以长度、质量和时间为基本物理量的单位制,就是人们所熟悉的厘米·克·秒(CGS)制.

为了国际上的贸易、工业以及科学技术交往的需要,1875 年在巴黎由 17 国外长制定了米制公约.米制公约中规定:长度以米为单位,质量以千克(公斤)为单位,时同以秒为单位.这种单位制称为米·千克·秒制.

随着电磁学、热力学、光辐射学和微观物理学的发展,基本物理量逐渐由 3 个扩展到 7 个,建立了在米·千克·秒制基础上发展起来的单位制,它得到 1960 年第 11 届国际计量大会的确认,称为国际单位制(简称 SI).

国际单位制的构成原则比较科学,大部分单位都很实用,并且涉及所有专业领域,普遍推广国际单位制,可以消除因多种单位制和单位并存而造成的混乱,节省大量的人力和物力,有利于国民经济和国际交往的进一步发展.

1.长度单位——米(m)

1889 年第 1 届国际计量大会批准国际米原器(铂铱米尺)的长度为 1 米.1927 年第 7 届计量大会又对米定义作了如下严格的规定:国际计量局保存的铂铱米尺上所刻两条中间刻线的轴线在 0 ℃时的距离.这根尺子保存在 1 标准大气压,放在对称地

置于同一水平面上并相距 571 毫米的两个直径至少为 1 厘米圆柱上.

上述对于米的定义有一个不确定度.由于科学技术的发展,它已不能满足计量学和其他精密测量的需要.在 20 世纪 50 年代,随着同位素光谱光源的发展,发现了宽度很窄的氪-86 同位素谱线,加上干涉技术的成功,人们终于找到了一种不易毁坏的自然基准,这就是以光波波长作为长度单位的自然基准.

于是,1960 年第 11 届国际计量大会对米的定义更改如下:“米的长度等于氪-86 原子的 2p 和 5d 能级之间跃迁的辐射在真空中波长的 1 650 763.73 倍.”米的定义更改后,国际米原器仍按原规定的条件保存在国际计量局.

由于饱和吸收稳定的激光具有很高的频率稳定度和复现性,同氪-86 的波长相比,它们的波长更易复现,精度也可能进一步提高.因此,在 1973 年和 1979 年两次米定义咨询委员会会议上,又先后推荐了 4 种稳定激光的波长值,同氪-86 的波长并列使用,具有同等的准确度.

1973 年以来,已精密测量了从红外波段直至可见光波段的各种谱线的频率值.根据甲烷谱线的频率和波长值得到了真空中的光速值 $c=299\ 792\ 458$ 米/秒,这个值是非常精确的,因此人们又决定把这个光速值取为定义值,而长度(或波长)的定义则由时间(或频率)通过公式 $s=vt$(或 $\lambda=c/v$)导出. 1983 年 10 月第 17 届国际计量大会正式通过了如下的新定义:“米是 1/299 792 458 秒的时间间隔内光在真空中行程的长度.”

2.质量单位——千克(kg)

1889 年第 1 届国际计量大会批准了国际千克原器,并宣布今后以这个原器为质量单位.

为了避免“重量”一词在通常使用中意义发生含混,1901 年第 3 届国际计量大会中规定:

千克是质量(而非重量)的单位,它等于国际千克原器的质量.这个铂铱千克原器按照 1889 年第 1 届国际计量大会规定的条件,保存在国际计量局.目前经精确测定,国际千克原器比定义时轻了 50 毫克,而且与其他物理量的绝对测定不同.因此,科学界准备更新千克定义.

3.时间单位——秒(s)

最初,时间单位“秒”被定义为平均太阳日的 1/86 400.“平均太阳日”的精确定义留待天文学家制定,但是测量表明,平均太阳日不能保证必要的准确度.为了比较精确地定义时间单位, 1960年第11届国际计量大会批准了国际天文学协会规定的以回归年为根据的定义:“秒为1900年1月1日历书时12时起算的回归年的1/31 556 925.974 7.”但是这个定义的精确度仍不能满足当时的精密计量学的要求,于是,1967年第13届国际计量大会又根据当时原子能级跃迁测量技术的水平,决定将秒的定义更改如下:

秒是铯-133原子基态的两个超精细能级之间跃迁的辐射周期的9 192 631 770倍的持续时间.

4.电流强度单位——安培(A)

电流和电阻的所谓“国际”电学单位,是1893年在芝加哥召开的国际电学大会上所引用的.而“国际”安培和“国际”欧姆的定义,则是1908年伦敦国际代表会议所批准的.

虽然,1933年在第8届国际计量大会期间,已十分明确地一致要求采用所谓“绝对”单位来代替这些“国际”单位,但是直到1948年第9届国际计量大会才正式决定废除这些“国际”单位,而采用下述电流强度单位的定义:

在真空中相距1米的两无限长而圆截面可忽略的平行直导线内通过一恒定电流,若这恒定电流使得这两条导线之间每米长度上产生的力等于2×10^{-7}牛顿,则这个恒定电流的电流强度就是1安培.

5.热力学温度单位——开尔文(K)

1954年第10届国际计量大会规定了热力学温度单位的定义,它选取水的三相点为基本定点,并定义其温度为273.16 K. 1967年第13届国际计量大会通过以开尔文的名称(符号K)代替“开氏度”(符号K),其正式定义是:

热力学温度单位开尔文,是水三相点热力学温度的1/273.16.同时,大会也决定用单位开尔文及其符号K表示温度间隔或温差.

除了以开尔文表示的热力学温度(符号T)外,也使用由式$T=(t-273.15)$K定义的摄氏温度(符号t).式中273.15 K是水的冰点的热力学温度,它同水的三相点的热力学温度相差0.01开尔文.摄氏温度的单位是摄氏度(符号℃).因此“摄氏度”这个单位同单位“开尔文”相等.摄氏温度间隔或温差用摄氏度表示.

按照热力学温度单位开尔文的定义,对温度进行绝对测量,必须借助热力学温度计,例如借助气体温度计.

从理论上来说,热力学温标是合理的,但具体实现却非常困难.因此,国际上决定采用实用温标,这种实用温标不能代替热力学温标,而是根据当时测量技术的水平尽可能提高准确度,逼近热力学温标.根据实用性的要求还应在国际上进行统一.

1927 年第 7 届国际计量大会通过了第一个国际温标.这个国际温标在 1948 年进行了修改,由 1960 年第 11 届国际计量大会定名为 1948 年国际实用温标(代号为 IPTS—48).后来又有了 IPTS—48 的 1960 年修订版.修订版的固定点温度值仍保持 1948 年的值.1968 年国际计量委员会又通过了新的国际实用温标,它同目前所知的最佳热力学结果相符.这个温标的代号为 IPTS—68.

6.物质的量单位——摩尔(mol)

这个单位同原子量有密切关系.最初,“原子量”是以化学元素氧的原子量(规定为 16)为标准.但是化学家是把氧的同位素氧-16、氧-17、氧-18 的混合物,即天然氧元素的数值定为 16.而物理学家则是把氧的一种同位素即氧-16 的数值定为 16 ,两者很不一致.1959—1960 年,国际纯粹与应用物理学联合会(IUPAP)和国际纯粹与应用化学联合会(IUPAC)取得一致协议后,结束了这种不一致局面.决定改用碳同位素碳-12 作为标准,把它的原子量定为 12,并以此为出发点,给出了“相对原子质量”的数值.余下的问题是通过确定碳-12 的相应质量以定义物质的量的单位.根据国际协议,一个“物质的量”单位的碳-12 应有 0.012 千克.这样定义的“物质的量”单位取名摩尔(符号 mol).

国际计量委员会根据国际纯粹与应用物理联合会、国际纯粹与应用化学联合会及国际标准化组织的建议,于 1967 年制定并于 1969 年批准了摩尔的定义,最后由 1971 年第 14 届国际计量大会通过,其定义为:

摩尔是一系统的物质的量,该系统中所包含的基本单元数与 0.012 千克碳-12 的原子数目相等.

在使用摩尔时基本单元应予以指明,它可以是原子、分子、离子、电子以及其他粒子;或是这些粒子的特定组合.摩尔的这个定义同时严格明确了以摩尔为单位的量的性质.

7.发光强度单位——坎德拉(cd)

各国所用的以火焰或白炽灯丝基准为根据的发光强度单位,

于 1948 年改为“新烛光”.这一决定是国际照明委员会(CIE)和国际计量委员会在 1937 年以前做出的.国际计量委员会根据 1933 年第 8 届国际计量大会授予的权力,在 1946 年的会议上予以颁布.1948 年第 9 届国际计量大会批准了国际计量委员会的这一决定,并同意给这个发光强度单位一个新的国际名称“坎德拉”(代号 cd).1967 年第 13 届计量大会正式通过了下列修改定义:

坎德拉是在 101 325 帕斯卡压力下,处于铂凝固温度的黑体的 1/60 000 平方米表面在垂直方向上的发光强度.

上述定义一直沿用到 1979 年.在使用中发现,各国的实验室利用黑体实物原器复现坎德拉时,相互之间发生了较大的差异.在此期间,辐射测量技术发展非常迅速,其精度已能同光度测量相比,可以直接利用辐射测量来复现坎德拉.鉴于这种情况,1977 年国际计量委员会明确了发光度量和辐射度量之间的比值,规定频率为 540×10^{12} Hz 的单色辐射的光谱光效率为 683 流明每瓦特.这一数值对于明视觉光已足够准确;而对暗视觉光,也只有约 3%的变化.

1979 年 10 月召开的第 16 届计量大会上正式决定,废除 1967 年的定义,对坎德拉作了如下的新定义:

坎德拉为一光源在给定方向的发光强度,该光源发出频率为 540×10^{12} Hz 的单色辐射,且在此方向上的辐射强度为 1/683 瓦特每球面度.

定义中的 540×10^{12} Hz 辐射波长约为 555 nm,它是人眼感觉最灵敏的波长.

附录四 包括 SI 辅助单位在内的具有专门名称的 SI 导出单位

量的名称	SI 导出单位		
	名　称	符　号	基本单位和导出单位
[平面]角	弧度	rad	1 rad = 1 m/m = 1
立体角	球面度	sr	1 sr = 1 m^2/m^2 = 1
频率	赫[兹]	Hz	1 Hz = 1 s^{-1}

续表

量的名称	SI 导出单位		
	名　称	符　号	基本单位和导出单位
力	牛[顿]	N	$1\ N=1\ kg\cdot m/s^2$
压力,压强,应力	帕[斯卡]	Pa	$1\ Pa=1\ N/m^2$
能[量],功,热量	焦[耳]	J	$1\ J=1\ N\cdot m$
功率,辐[射能]通量	瓦[特]	W	$1\ W=1\ J/S$
电荷[量]	库[仑]	C	$1\ C=1\ A\cdot s$
电压,电动势,电势	伏[特]	V	$1\ V=1\ W/A$
电容	法[拉]	F	$1F=1\ C/V$
电阻	欧[姆]	Ω	$1\ \Omega=1\ V/A$
电导	西[门子]	S	$1\ S=1\ \Omega^{-1}$
磁通[量]	韦[伯]	Wb	$1\ Wb=1\ V\cdot s$
磁通[量]密度, 磁感应强度	特[斯拉]	T	$1T=1\ Wb/m^2$
电感	亨[利]	H	$1\ H=1\ Wb/A$
摄氏温度	摄氏度	℃	1 ℃=1 K
光通量	流[明]	lm	$1\ lm=1\ cd\cdot sr$
[光]照度	勒[克斯]	lx	$1\ lx=1\ m/m^2$

(中华人民共和国 1993 年 12 月 27 日发布,GB 3100—93)